Mechanika klasyczna i chaos

**Księga 1 Fizyki z Maksymalnej Emanacji Informacyjnej ,
siedmiotomowa seria poświęcona fizyce.**

ISBN 979-8-89487-022-9

Mechanika klasyczna i chaos

przez

Stephen Winters-Hilt

ISBN 979-8-89487-022-9

Wydawnictwo Golden Tao
Angel Fire, Nowy Meksyk
USA

Poświęcenie

Książkę tę dedykuję mojej rodzinie, która pomogła mi w tej długiej drodze odkryć: Cindy, Nathanielowi, Zachary'emu, Sybil, Ericowi, Joshui, Teresie, Steffenowi, Hannah, Andersowi, Angelo, Johnowi i Susan.

Zawartość

Przedmowa do serii „Tłumaczenia fizyki" na temat:
Fizyka z maksymalnej emanacji informacji

Książka nr 1, na stronie:
Mechanika klasyczna i chaos

Niniejsza książka została przetłumaczona z wersji angielskiej za pomocą Tłumacza Google przez autora i jego synów, Nathaniela Winters-Hilta i Zachary'ego Winters-Hilta. Wysiłki mające na celu sprawdzenie tłumaczenia polegały głównie na tłumaczeniu z powrotem na angielski i weryfikacji spójności. Tłumacz Google wykonuje swoją pracę niezwykle dobrze, jak się przekonacie. Należy zauważyć, że tłumaczenie zmienia numerację stron, co wymaga odpowiedniego dostosowania spisu treści, co zostało zrobione. Jednak indeks z odnośnikami do stron nie został poprawiony, więc numeracja stron tam zaindeksowana (do oryginalnej wersji angielskiej) będzie nieznacznie odbiegać od oryginału o kilka stron w wersji tłumaczonej.

Przedmowa do serii o fizyce:

Fizyka z maksymalnej emanacji informacji

„Droga ciągnie się w nieskończoność, W dół od drzwi, gdzie się zaczynała. Teraz jest daleko przede mną, I muszę podążać za nią, jeśli tylko potrafię, Podążając nią chętnymi krokami, Aż dotrze do jakiejś szerszej drogi, Gdzie spotyka się wiele ścieżek i sprawunków. A dokąd wtedy? Nie potrafię powiedzieć".

— **JRR Tolkien, Drużyna Pierścienia**

Zmienność, propagacja i emanacja

To siedmiotomowa seria Fizyki, która zaczyna się od Mechaniki Klasycznej (Księga 1 [46]), następnie Klasycznej Teorii Pola, takiej jak Elektromagnetyzm (Księga 2 [40]), a następnie Dynamiki Rozmaitości, takiej jak Ogólna Teoria Względności (Księga 3 [41]). Przejście do opisu mechaniki kwantowej podano w Księdze 4 [42], a do kwantowej teorii pola, w szczególności QED, w Księdze 5 [43]. „Teoria rozmaitości kwantowej" byłaby oczywistym następnym krokiem, z tym że nie da się tego zrobić (nie ma renormalizowalnej teorii pola dla grawitacji). Zamiast tego rozważana jest teoria termicznej rozmaitości kwantowej, a także termodynamika czarnych dziur w ogólności, w Księdze 6 [44]. Księga 7 [45] opisuje nową teorię, Teorię Emanatorów, która zapewnia głębszą konstrukcję matematyczną, która stanowi podstawę teorii kwantowej, podobnie jak można wykazać, że teoria kwantowa zapewnia głębszą (złożoną) konstrukcję matematyczną opartą na teorii klasycznej.

To współczesna ekspozycja, w której subtelności teorii chaosu opisano w Księdze 1, w Księdze 2 – „Niezmienniczość Lorentza", a w Księdze 3 – „Pochodne kowariantne (Ogólna Teoria Względności) i pochodne kowariantne cechowania (Teoria Pola Yanga-Millsa). Księga 4, poświęcona mechanice kwantowej, zawiera obszerny przegląd mechaniki kwantowej, a następnie rozważa pełną analizę samosprzężoną pełnego rozwiązania ogólnej teorii względności dla układu z powłoką sferyczną (wynik przeniesiony z Księgi 3). Księga 5 szczegółowo omawia podstawy teorii pola kwantowego, wraz z alternatywnymi próżniami w konkretnych scenariuszach. Księga 6 omawia termodynamikę od podstaw do termodynamiki hamiltonowskiej niektórych układów czarnych dziur. W całym tekście zauważono nietypową rekurencyjność parametru alfa. W Księdze 7 przyjrzymy się głębszej formule matematycznej, z której wynika formuła całki ścieżkowej kwantowej, a także wyjaśnimy odkryte nietypowe parametry i struktury (takie jak niezmienność alfa i Lorentza).

Opis fizyczny rozpoczyna się od klasycznych sformułowań ruchu cząstek punktowych. Pierwsze podejście polega na użyciu równań różniczkowych (pierwsze i drugie prawo Newtona); drugie – na użyciu sformułowania funkcji wariacyjnej do wyboru równania różniczkowego (wariacja Lagrange'a); trzecie – na użyciu sformułowania funkcji wariacyjnej (sformułowanie działania) do wyboru sformułowania funkcji wariacyjnej. Historycznie rzecz biorąc, dopiero znacznie później zdano sobie sprawę, że w wielu układach istnieją dwie dziedziny ruchu: niechaotyczna i chaotyczna.

W opisie ruchu cząstek, zakładając, że nie znajduje się on w domenie parametrów z ruchem chaotycznym, stwierdza się istnienie kilku istotnych ograniczeń. Przykładami są: stałe uniwersalne z wyżej wymienionego zjawiska chaosu, które nadal występują w systemach niechaosowych, jeśli są one doprowadzane „do krawędzi chaosu". Granice występują tam, gdzie rozpraszanie jest zdefiniowane w granicy asymptotycznej, a teoria zaburzeń jest dobrze zdefiniowana w tym sensie, że jest zbieżna. Ogólnie rzecz biorąc, jeśli ewolucja jest opisana jako „proces", często jest to proces martyngałowy, który ma dobrze zdefiniowane granice. Mamy zatem opisy ruchu, zazwyczaj sprowadzalne do równania różniczkowego zwyczajnego (ODE), dla których zazwyczaj znajdują się rozwiązania (wymagające definicji granic).

Opis fizyczny następnie konfrontuje się z dynamiką pola w 2D, 3D i 4D (w Księdze 3 [41]). Dwuwymiarową („2D") dynamikę pola można opisać jako funkcję zespoloną (która odwzorowuje liczby zespolone na liczby zespolone). Nowością funkcji zespolonej 2D jest to, że pokazuje ona również, jak obsługiwać wiele typów osobliwości (twierdzenie o resztach), a tym samym dostarcza ważnych informacji o fundamentalnych strukturach w fizyce, a także fundamentalnych technikach matematycznych do rozwiązywania wielu całek. W przypadku dynamiki pola 3D przeprowadzamy analizę pola elektromagnetycznego w 3D. Poziom pokrycia zaczyna się od przeglądu elektrostatyki na poziomie podręcznika Jacksona [1 23]. Niektóre problemy z Jackson Ch 1-3 są dokładnie badane w rozwijaniu samej teorii. Dla niektórych ten materiał (w Księdze 2 [40]) może stanowić użyteczne uzupełnienie podręcznika Jacksona w pełnym kursie na temat EM (opartym na podręczniku Jacksona). Następnie podany jest krótki przegląd elektrodynamiki i zjawisk fal elektromagnetycznych. W istocie widzimy znacznie więcej przykładów problemów równań różniczkowych z rozwiązaniami, takimi jak dla trójwymiarowego równania Laplace'a, zazwyczaj obejmującego separację zmiennych. Następnie omawiamy słynną transformatę, odkrytą przez Lorentza w 1899 roku [124], która wiąże pole elektromagnetyczne widziane przez dwóch obserwatorów różniących się prędkością względną. Dzięki istnieniu tej transformaty, która wprowadza wymiar czasu wraz z prędkością względną, mamy w istocie teorię czterowymiarową.

Z niezmienniczości Lorentza otrzymujemy, jako transformację punktową, niezmienniczość rotacyjną względem SO(3) lub SU(2). Jeśli niezmienniczość Lorentza jest fundamentalna, powinniśmy zaobserwować obie formy niezmienniczości rotacyjnej: jedną typu wektorowo-tensorowego z SO(3) i jedną typu spinorialnego z SU(2). Dzieje się tak, ponieważ pola cechowania są wektorowe, a pola materii spinorialne. Z niezmienniczości Lorentza jako niezmienniczości lokalnej otrzymujemy metrykę czasoprzestrzeni Minkowskiego (płaską), która następnie uogólnia się do metryki Riemanna (w Ogólnej Teorii Względności).

Podobnie jak w przypadku dynamiki cząstek punktowych, w przypadku dynamiki pola mamy trzy sposoby sformułowania zachowania: (1) równanie różniczkowe; (2) wariacja funkcji (na lagranżianie); i (3) funkcjonalna Wariacja (w działaniu). Zobaczymy podobne zjawiska graniczne jak poprzednio, ale także nowe zjawiska, w tym (i) nieuniknione powstawanie osobliwości w czarnej dziurze (twierdzenie Penrose'a o osobliwościach); (ii) powstawanie Wszechświata FRW (z jednorodności i izotropii); (iii) osobliwość zapadnięcia się czarnej dziury; (iv) radiacyjną osobliwość zapadnięcia się atomu.

Dynamika klasyczna ma zatem dwa sformułowania typu pola do opisu świata: pole i rozmaitość. Takie sformułowania mogą być ze sobą powiązane matematycznie, więc to, co się dzieje, jest raczej kwestią nacisku i wygody fizyki. Nacisk na tę różnicę, która wydaje się nie być różnicą (matematycznie), polega na tym, że w grę wchodzą różne fenomenologie fizyczne . Opisy pola wydają się działać dla „materii", gdzie fundamentalne elementy są spinorowe. Opisy rozmaitości wydają się działać najlepiej dla geometrii (OTW), gdzie fundamentalne elementy są wektorowe (lub tensorowe, takie jak metryka). Pola materii są renormalizowalne, a zatem kwantyzowalne w standardowym sformułowaniu teorii pola kwantowego (opisane w Księdze 5 [43]), podczas gdy rozmaitości grawitacyjne nie są renormalizowalne i mają ograniczenia (warunek słabej energii i warunek dodatniej energii, biorąc pod uwagę istnienie pól spinorowych na rozmaitości).

Prezentacja w Księgach 1-3 [40,41,46] na temat fizyki „klasycznej" jest częściowo zrobiona po to, aby przejście do fizyki kwantowej było proste, oczywiste, a w niektórych przypadkach trywialne. Rozważmy formułę wariacji funkcjonalnej (działania) zachowania (czy to punkt-cząstka, czy pole), można ją uchwycić w formie całki, jak zrobił to bardzo wcześnie D'Alembert [7] (następnie Laplace [6]). Zwróć uwagę na użycie dużej stałej do wykonania „wysoce tłumionej" całki dla celów selekcji (w ekstremum wariacyjnym działania). Aby przejść do teorii kwantowej, mamy również dużą stałą z 1/h, a zatem jedyną różnicą jest wprowadzenie czynnika „ i ", aby wykonać „wysoce oscylacyjną" całkę dla celów selekcji.

Po przejściu do teorii kwantowej, w przypadku opisów cząstek punktowych, klasyczny problem kolapsu jąder atomowych zostaje wyeliminowany. Przewidywania widmowe wykazują doskonałą zgodność z teorią, ale w widmach nadal występuje nie w pełni wyjaśniona struktura subtelna. Teoria nie jest relatywistyczna i możliwe są pewne wstępne poprawki do tego (bez uciekania się do teorii pola), które wskazują na bliższą zgodność i wyjaśniają większość rozbieżności stałych struktury subtelnej (i ujawniają alfa w innym miejscu teorii). W Księdze 3 [41] i Księdze 4 [42] wykazano, że problem osobliwości GR pozostaje jednak nierozwiązany (dla przypadku testowego kolapsu sferycznej powłoki pyłowej, wykonanego w pełnej analizie GR, a następnie skwantyzowanego w pełnej samosprzężonej analizie kwantyzacji [42]).

W Księdze 5 [43] przejście do teorii kwantowej jest kontynuowane w opisach teorii pola. Precyzyjny opis/zgodność jąder atomowych jest teraz możliwa za pomocą QED, a w obrębie samych jąder (uwięzienie kwarków) za pomocą QCD. Teorie pola mają jednak mały zestaw uciążliwych nieskończoności, który ostatecznie zostaje rozwiązany przez renormalizację [43]. Jak wspomniano, kwantyzacja teorii rozmaitości, takich jak względna teoria kwantowa (GR), wydaje się niemożliwa ze względu na nierenormalizowalność. Nie dając się zniechęcić, w Księdze 6 [44] rozważamy hamiltonowski opis układu względnej teorii kwantowej (GR), którego kwantyzacja obejmowałaby widmo energii oparte na tym hamiltonianie. Jeśli następnie użyjemy kontynuacji analitycznej, aby doprowadzić nas do teorii zespołu termicznego opartej na wynikającej z tego funkcji podziału, możemy rozważyć termiczną grawitację kwantową (TQG) takich układów.

Ten ostatni przykład (z Księgi 6), pokazujący spójność teorii TQG, jeśli zastosujemy analityczność, jest częścią długiej sekwencji udanych manewrów obejmujących kontynuacje analityczne w różnych kontekstach. Wskazuje to na obecność rzeczywistej struktury zespolonej w tej teorii. Istnieje trywialne rozszerzenie struktury zespolonej, o którym wspomniano powyżej, które doprowadziło nas od standardowej teorii fizyki klasycznej do standardowej teorii całki ścieżkowej kwantowej. Widzimy jednak również rzeczywistą strukturę zespoloną na poziomie komponentów wraz z kompleksacją czasową (która łączy się z termiczną wersją teorii poprzez zdefiniowanie funkcji partycji), a także strukturę zespoloną na poziomie wymiarów w postaci skutecznie zastosowanej procedury regularyzacji wymiarów użytej w programie renormalizacji.

Oprócz pokrycia szerokiego zakresu podstawowych zagadnień fizyki zarówno na poziomie licencjackim, jak i magisterskim (dla kursów odbywanych w Caltech i Oxford), w tym obszernej prezentacji problemów i ich rozwiązań, seria bada również, w konkretnych przypadkach, granice świata fizycznego „od wewnątrz" (a następnie „od zewnątrz"). W tym celu eksploracja kolapsu sferycznego pyłu do osobliwości jest badana w pełnym formalizmie ogólnego relatywizmu, a następnie przeniesiona do analizy kwantowej minisuperprzestrzeni (kwantowej grawitacji) (w Księgach 3 i 4 [41,42]). Dogłębnie zbadano również zagadnienia termodynamiki czarnych dziur i kwantowej teorii pola z alternatywnymi próżniami (część Księgi 5 i 6 [43,44]). Dogłębny materiał obejmuje tematy poruszone w mojej rozprawie doktorskiej [81], której fragmenty zostały opublikowane [82-85].

W ostatnich pracach nad uczeniem maszynowym, obejmujących uczenie statystyczne neurorozmaitości [24], odkrywamy potencjalne nowe źródło fundamentalnego elementu mechaniki statystycznej (entropii) poprzez poszukiwanie minimalnego procesu/ścieżki uczenia się na neurorozmaitości [24]. Zatem, zanim Seria osiągnie termodynamikę w Księdze 6, wszystkie fundamentalne elementy termodynamiki zostały ustalone na podstawie opisów fizycznych odkrytych w Księgach 1-5, po prostu nie zostały zebrane w kompleksowej analizie, która daje nam fundamentalne konstrukcje termodynamiki i mechaniki statystycznej. Mimo to wydaje się, że termodynamika jest zatem całkowicie pochodną innych, prawdziwie fundamentalnych teorii. Nie jest tak, w łączeniu części, aby stworzyć termodynamikę, mamy coś większego niż suma części. W opisach „systemu" odkrywamy, że istnieją zjawiska emergentne. To przynajmniej jest unikalne dla termodynamiki, więc jest fundamentalne w tym aspekcie „sumy większej niż części".

W Księdze 7 (ostatniej) serii rozważamy standardowy świat fizyczny, opisywany przez fizykę współczesną, „z zewnątrz". W ten sposób wyeliminowaliśmy już część tajemnicy entropii poprzez geometryczny opis „neurorozmaitości". Jeśli uda nam się zrozumieć inne osobliwości teorii standardowej i dotrzeć do nich w sposób naturalny, będziemy mogli jeszcze głębiej zanurzyć się w fizykę współczesną, testując granice tego, co możliwe, i dostrzec możliwe przyszłe kierunki rozwoju i unifikacji teorii. To właśnie opisano w artykułach [70, 87-90] i uporządkowano wraz z bieżącymi wynikami w ostatniej Księdze serii.

Prace zawarte w ostatniej książce z serii opierają się na wyborach i koncepcjach przedstawionych w sześciu poprzednich książkach z serii, a także na teoretycznych manewrach zaczerpniętych z najbardziej zaawansowanych kursów fizyki i fizyki matematycznej, które odbył na Caltech (jako student licencjacki, a następnie magisterski) oraz w Oxford Mathematics Institute (jako absolwent) i na University of Wisconsin w Milwaukee (jako absolwent).

Szeroki zakres tematów poruszanych w Serii jest początkowo podobny do serii podręczników dla absolwentów Landaua i Lifszyca (patrz [27]), z podobnym wykładem mechaniki klasycznej na początku Księgi 1. Jednak nawet w dobrze ugruntowanej mechanice klasycznej istnieją istotne, współczesne aktualizacje, takie jak (współczesna) teoria chaosu. W dwóch ostatnich książkach Serii (Księgach 6 i 7 [44, 45]) docieramy do mechaniki statystycznej i termodynamiki, wraz z nowoczesnymi tematami, takimi jak termodynamika czarnych dziur, termiczna grawitacja kwantowa i teoria emanatorów.

Kluczowe stałe i struktury fizyki, ich odkrycie na podstawie danych eksperymentalnych oraz ich teoretyczne umiejscowienie w „Wielkim Scheme" są podkreślane w całej Serii. Stała alfa, znana również jako stała struktury subtelnej, pojawia się w licznych miejscach, dlatego w każdym rozdziale poświęcona zostanie szczególna uwaga wystąpieniu alfa. Dzieje się tak już na początku Księgi 1, ze względu na fundamentalne stałe numeryczne pojawiające się w teorii chaosu. W Księdze 7 widzimy pochodzenie alfa, jako maksymalnej wielkości zaburzenia, pojawiającej się naturalnie w formalizmie dla maksymalnej „emanacji" informacji. Ale maksymalne zaburzenie w jakiej przestrzeni i w jaki sposób? W Księdze 7 serii [45] zobaczymy możliwą reprezentację takiego bytu informacyjnego i jego przestrzeni istnienia w kategoriach chiralnych trigintaduonów.

Tak więc, ostatecznie, jest to próba opowiedzenia o podróży do szczególnego miejsca, „gdzie spotyka się wiele ścieżek i zadań", dając początek teorii emanatora i odpowiedzi na tajemnicę alfy. Część tej podróży jest równoważna „znalezieniu arcykamienia " (alfa) w najbardziej nieprawdopodobnym miejscu, matematyce emanacji trigintaduonionów leżącej u podstaw formalizmu emanatora (np. Jaskinia Smauga, opisana w Księdze 7 [45]). To, dlaczego miałbym zawędrować w tak dziwne miejsce (matematycznie rzecz biorąc) i dlaczego powinienem postulować głębszą formę propagacji kwantowej z wykorzystaniem hiperkompleksowych trigintaduonów, zwanych tu emanacją, jest powodem tak obszernego tła na standardowe tematy. To obszerne tło wpływa nawet na opis mechaniki klasycznej poprzez jej współczesny materiał teorii chaosu (z powodu możliwego związku między C_∞ i alfą). Krytyczna rola zjawisk emergentnych zostaje zrozumiana dopiero na końcu, w tym w odniesieniu do rozmaitości w geometrii i neurorozmaitości w mechanice statystycznej, i prowadzi do Księgi 6, która przechodzi od bardzo podstawowych (termodynamika początkowa) do bardzo zaawansowanych (zjawiska emergentne). Wiele wyjaśnia teoria emanatorów, w tym to, że rzeczywistość jest jednocześnie fraktalna i emergentna. Na tym etapie podróży, podobnie jak u Tolkiena, mogę powiedzieć tylko tyle: „Droga wiedzie wciąż naprzód... I dokąd potem? Nie potrafię powiedzieć".

Seria składa się z siedmiu książek:

Księga 1. Mechanika klasyczna i chaos

Księga 2. Klasyczna teoria pola

Księga 3. Klasyczna teoria rozmaitości
Księga 4. Mechanika kwantowa i fundament całki ścieżkowej
Księga 5. Kwantowa teoria pola i Model Standardowy
Książka 6. Mechanika cieplna i statystyczna oraz termodynamika czarnych dziur
Księga 7. Maksymalna emanacja informacji i teoria emanatorów

Przegląd Księgi 1

Księga 1 to współczesny wykład mechaniki klasycznej, w tym teorii chaosu, a także powiązań z późniejszymi osiągnięciami teoretycznymi. Wykład składa się w całości z prezentacji interesujących problemów, z których wiele zostało rozwiązanych, a pozostałe pozostawiono czytelnikowi. Problemy te pochodzą z kursów mechaniki klasycznej (CM) i matematyki prowadzonych na Caltech, Oxfordzie i Uniwersytecie Wisconsin. Kursy obejmują poziom od licencjackiego do zaawansowanego poziomu magisterskiego. Kursy miały bogaty i wyrafinowany wybór podręczników i materiałów referencyjnych, jak można się spodziewać, a te teksty referencyjne są również tutaj zaczerpnięte. Te klasyczne teksty dotyczące mechaniki, wymienione według autora, obejmują: Landau i Lifszyc [27]; Goldstein [25]; Fetter i Walecka [29]; Percival i Richards [28]; Arnold (ODE) [32]; Arnold (CM) [37]; Woodhouse [38]; oraz Bender i Orszag [39]. Zauważ, że pierwsze odniesienie do Arnolda oraz odniesienie do Bendera i Orszaga dotyczą podręczników skupiających się na równaniach różniczkowych zwyczajnych (ODE). Podobnie, analiza znakomitego i zwięzłego wykładu Landaua i Lifszyca ujawnia, że częściowo postępuje on poprzez omawianie równań różniczkowych zwyczajnych o rosnącej złożoności (odpowiadających na przykład bardziej złożonemu ruchowi wahadła, np. poprzez dodanie siły tarcia). To silne powiązanie z matematyką leżącą u podstaw równań różniczkowych zwyczajnych jest kontynuowane w tym wykładzie, do tego stopnia, że zamieszczono dodatek umożliwiający szybki przegląd równań różniczkowych zwyczajnych z perspektywy matematyki stosowanej.

Opisano dynamikę cząstek, z siłami i bez, przy czym wszystkie opisy prowadzą do ruchu chaotycznego, z chaosem opisanym w drugiej połowie Księgi 1 [46]. Powszechnie stwierdzono, że układy przechodzące do zachowania chaotycznego robią to z niezwykłym procesem podwojenia okresu, co zostanie opisane zarówno matematycznie, jak i za pomocą wyników komputerowych. W analizie takich układów dynamicznych odkryjemy, że okresowe układy fizyczne można opisać w kategoriach powtarzających się „odwzorowań", np. klasycznych odwzorowań dynamicznych [91], a gdy są opisane w ten sposób, przejście do chaosu staje się znacznie bardziej oczywiste matematycznie (jak zostanie pokazane). Znany zbiór Mandelbrota jest generowany przez takie powtarzające się odwzorowanie, gdzie jego „krawędź chaosu" jest zdefiniowana przez fraktalną granicę klasycznego obrazu Mandelbrota.

Właściwości klasycznego zbioru Mandelbrota będą istotne dla fizyki omawianej w Księdze 1 i Księdze 7, w tym właściwość, że granica fraktalna ma wymiar fraktalny równy 2 (wymiar fraktalny granicy może wynosić od 1 do 2, uzyskanie wartości równej 2 jest czymś szczególnym). Dzięki zbiorowi Mandelbrota odzyskujemy również dobrze zbadane stałe związane z uniwersalnymi stałymi Feigenbauma [19]. W zbiorze Mandelbrota możemy wyraźnie zobaczyć stałą fundamentalną dla maksymalnego zaburzenia, które jest w maksymalnej antyfazie (ujemnej) o wartości C_∞, gdzie te same wyniki obowiązują dla rodziny podstawowych sformułowań (na przykład dla różnych sformułowań Lagrange'a).

Z wariacyjnej formuły Lagrange'a „działania" dla ruchu cząstek ostatecznie zdefiniujemy wariacyjną formułę całki ścieżkowej funkcjonału, wykorzystującą ten sam Lagrange'a, aby uzyskać opis kwantowy nierelatywistycznego ruchu cząstek kwantowych (opisanego szczegółowo w Księdze 4 [42], a relatywistycznego w Księdze 5 [43]). Z opisu kwantowego dochodzimy do formalizmu propagatora do opisu dynamiki (istnieje on również w klasycznej formulacji, ale zazwyczaj nie jest często używany w tym kontekście). Złożone propagatory okażą się wówczas powiązane z mechaniką statystyczną i właściwościami termodynamicznymi (Księga 6 [44]).

Powiązania z mechaniką statystyczną są dodatkowo podkreślane na „krawędzi chaosu", ale z nadal ograniczonym ruchem orbitalnym. Może to być związane z reżimem ergodycznym, a zatem reżimem równowagi i martyngału, którego istnienie można następnie wykorzystać na początku wyprowadzeń mechaniki statystycznej i termodynamiki z Księgi 6 [44], przy założeniu istnienia równowag ustalonych na początku. Istnienie znanych miar entropii jest już wskazane w opisie neurorozmaitości (Księga 3 [41]), zatem wraz z równowagami opis termodynamiki z Księgi 6 może rozpocząć się od dobrze ugruntowanego fundamentu, który nie jest dekretowany, lecz jest deklarowany jako bezpośredni wynik tego, co zostało już ustalone w teorii/eksperymencie opisanym w poprzednich książkach Serii.

Przegląd książek 2 i 3

Przechodząc od teorii cząstek punktowych do teorii pól, w podstawowych książkach fizycznych nie ma zbyt wielu dyskusji na temat pól w sensie ogólnym, zazwyczaj przechodzi się bezpośrednio do głównego obszaru istotności, elektromagnetyzmu (EM). Jeśli jest to zaawansowane, może również obejmować Ogólną Teorię Względności (GR), jak w [125]. W dalszej części omówimy te tematy, ale omówimy również bardziej podstawowe pola w 1, 2 i 3D (w tym dynamikę płynów), a także 4D formuły Pola Lorentza (dla Szczególnej Teorii Względności), formułę Pola Cechowania (a zatem Yang Mills omówiony w kontekście klasycznym) oraz geometryczne i cechowania formuły GR. To ustanawia fundament dla sił standardowych, a po kwantyzacji (Książki 4 i 5 w Serii) kładzie fundament dla standardowych sił renormalizowalnych (wszystkie oprócz grawitacji).

Stała sprzężenia grawitacyjnego „G" jest sprzężeniem wymiarowym (w przeciwieństwie do alfa w EM), a grawitację z konstrukcją rozmaitości można opisać jako konstrukcję pola cechowania, chociaż nie jest ona renormalizowalna. Grawitacja i związana z nią geometria/rozmaitości wydają się być powiązane z własną strukturą emergentną, co zostanie omówione w Księdze 6. Z lokalnej geometrii lorentzowskiej i opisów pól lorentzowskich widzimy również pierwszy z wielu przykładów, w których informacja systemowa pojawia się w kompleksyfikacji pewnego parametru, w tym przypadku składowej czasowej. Jeśli lorentzowska zostanie przesunięta do czasu zespolonego, przekształca się ona w pole euklidesowe z formalnie dobrze zdefiniowanymi właściwościami zbieżności (jak ma to miejsce w mechanice statystycznej). Czas zespolony wykazuje również głębokie powiązania między ruchem klasycznym a powiązanym ruchem Browna (gdzie błądzenie losowe ujawnia pi). Nie powinno zatem dziwić, że rozmaitość emergentna może mieć złożoną strukturę, tak że istnieje również emergentna rozmaitość „termiczna", być może neurorozmaitość opisana w Księdze 3 i powiązane funkcje partycjonujące zbadane w Księdze 6. Tak jak lokalnie płaska czasoprzestrzeń jest naturalną konstrukcją w Teorii Ogólnych, tak samo naturalnymi etapami „uczenia się" optymalizacji neurorozmaitości są kroki, w których jako preferowaną miarę wybierana jest entropia względna, a z niej entropia Shannona i entropia statystyczna Boltzmanna. Zatem konstrukcja rozmaitości pojawiająca się w Księdze 3 ma dalekosiężny wpływ na podstawy teorii termodynamicznej i statystycznej mechaniki opisanej w Księdze 6.

Zanim jednak przejdziemy do złożoności rozmaitości/geometrii OTW, ustaliliśmy już wiele w części teorii dotyczącej pola elektromagnetycznego: (i) z „swobodnego" pola elektromagnetycznego bez materii otrzymujemy prędkość światła c, niezmienniczość Lorentza, a z tej szczególnej teorii względności i lokalnie płaską czasoprzestrzeń; (ii) z pola elektromagnetycznego z materią otrzymujemy bezwymiarową stałą sprzężenia alfa.

Omawiając teorie pola opisujące materię, pola sił i promieniowanie, najpierw opisujemy klasyczne teorie pola (CFT) mechaniki płynów, pola elektromagnetycznego i ogólnej teorii względności, z wieloma przykładami. Następnie przechodzimy do opisu kwantowej teorii pola (QFT) w Księdze 5. Przegląd podstawowych konstrukcji matematycznych stosowanych w CFT i QFT znajduje się w Dodatku. Nawet gdy podejście fizyki matematycznej staje się coraz bardziej wyrafinowane, nadal uzyskujemy rozwiązania za pomocą ekstremów wariacyjnych. Zatem określenie ewolucji układu od jego optimum wariacyjnego staje się teraz celem naszych wysiłków. „Propagację" układu z jednego momentu do kolejnego można opisać za pomocą propagatora. Chociaż sformułowanie „propagatora" jest możliwe matematycznie w mechanice klasycznej (CM) i klasycznej teorii pola (CF), które są przedstawione, zazwyczaj się tego nie robi, preferując prostsze reprezentacje dla bieżących zastosowań eksperymentalnych. Gdy jednak przechodzimy do opisów w sferze kwantowej, typowe staje się użycie formalizmu propagatora, a gdy stosujemy go w formułach całek ścieżkowych, dochodzimy do zwartej formuły opisującej jednocześnie zarówno ewolucję, jak i rozwiązanie w fazie stacjonarnej.

W Księdze 2 skupiono się na klasycznej teorii pola w geometrii stałej, głównym przykładem fizycznym jest EM. W tym kontekście alfa pojawia się na przykład w opisie pary elektron-pozyton: $F = e^2/(4\pi\varepsilon a^2)$dla odległości elektron-pozyton 'a', gdzie alfa pojawia się jako stała sprzężenia. Później, w mechanice kwantowej (QM), zarówno współczesnej, jak i we wczesnym modelu Bohra, mamy alfa = $[e^2/(4\pi\varepsilon)]/(c\hbar)$. Pojawienie się alfa w tych sytuacjach występuje w układach związanych. Z drugiej strony, jeśli zbadamy oddziaływania EM, które są niezwiązane, takie jak z siłą Lorentza $F = q(E \times v)$, tutaj nie pojawia się żaden parametr alfa, ani we wczesnej analizie mechaniczno-kwantowej takich układów, takiej jak rozpraszanie Comptona. Tak więc widzimy wczesną rolę alfa, ale tylko w układach związanych, a zatem tylko w układach z (zbieżnymi) perturbacyjnymi rozwinięciami zmiennych układu.

W Księdze 3, klasycznej teorii pola z geometrią *dynamiczną* , tj. GR, w ogóle nie widzimy alfy. Zamiast tego widzimy konstrukcje rozmaitości i matematykę geometrii różniczkowej (oraz do pewnego stopnia topologię różniczkową i topologię algebraiczną). Konstrukcje rozmaitości są w całości zawarte w matematycznym tle podanym w Księdze 3 i Dodatku . Zastosowanie w obszarze neurorozmaitości (patrz [24]) pokazuje, że odpowiednikiem ścieżki geodezyjnej w tym kontekście jest ewolucja obejmująca kroki o minimalnej entropii względnej. Podobnie jak w opisie lokalnie płaskiej czasoprzestrzeni, mamy teraz opis „entropii" rosnącej/ewoluującej zgodnie z minimalną entropią względną.

Ogólna teoria względności (WO) wyróżnia się spośród innych pól sił. Wszystkie pozostałe pola sił są częścią sprzężonej reprezentacji modelu standardowego względem podgrupy stabilności U(1) xSU (2) $_L$ xSU (3). Jej postać jest wyprowadzalna z chiralnych jednostronnych iloczynów T opisanych w Księdze 7. Model standardowy jest uzyskiwany w ten sposób, bez wzmianki o WO. Należy jednak pamiętać, że reprezentacja sprzężona ma działanie na pewnej przestrzeni (na przykład hiperspinoralnej w przypadku prostych iloczynów oktonionowych). „Siła" wynikająca z grawitacji wynika z krzywizny rozmaitości, gdzie konstrukcja rozmaitości może wyłaniać się z przestrzeni działania. Zatem pochodzenie siły WO jest zupełnie inne i nie pozwoli ona na kwantyzację jak inne siły, ani jej osobliwe rozwiązania nie będą możliwe do rozwiązania wyłącznie za pomocą fizyki kwantowej, jak w przypadku WO w Księgach 4 i 5, ale będą wymagały również fizyki termicznej (co zostanie opisane w Księdze 6).

Istnienie osobliwych rozwiązań teorii względności (GR), poza przypadkami szczególnie symetrycznymi (klasyczne rozwiązania czarnych dziur), nie zostało jednoznacznie udowodnione aż do twierdzenia Penrose'a o osobliwościach [93] (za które w 2020 r. przyznano Nagrodę Nobla w dziedzinie fizyki). Część tego materiału omówiono w Księdze 3, aby pokazać, jak formalizm matematyczny przechodzi w kierunku metod topologii różniczkowej do opisu osobliwości, z przykładami odwołującymi się do klasycznego dzieła Hawkinga i Ellisa [94] oraz wykorzystującymi diagramy Penrose'a. To z kolei okaże się przydatne przy opisywaniu klasycznych kosmologii FRW z fazami zdominowanymi przez promieniowanie i materię (korzystając z notatek Peeblesa [95], Peebles otrzymał Nagrodę Nobla w dziedzinie fizyki w 2019 r.).

Rozwój teorii względności byłby niedbały, gdyby nie pobieżnie zagłębił się w modele kosmologiczne, w szczególności w klasyczne kosmologie FRW. Wraz z rozwojem narzędzi teorii względności, badane są wyniki kosmologiczne, począwszy od wprowadzenia stałej kosmologicznej do formalizmu (kandydata na Ciemną Energię). Różne dane obserwacyjne dotyczące obrotów galaktyk i symulacje wszechświata dotyczące formowania się gromad galaktyk wskazują na istnienie Ciemnej Materii. Oznacza to zatem, że mamy nową materię, nieoddziałującą inaczej niż grawitacyjnie, co jest zgodne z najnowszymi danymi obserwacyjnymi dotyczącymi wartości mionu g-2 [96], gdzie rozbieżność między teorią a eksperymentem wzrosła do 4,2 odchylenia standardowego, gdzie rozszerzenie Modelu Standardowego wydaje się być w toku. Jest to wygodne, ponieważ teoria Emanatora (Księga 7 [45]) przewiduje takie rozszerzenie.

Możemy zatem dojść do równań pola dla pól elektromagnetycznych, oddziaływań względnych (GR) i pól cechowania Yanga-Millsa (silnych i słabych). Możemy uzyskać zjawiska falowe i wirowe (jak sugeruje mechanika płynów). Wykazujemy klasyczną niestabilność materii atomowej (klasyczną niestabilność pól elektromagnetycznych) i klasyczną niestabilność grawitacyjną (prowadzącą do powstawania czarnych dziur z osobliwością). Z formuł Lagrange'a możemy następnie dojść do formuły QFT (Księga 5). Formuła QFT uzupełnia rozwiązanie QM (Księga 4) na „nierelatywistyczną niestabilność atomową" poprzez rozwiązanie w pełni relatywistycznego opisu atomowego niestabilności zapadania radiacyjnego. Wprowadzenie QFT prowadzi również do nowej niestabilności lub nieskończoności, ale można je wyeliminować poprzez renormalizację dla formuł EM i oddziaływań elektrosłabych oraz silnego sformułowania Yanga-Millsa, ale nie dla formuły GR (cechowania). Obecna formuła teoretyczna w fizyce współczesnej ma zatem jedną rażącą lukę: kwantową teorię grawitacji. Być może nie jest to jednak brakujący element, jeśli geometria/OTW jest zjawiskiem pochodnym, tak jak dziedzina mechaniki statystycznej i termodynamiki pojawiła się jako zjawisko pochodne, gdy ze złożonego propagatora kwantowego powstaje rzeczywista (kwantowa) funkcja podziału. Sugestia głębszej teorii emanatorów sugeruje, że emergentne struktury geometrii i termodynamiki powstają w procesie emanacji, a emanowana informacja pochodzi z renormalizowalnych pól materii kwantowej. W

Księdze 7 [45] znajduje się precyzyjne matematyczne uzasadnienie opisujące maksymalną emanację informacji.

Przegląd Księgi 4

Do 1834 roku, wraz z zasadą Hamiltona, istniały silne podstawy dla tego, co obecnie nazywa się mechaniką klasyczną. Do 1905 roku, wraz z publikacją Einsteina na temat efektu fotoelektrycznego [97], zasady mechaniki klasycznej zostały zastąpione nowymi zasadami mechaniki kwantowej. Najwcześniejsze pojawienie się mechaniki kwantowej rozpoczęło się jednak od różnych obserwacji kwantyzacji światła, począwszy od dziwnego występowania linii widmowych dla wodoru. Widmo wodoru stało się jeszcze dziwniejsze dzięki precyzyjnemu dopasowaniu do zwięzłego wzoru empirycznego przez Balmera w 1885 roku [98]. To początek niezwykłego okresu odkryć. Rozwój mechaniki kwantowej od poziomu wprowadzającego do zaawansowanego mniej więcej podąża za tą historią.

Wczesna faza odkryć mechaniki kwantowej przeniosła się do nowoczesnego formalizmu mechaniki kwantowej wraz z odkryciem przez Heisenberga udanego zastosowania mechaniki macierzowej i wynikającej z niej zasady nieoznaczoności (1925) [16]. W 1926 roku Schrödinger wykazał, że problem znalezienia diagonalnej macierzy hamiltonianu w mechanice Heisenberga jest równoważny ze znalezieniem rozwiązań funkcji falowej dla jego równania falowego [17]. Interpretację funkcji falowej wyjaśnił następnie w 1927 roku Born [107]. Dirac opracował jawnie relatywistyczny formalizm dla funkcji falowej i równania falowego dla materii fermionowej (1928) [108]. Aksjomatyczna reformułacja mechaniki kwantowej została następnie podana przez Diraca (1930) [18], kładąc podwaliny pod dużą część nowoczesnej notacji kwantowej i dla tak krytycznych zagadnień, jak samosprzężenie . Następnie Dirac opisał w swojej pracy „Lagrangian in Quantum Mechanics" z 1933 roku [109] formułę ścieżki propagacji kwantowej, w której propagator kwantowy ma znany czynnik fazowy związany z działaniem. W istocie Dirac uzyskał pojedynczą ścieżkę, którą Feynman ostatecznie uogólnił na wszystkie ścieżki wraz z wynalezieniem formalizmu całki ścieżkowej (1942 i 1948) [110,111]. Równoważność formuły mechaniki kwantowej w odniesieniu do całek ścieżkowych i formalizmu Schrödingera została wykazana przez Feynmana w 1948 roku [111].

W opisie całki ścieżkowej stan mieszaniny kwantowej, fizyka półklasyczna i trajektorie klasyczne są dane przez składową zdominowaną przez fazę stacjonarną. Rozwiązanie w fazie stacjonarnej zdominowane przez pojedynczą ścieżkę jest typowe dla układu klasycznego. Zatem metody wariacyjne mają fundamentalne znaczenie dla analizy układów fizycznych, niezależnie od tego, czy występują w formie analizy lagranżowskiej i hamiltonowskiej, czy w różnych równoważnych sformułowaniach całkowych.

Odkrycie przez Feynmana formalizmu całki ścieżkowej nie opierało się wyłącznie na wcześniejszych pracach Diraca (1933) [109], choć dołączenie tego artykułu do jego rozprawy doktorskiej (1946) wyraźnie podkreśliło jego znaczenie. Feynman korzystał również z prac sięgających aż do Laplace'a [6], dotyczących procesu selekcji opartego na silnie oscylacyjnych konstrukcjach całkowych, które same dobierają się na składową fazową. Ta gałąź matematyki została ostatecznie powiązana z metodą Laplace'a najstromszych spadków, następnie z pracami Stokesa i Lorda Kelvina, a następnie z pracami Erdelyiego (1953) [112-114].

Feynman i inni opracowali następnie kwantową teorię pola dla elektromagnetyzmu (QED) w latach 1946-1949 (więcej na ten temat później). Rozszerzenie na oddziaływania elektrosłabe nastąpiło w 1959 roku, na QCD w 1973 roku, a na „Model Standardowy" w latach 1973-1975. Wpływ rewolucji całki ścieżkowej w fizyce kwantowej był odczuwalny aż do lat 70. XX wieku, ale to był dopiero początek. Na początku całki ścieżkowe były badane przez Norberta Wienera, wraz z wprowadzeniem całki Wienera, do rozwiązywania problemów mechaniki statystycznej dotyczących dyfuzji i ruchów Browna. W latach 70. XX wieku doprowadziło to do tzw. „wielkiej syntezy", która zjednoczyła kwantową teorię pola (QFT) i statystyczną teorię pola (SFT) pola fluktuującego w pobliżu przejścia fazowego drugiego rzędu, a zastosowanie metod grupy renormalizacji umożliwiło przeniesienie znaczących postępów z QFT do SFT.

Wielka synteza to jeden z wielu przypadków, w których analityczna kontynuacja stałej lub parametru daje początek znanej fizyce w dziedzinie termodynamiki i mechaniki statystycznej, ukazując głębszy związek (wciąż nie w pełni zrozumiany, patrz Księga 7). Na przykład równanie Schrödingera można postrzegać jako równanie dyfuzji z urojoną stałą dyfuzji. Podobnie, całka ścieżkowa może być postrzegana jako analityczna kontynuacja metody sumowania wszystkich możliwych spacerów losowych.

W Księdze 4 dokładnie analizujemy również najbliższy odpowiednik grawitacyjny atomu wodorowego (kolapsowanie powłoki pyłowej). Rezultatem jest niepełna formuła z powodu warunków brzegowych, gdzie aby uzyskać wybór czasu, należy go wprowadzić. Nie wskazano konkretnego wyboru czasu, aby uniknąć kolapsu. Wyniki mogą jednak wykazać stabilność i spójność w „pełnym" opisie termicznej grawitacji kwantowej, w którym zastosowano analityczność. Sukces w tej, a nie innej, metodzie sugeruje możliwą fundamentalną rolę analityczności i termalności (Księgi 6 i 7), a także sugeruje, że termiczna grawitacja kwantowa TQG może „istnieć" lub być dobrze sformułowalna, podczas gdy kwantowa grawitacja QG generalnie może „nie istnieć". Wyniki te, przedstawione w Księdze 6, stanowią wprowadzenie do dyskusji na temat teorii emanatorów w Księdze 7, gdzie kluczowe koncepcje z Ksiąg 1-6, które wiążą się z teorią emanatorów, są zebrane w nowej syntezie teoretycznej.

Przegląd Księgi 5

W Księdze 5 przedstawiamy QFT w reprezentacji pola cechowania, co wyraźnie wiąże wybór teorii pola z wyborem algebry Liego, która z kolei może być powiązana z wyborem teorii grup (takiej jak U(1) i SU(3)). Z tego wynika, że nieklasyczne konstrukcje algebraiczne są wszechobecne w mechanice kwantowej i technice kwantowej, dlatego w Dodatku zamieszczono przegląd teorii grup i algebr Liego, a także przegląd algebr Grassmana i innych algebr specjalnych potrzebnych w mechanice kwantowej i technice kwantowej. Podobnie, jeśli chodzi o wybór podejścia, stwierdzamy, że sformułowania Schrödingera i Heisenberga często stanowią jedyny możliwy do zastosowania sposób uzyskania rozwiązania dla układów związanych. W krytycznych rozważaniach teoretycznych najlepsze jest jednak podejście całki ścieżkowej (jak zostanie wykazane). W poszukiwaniu głębszej teorii, bardziej zunifikowane podejście całki ścieżkowej (PI) dostarcza ważnych wskazówek co do głębszej teorii (patrz Księga 7).

W Księdze 5 otrzymujemy wynik o najwyższej precyzji dla wartości alfa, w jej roli parametru perturbacyjnego. Jeśli wykonamy obliczenie parametru momentu magnetycznego elektronu g-2, z uwzględnieniem wszystkich diagramów Feynmana odpowiednich dla rozwinięć do 5. rzędu, otrzymamy wyznaczenie alfa do 14 cyfr, gdzie 1/alfa = 137,05999….. . Daje nam to jeden z najdokładniejszych znanych pomiarów alfa. Gdy podobna analiza zostanie przeprowadzona dla mionu g-2, biorąc pod uwagę znacznie większą masę mionu, produkcja cząstek par innych cząstek ma mierzalny wpływ i jesteśmy w stanie zbadać niższe masy Modelu Standardowego, które są obecne. Robiąc to, we wstępnych eksperymentach istnieje rozbieżność wskazująca na więcej cząstek, np. Model Standardowy będzie musiał zostać rozszerzony (być może o rodzaj „sterylnego" neutrina). Te brakujące cząstki mogą być brakującą „Ciemną Materią". Prognozę takiego zjawiska w teorii emanatorów oraz powód, dla którego powinna występować nierównowaga pomiędzy neutrinami lewymi i prawymi (wskazówka: maksymalna transmisja informacji), opisano w Księdze 7.

Część opisu kwantowej teorii pola pociąga za sobą wykorzystanie analityczności i innych złożonych struktur w celu ujęcia większej części fizyki w złożonym rozszerzeniu przestrzeni (lub wymiaru). Często prowadzi to do sformułowań w kategoriach całkowania zespolonego, z określonym wyborem konturu zespolonego, na przykład w przypadku propagatora Feynmana. Jedną z głównych metod renormalizacji jest na przykład regularyzacja wymiarowa, która pociąga za sobą analityczne kontynuowanie wyrażeń z wymiarowością na wymiarowość jako parametr zespolony. Istnieje również wspomniane przejście do wyrażeń zespolonych i do wyrażeń „obrotu Wicka" z czasem rzeczywistym na wyrażenia z czystym czasem zespolonym. W ten sposób uzyskuje się statystyczną mechaniczną funkcję podziału dla układu z dobrze zdefiniowanym sumowaniem. Zatem wskazuje to na związek między „termalnością" a strukturą zespoloną, przynajmniej w wymiarze czasowym.

Druga część Księgi 5 opisuje teorię pola kwantowego (QFT) dotyczącą zakrzywionej czasoprzestrzeni (CST), gdzie dochodzimy do wczesnej analizy termodynamiki czarnych dziur. Stwierdzamy tu, że zakrzywienie czasoprzestrzeni powoduje powstawanie termiczności i efektów produkcji cząstek. Termiczność czarnych dziur została ujawniona w promieniowaniu Hawkinga [118], ze względu na granicę przyczynową na horyzoncie. Taka termiczność jest widoczna nawet w płaskiej czasoprzestrzeni (Księga 5), jeśli zostaną wyindukowane granice przyczynowe, na przykład w przypadku przyspieszonego obserwatora [143].

Teoria pola kwantowego w teorii CST ma jeszcze jeden, kluczowy dar dla formalizmu mechaniki statystycznej, który zostanie omówiony w Księdze 6, a mianowicie relację spin-statystyka. Zwykle zakłada się, że relacja ta, wraz z innymi kluczowymi pojęciami, takimi jak entropia i relacja między entropią a gęstością stanów, ma charakter fundamentalny lub pochodny od formalizmu już ustanowionego w Księgach 1-5 (w ramach przygotowań do Księgi 6).

Wybór czasu jest związany z wyborem próżni, która z kolei z wyborem geometrii pola lub ruchu obserwatora (takiego jak stałe przyspieszenie lub ekspansja). Jeśli mamy płaską czasoprzestrzenną kwantową teorię pola z brzegiem, wówczas występują efekty termodynamiczne (np. obserwator Rindlera). W tym kontekście możemy porównać wyprowadzenie Hawkinga promieniowania Hawkinga z wykorzystaniem „sztuczki" euklidesowej z transformacjami Bogoliubowa pola do geometrii Rindlera z geometrii Minkowskiego (jeśli zostanie wybrana jako asymptotyczna próżnia). W przypadku kwantowej teorii pola w CST dochodzimy również do statystyk spinowych, jak wspomniano, i otrzymujemy ostateczne rozszerzenie teorii za pomocą algebr Grassmana, aby uzyskać termodynamicznie spójne opisy statystyczne Bosego i Fermiego dla materii kwantowej.

Przegląd Księgi 6

Termodynamika jest najstarszą z dyscyplin fizyki (ogień), z bezkompromisowym wykorzystaniem argumentów fenomenologicznych i tajemniczych potencjałów termodynamicznych (entropia). Oczywiście termodynamika jest nadal powszechna, również w swojej bardziej skwantyfikowanej formie, za pośrednictwem mechaniki statystycznej. Jak to możliwe, że nie jest to porażka mechanistycznego opisu wszechświata, na który wskazują mechanika kwantowa (CM), a nawet mechanika kwantowa? Koncepcje, które pojawiły się w mechanice kwantowej, takie jak prawdopodobieństwo, pojawiają się teraz ponownie. Pojawiają się również inne nowe koncepcje, w tym: przybliżone prawa statystyczne; równania stanu; ciepło jako forma energii; entropia jako zmienna stanu; istnienie równowag; zespoły/rozkłady; oraz istnienie funkcji podziału. Wiele z tych koncepcji pojawia się w opisach całki ścieżkowej z metodami/rozszerzeniami analityczności wspomnianymi wcześniej, co sugeruje istnienie głębszej teorii, która w dużej mierze opiera się na podstawach termodynamiki/mechaniki statystycznej na istniejącej teorii kwantowej.

Księga 6 została umieszczona po innych rozdziałach, aby poczekać na identyfikację entropii jako fundamentalnej, czyli takiej, która może być zidentyfikowana jako wewnętrzna funkcja układu, jeszcze przed przejściem do termodynamiki. Mamy już doświadczenie z wieloma układami cząstek, poprzez kwantową teorię pola (QFT) (szczególnie w teorii CST, gdzie tworzenie cząstek jest niemal nieuniknione), bez bezpośredniego zajmowania się tym scenariuszem (ponieważ kwantowa teoria pola jest w zasadzie wielocząstkowa, z analitycznym wyznaczaniem funkcji układu wielocząstkowego, takich jak entropia). Z entropią przedstawioną na początku jako ważną zmienną układu, wyprowadzenie potencjałów termodynamicznych jest prostym procesem, co zostanie pokazane. Można wówczas podać standardowe powiązania teorii podstawowej z termodynamiką. Zatem, omawiając termodynamikę i mechanikę statystyczną, zaczynamy od podstaw teorii w większości ugruntowanej, takich jak entropia (również z ekwipartycją równoważną sumie na ścieżkach bez ważeń itp.), bez żadnych założeń. Wszystko wynika bezpośrednio z odkryć teoretycznych przedstawionych w poprzednich książkach z serii. Nie widzimy nowych połączeń z alfą, ale widzimy nowe struktury/efekty, szczególnie konstrukcje rozmaitości (jak w przypadku GR, gdzie również nie widzieliśmy roli alfa).

Ścisłe powiązania między kompleksizacją QM, dającą początek funkcji podziału zespołu cząstek, a kompleksacją QFT i funkcją podziału zespołu pól, stanowią obecnie jedynie pochodny aspekt postulowanej kompleksacji fundamentalnej. Kompleksacja ta zostanie przedstawiona w Księdze 7 z emanacją w zespolonej przestrzeni perturbacyjnej.

Z Fizyki Atomowej, opisanej w Księdze 4, otrzymujemy również standardowe reguły dotyczące uzupełniania powłok elektronowych (zakodowane w układzie okresowym). Podobnie, możemy również zrozumieć pochodzenie międzycząsteczkowych reguł chemii kwantowej. W skrajnych przypadkach mechaniki statystycznej (SM) mamy równowagę termodynamiczną wynikającą z prawa wielkich liczb (LLN) i odwrotnej konwergencji Martingale'a. Po zakończeniu stosowania do procesów chemicznych uzyskujemy wyraźne efekty przejścia fazowego, a także efekty równowagowe i bliskie równowadze. Znane wyniki chemiczne dotyczą faz materii.

Z równowagi chemicznej i stanu bliskiego równowadze, z 10^{23}pierwiastkami, które oddziałują słabo lub wcale, mamy dwa uogólnienia. Pierwsze to rozważenie stanu bliskiego równowadze chemicznej i bezpośrednie uzyskanie procesu emergentnego na tym poziomie – jest to gałąź, która daje nam biologię/życie na jego najbardziej prymitywnym poziomie. Drugie to rozważenie stanu równowagi i stanu bliskiego równowadze w ogólności, gdy pierwiastki silnie oddziałują (10^{10}np. z pierwiastkami) – jest to gałąź, która opisuje biologię/życie na jego najbardziej zaawansowanym poziomie społecznym i ekonomicznym. W klasycznym szumie śrutowym ziarnistość przepływu prądu o niskim natężeniu (wynikająca z dyskretności ładunku elektronu) prowadzi do efektu szumu. Zatem, gdy rozważamy sytuacje z mniejszą liczbą pierwiastków, pojawia się więcej, a nie mniej komplikacji, wynikających z efektu szumu ziarnistości, i wkraczamy w dziedzinę uczenia maszynowego z rozproszonymi danymi. Efekt szumu może być znaczący w złożonych systemach, zwłaszcza w biologii, gdzie jest częścią tego, co jest wybierane (np. w słyszeniu, w celu redukcji szumu tła).

Druga część Księgi 6 zgłębia rolę termodynamiki w próbach rozszerzenia jej na TQFT i TQG. Dokonuje się tego poprzez eksplorację środowiska Czarnych Dziur. W tym procesie oczywiste staje się rozpoznanie roli złożonej struktury zmiennych systemowych (oprócz uogólnienia na algebry nietrywialne, jak już wcześniej zaprezentowano).

W Księdze 6, część 2, badamy termodynamikę hamiltonowską niektórych geometrii czarnych dziur ze stabilizującymi warunkami brzegowymi. W tej próbie bezpośredniego zbadania rozwiązania termicznej grawitacji kwantowej (TQG) przyjmujemy postać całki po ścieżce dla problemu względnej grawitacji (GR) i przechodzimy bezpośrednio do funkcji podziału (poprzez wspomniany powyżej „rotację Wicka"). Widzimy, że TQG jest możliwe, gdzie dodatnia pojemność cieplna wykazuje stabilność. Inny obiecujący wynik dotyczący ewentualnej teorii unifikującej pochodzi z teorii strun poprzez jej wyjaśnienie termodynamiki czarnych dziur i efektów horyzontu czarnych dziur z rozwiązaniem rozmycia czarnych dziur (poprzez wykorzystanie hipotezy holograficznej i powiązanej relacji AdS -CFT [120,121]).

W Księdze 6, część 2, badamy również transformację propagatora do funkcji podziału po kompleksowaniu, co prowadzi do teorii termodynamicznej dla pewnej formulacji równowagi, z pewnymi ustawieniami parametrów wymaganymi dla stabilności (dodatnia pojemność cieplna). Jest to wykonalne w różnych warunkach, co sugeruje, że takie termodynamicznie spójne warunki brzegowe mogą ograniczać formułę ruchu klasycznego i osobliwości czarnej dziury poprzez efekt tej stabilizacji manifestujący się dla pewnych geometrii wewnętrznych. Udane formuły TQG (Termicznej Grawitacji

Kwantowej), takie jak dla czasoprzestrzeni RNadS i Lovelocka, przedstawione w Księdze 6, poprzez reformulację z wykorzystaniem analityczności, a nie za pomocą podejść nieanalitycznych, ponownie sugerują możliwą fundamentalną rolę analityczności, a także sugerują, że TQG może „istnieć" lub być dobrze sformułowalna, podczas gdy QG generalnie może „nie istnieć". Wyniki te, wraz z podstawowymi koncepcjami z ksiąg 1-6, które wiążą się z teorią emanatorów, zostały zebrane w nowej syntezie teoretycznej w księdze 7.

Przegląd Księgi 7

W księgach 4, 5 i 6 serii analizowaliśmy przykłady mechaniki kwantowej z czasem urojonym, kwantowej teorii pola w CST, termicznej kwantowej teorii pola, kwantowej teorii pola w minisuperprzestrzeni oraz termicznej kwantowej teorii pola. W tym celu poszukujemy całki po ścieżce i propagatora PI, aby zapewnić najbardziej ogólną reprezentację. Poszukując głębszej teorii w księdze 7, opieramy się na sformułowaniu sumy na ścieżce z propagatorem, aby dojść do sformułowania sumy na emanacjach z emanatorem.

Propagacja w zespolonej przestrzeni Hilberta, w standardowej formulacji mechaniki kwantowej lub teorii kwantowej, wymaga, aby funkcja propagatora była liczbą zespoloną (nie rzeczywistą lub kwaternionową itd., [122]). To uniemożliwia to, co w przeciwnym razie byłoby oczywistym uogólnieniem na algebry hiperkompleksowe. Aby osiągnąć to uogólnienie, musimy wprowadzić nową warstwę do teorii, taką z uniwersalną emanacją obejmującą algebry hiperkompleksowe (trigintaduoniony), która ma hipotetycznie rzutować na znaną propagację zespolonej przestrzeni Hilberta z powiązanymi elementami stałymi (np. formalizm emanatora rzutuje obserwowane stałe i strukturę grupową modelu standardowego). „Projekcja" jest indukowaną konstrukcją matematyczną, taką jak SU(3) na iloczynach oktonionów, ale tutaj mamy model standardowy U(1) xSU (2) xSU (3) na iloczynach trigintaduonów emanatora. W Księdze 7 przedstawiono zatem zunifikowaną formułę wariacyjną, która prowadzi do alfy jako naturalnego elementu strukturalnego, między innymi, jednoznacznie określonego przez warunek maksymalnej emanacji informacji.

W Księdze 7 zwracamy również uwagę na implikacje fundamentalnej operacji matematycznej w przestrzeni, która jest powtarzana lub dodawana. Siły nienależące do względnej teorii względności (GR) są dane przez postać operacji (sekwencję tworzącą algebrę łączną), siły względne są dane pośrednio przez postać przestrzeni, co pozostawia aspekt „powtórzenia lub dodania" do rozważenia z ostrożnością. Jeśli wystąpi czysto „powtarzająca się" operacja, czyli odwzorowanie, możemy powrócić do dyskusji o odwzorowaniu dynamicznym z Księgi 1, gdzie chaos może występować i jest wszechobecny. Tam pierwotna „przemiana fazowa", przejście do chaosu, jest ewidentna. Jeśli w grę wchodzi operacja z dodawaniem (w statystycznym sensie wielu elementów), wraz z powtarzalnymi krokami ogólnymi, dochodzimy do ogólnych ram mechaniki statystycznej z efektami Prawa Wielkich Liczb (LLN) i odwrotnej zbieżności martyngałowej, między innymi (Księga 6). Najbardziej zauważalnym jest jednak pojawienie się nowego efektu, przemian fazowych i pojawienie się nowej struktury (porządku z nieporządku), w tym niezwykłych struktur chemicznych i biologicznych.

Dlaczego powtarzająca się „formuła kabalistyczna"? była pytaniem nawet w czasach Sommerfelda [58]. Teraz numerologiczny paralelizm jest dokładniejszy niż sądzono w tamtym czasie, więc jest to zbyt duży zbieg okoliczności, aby był przypadkowy. Wydaje się, że brak zbiegu okoliczności wynika z maksymalnej natury transmisji informacji w różnych okolicznościach (w fizyce, biologii, a nawet komunikacji międzyludzkiej przy wystarczającej optymalizacji), a także z fraktalnego powtarzania kluczowych zestawów parametrów, które występuje w tych różnych ustawieniach {10,22,78,137 ≅1/alfa}. Widzimy, że 10 wyraża wymiarowość propagacji (lub węzłów łączności), podczas gdy 22 odpowiada liczbie stałych parametrów w propagacji (w Księdze 7 badamy propagację w 10-wymiarowej podprzestrzeni 32-wymiarowej przestrzeni trigintaduonionowej, pozostawiając 22 wymiary o stałych wartościach, które pojawiają się jako parametry w teorii). Zobaczymy, że liczba 78 odnosi się do generatorów ruchu i że istnieją 4 chiralności ruchu („podwójnie chiralne"). Zobaczymy również, że 137 to po prostu liczba niezależnych członów iloczynu trioktonionowego w ogólnej „emanacji" chiralnego trigintaduonionu.

Streszczenie – Frodo żyje

Tolkien pisał o eukatastrofach [127], być może przewidywał konstruktywną rolę zjawisk emergentnych w maksymalnym przekazie informacji.

Przedmowa do serii „Fizyka", tom 1, na temat:

Mechanika klasyczna i chaos

Niniejsza książka opisuje mechanikę klasyczną, zaczynając od klasycznych sformułowań ruchu cząstek punktowych. Pierwsze podejście polegało na użyciu równań różniczkowych (pierwsze i drugie prawo Newtona); drugie – na użyciu sformułowania funkcji wariacyjnej do wyboru równań różniczkowych (wariacja Lagrange'a); trzecie – na użyciu sformułowania funkcji wariacyjnej (sformułowanie działania) do wyboru sformułowania funkcji wariacyjnej. Niniejsza książka opisuje te trzy sformułowania i rozwiązuje problemy w każdym z nich.

Dopiero gdy mechanika klasyczna była już dobrze ugruntowana, zdano sobie sprawę, że w wielu układach istnieją dwie domeny ruchu: niechaotyczna i chaotyczna. Niniejszy wykład stanowi współczesny wykład mechaniki klasycznej, uwzględniający teorię chaosu, a także powiązania z późniejszymi osiągnięciami teoretycznymi. Wykład składa się w całości z prezentacji interesujących problemów, z których wiele zostało już rozwiązanych, a pozostałe pozostawiono czytelnikowi. Problemy te pochodzą z kursów mechaniki klasycznej i matematyki prowadzonych na Caltech, Oxfordzie i Uniwersytecie Wisconsin. Kursy obejmują poziom od licencjackiego do zaawansowanego magisterskiego. Jak można się spodziewać, kursy oferowały bogaty i wyrafinowany wybór podręczników i materiałów referencyjnych, które, podobnie, są tutaj wykorzystywane. W miarę pogłębiania materiału zauważymy, że w praktyce badamy równania różniczkowe zwyczajne (ODE) o rosnącej złożoności (odpowiadające na przykład bardziej złożonemu ruchowi wahadła, np. poprzez dodanie siły tarcia). Silne powiązanie z podstawową matematyką równań różniczkowych uzasadnia umieszczenie dodatku umożliwiającego szybki przegląd równań różniczkowych z perspektywy matematyki stosowanej.

Oprócz współczesnego wykładu teorii równań różniczkowych, uwzględniającej chaos, pozostałe główne elementy współczesności mają wskazać, gdzie teoria mechaniki klasycznej może łączyć się z teoriami, które dopiero powstaną, takimi jak mechanika kwantowa i Szczególna Teoria Względności. Istnieje pięć teoretycznych obszarów implementacji mechaniki klasycznej, w których mechanika kwantowa jest trywialnie wskazywana (poprzez rozszerzenie/kontynuację analityczną lub modyfikację algebraiczną z abelowej na nieabelową), i obszary te są szczegółowo opisane. Podobnie, istnieją trzy obszary zastosowań eksperymentalnych, w których wskazana jest Szczególna Teoria Względności, które również zostały opisane.

Rozdział 1. Wprowadzenie

Niniejsza książka opisuje mechanikę klasyczną, zaczynając od klasycznych sformułowań ruchu cząstek punktowych. Pierwsze podejście polegało na użyciu równań różniczkowych (pierwsze i drugie prawo Newtona); drugie – na użyciu sformułowania funkcji wariacyjnej do wyboru równań różniczkowych (wariacja Lagrange'a); trzecie – na użyciu sformułowania funkcji wariacyjnej (sformułowanie działania) do wyboru sformułowania funkcji wariacyjnej. Niniejsza książka opisuje te trzy sformułowania i rozwiązuje problemy w każdym z nich.

W opisie ruchu cząstek, zakładając, że nie znajduje się on w domenie parametrów z ruchem chaotycznym, stwierdza się istnienie kilku istotnych ograniczeń. Przykładami są: stałe uniwersalne z wyżej wspomnianego zjawiska chaosu, które nadal występują w systemach niechaosowych, jeśli są one doprowadzane „do krawędzi chaosu". Rozrzut jest zdefiniowany w granicy asymptotycznej, a teoria zaburzeń jest dobrze zdefiniowana w tym sensie, że jest zbieżna. Ogólnie rzecz biorąc, jeśli ewolucja jest opisana jako „proces", często jest to proces martyngałowy, który ma dobrze zdefiniowane granice. Mamy zatem opisy ruchu, zazwyczaj sprowadzalne do równania różniczkowego zwyczajnego, dla których zazwyczaj znajdują się rozwiązania (wymagające definicji granic).

Rozwój mechaniki klasycznej miał miejsce głównie w latach 1687–1834 [1–13]. Wówczas nastąpiła znaczna przerwa w rozwoju innych odkryć, od kwaternionów [14, 15], przez elektromagnetyzm, po mechanikę kwantową [16–18]. Ostatecznie, w 1976 roku, wraz z odkryciem uniwersalności chaosu [19], ujawniono ostatni kluczowy element teorii klasycznej. W tym czasie upowszechniły się również bardziej zaawansowane podejścia matematyczne [20, 21].

Istotne odejście teorii od mechaniki klasycznej nastąpiło w szczególnej teorii względności, co zostało ujawnione przez odkrycie transformacji Lorentza w 1899 roku (wczesne wskazówki pojawiły się w badaniach Fizeau [22] w 1851 roku, ale nie zostało to zrozumiane aż do Einsteina dekady później [23]). Rozwój metod mechaniki klasycznej jest nadal bardzo istotny w dzisiejszych czasach, częściowo ze względu na powiązane z tym osiągnięcia w nowoczesnej sztucznej inteligencji. Jedna z najsilniejszych znanych metod klasyfikacji, na przykład maszyna wektorów nośnych (SVM), opiera się na sformułowaniu mechaniki klasycznej (Lagrange'a) w zastosowaniu teorii sterowania (z ograniczeniami nierównościowymi) [24].

Współczesny podręcznikowy opis mechaniki klasycznej bez teorii chaosu można znaleźć w pracy Goldsteina [25]. Kluczowy rozwój teorii, w odniesieniu do niezmienników wariacyjnych, został wprowadzony przez Noether w 1918 roku [26]. Inne współczesne podręczniki, na których oparto tę książkę, to klasyka Landaua i Lifszyca [27], Percivala i Richardsa [28] oraz Fettera i Waleckiej [29]. W pracy uwzględniono również analizę dwutorową [30] i analizę stabilności [31,32], a następnie wspomniane kluczowe osiągnięcia w teorii chaosu [19,33,34] oraz krytyczne pojawienie się fraktali [35,36].

Jest to współczesna ekspozycja mechaniki klasycznej, która składa się w całości z prezentacji rozwiązań interesujących problemów z szeregu klasycznych tekstów mechaniki, w tym: Landaua i Lifszyca [27]; Goldsteina [25]; Fettera i Waleckiej [29]; Percivala i Richardsa [28]; Arnolda (ODE) [32]; Arnolda (CM) [37]; Woodhouse'a [38]; oraz Bendera i Orszaga [39]. Zauważ, że pierwsze odniesienie do Arnolda oraz odniesienie do Bendera i Orszaga obejmują podręczniki skupione na równaniach różniczkowych zwyczajnych (równaniach różniczkowych zwyczajnych). Podobnie analiza doskonałego i szybkiego wykładu Landaua i Lifszyca ujawnia, że częściowo postępuje on przez materiał, przechodząc przez równania różniczkowe zwyczajne o rosnącej złożoności. Ta silna korelacja z matematyką leżącą u podstaw równań różniczkowych zwyczajnych jest kontynuowana w tym wykładzie (w związku z czym zamieszczono dodatek umożliwiający szybki przegląd równań różniczkowych zwyczajnych z perspektywy matematyki stosowanej).

Zaczynając od równania różniczkowego Newtona F=ma, stopniowo napotykamy bardziej złożone równania różniczkowe. Sprowadzenie układu dynamicznego do układu równań różniczkowych nie jest prostą sprawą i początkowo skupimy się na nauce analizy Lagrange'a, aby to zrobić, ale wynik końcowy zawsze można potraktować jako postać równania różniczkowego zwyczajnego lub układu takich równań. Możemy zatem sprowadzić problem opisu ruchu układu do rozwiązania równania różniczkowego zwyczajnego, czy to oznacza, że skończyliśmy? W przypadku prostszych równań różniczkowych zwyczajnych – tak, w istocie analitycznie (w Dodatku widzimy na przykład, że liniowe równania różniczkowe drugiego rzędu o stałych współczynnikach zawsze można rozwiązać). W przypadku bardziej złożonych równań różniczkowych zwyczajnych – nadal tak, ale potrzebne są narzędzia obliczeniowe (rozwiązanie nie w postaci zamkniętej). Czasami jednak równania różniczkowe zwyczajne wykazują niestabilności, a w takich przypadkach potrzebna jest bardziej zaawansowana analiza i może nie być prostych odpowiedzi (takich jak istnienie zjawiska dziwnego atraktora) [37]. Bardziej rewolucyjne niż sama niestabilność jest odkrycie chaosu. Równanie różniczkowe zwyczajne może zachowywać się dobrze w jednym reżimie, ale może przejść do „ruchu chaotycznego" w innym reżimie. „Krawędź chaosu" jest oznaczona uniwersalnym podwajaniem okresu i jest opisana w rozdziale 7. Wszystko, czego specjalista od równań różniczkowych zwyczajnych mógł się obawiać, jeśli chodzi o złożoność, okazuje się prawdą (z niestabilnościami i dziwnymi atraktorami itp.), a następnie zostało to podwojone wraz z odkryciem nowego zjawiska chaosu poprzez uniwersalność. W przykładach równań różniczkowych zwyczajnych opisanych tutaj, nacisk kładziony jest na problemy fizyczne, więc rozwiązania chaotyczne bezpośrednio odnoszą się do ruchu chaotycznego.

Oprócz nowoczesnego wykładu leżącej u jej podstaw teorii równań różniczkowych zwyczajnych, w tym chaosu, inne główne współczesne elementy mają wskazać, gdzie teoria mechaniki klasycznej może połączyć się z teoriami, które dopiero nadejdą, takimi jak mechanika kwantowa [42] i szczególna teoria względności [40]. W przypadku teorii zaburzeń obejmującej rozwiązania równania różniczkowego zwyczajnego przedstawiono szereg technik. Jeśli zastosuje się analizę zespoloną, otrzymujemy na przykład rozwiązania, ale dostrzegamy również ogólne problemy równań różniczkowych zwyczajnych spotykane w mechanice kwantowej. Ogólne równania różniczkowe zwyczajne opisane w Dodatku prowadzą na przykład do postaci Sturma-Liouville'a, która ma samosprzężone sformułowanie istotne dla mechaniki kwantowej. Jeszcze bardziej ogólne jest równanie Naviera-Stokesa (istotne dla dynamiki płynów), a jeszcze bardziej ogólne jest równanie NS bez zachowania gatunków (jak w półprzewodniku, gdzie może zachodzić generacja nośników, a zatem brak zachowania, ze zmodyfikowanym równaniem ciągłości itd.). Sprzężenia wymagane w sformułowaniu relatywistycznym z kolei tworzą dość skomplikowany bałagan, którego prawie nigdy nie da się rozwiązać bezpośrednio bez aproksymacji. W praktyce „główne równanie Naviera-Stokesa" jest aproksymowane w pewnym istotnym obszarze działania.

Poniżej przedstawiono pięć teoretycznych obszarów zastosowań mechaniki klasycznej, w których w sposób trywialny (poprzez analityczne rozszerzenie/kontynuację) wskazano mechanikę kwantową, i szczegółowo je opisano. Podobnie, istnieją trzy obszary zastosowań eksperymentalnych, w których wskazano szczególną teorię względności, i również je opisano.

1.1. Warunkiem *sine qua non* chaosu i zjawisk emergentnych

Okaże się, że mechanika klasyczna jest szczególnym przypadkiem szerszej teorii mechaniki kwantowej, zatem mogłoby się wydawać, że zdegradowaliśmy mechanikę klasyczną do teorii pochodnej innej… *gdyby nie* istnienie teorii chaosu. Chaos jest fundamentalnie nowym aspektem dynamicznym (wszystkich teorii klasycznych, kwantowych, statystycznych, z odpowiednią formą różniczkową), ale jest najprostszy (choć wciąż znany) w systemie mechaniki klasycznej. Ruch chaotyczny jest wszechobecny, ale można go również uniknąć w wielu problemach mechaniki klasycznej, takich jak problemy małych oscylacji. Chaos, jako zjawisko uniwersalne, ma również stałe uniwersalne, które zostaną zbadane. Prostą drogą do znalezienia chaosu jest użycie reprezentacji hamiltonowskiej i zbadanie dowolnego ruchu okresowego obejmującego nieliniowości. Gdy postrzega się go jako mapę iteracyjną, domeny chaosu są wówczas wyraźnie widoczne (jak zostanie to pokazane w rozdziale 7). Podobnie mechanikę statystyczną można by postrzegać jako teorię pochodną mechaniki klasycznej, *z wyjątkiem* występowania miary entropijnej i zjawisk emergentnych (przemian fazowych) (które zostaną omówione w innych książkach z tej serii [40-4 6], zwłaszcza [41] i [44]).

1.2 Rola równań różniczkowych zwyczajnych, fenomenologii i analizy wymiarowej

Przejrzenie spisu treści ujawni wiele podrozdziałów dotyczących zastosowań równań różniczkowych zwyczajnych. Skupienie się na równaniach różniczkowych zwyczajnych nie jest przypadkowe, podobnie jak dołączenie obszernego dodatku (Dodatek A) poświęconego równaniom różniczkowym zwyczajnym. (Dodatek A opisuje ogólne metody równań różniczkowych zwyczajnych oraz metody zaawansowane wraz z licznymi rozwiązaniami). Niemal zawsze problem mechaniki klasycznej można sprowadzić do rozwiązania równania różniczkowego zwyczajnego. Ponieważ właśnie od tego zaczęliśmy, od Newtona (równanie różniczkowe zwyczajne drugiego rzędu), może się to nie wydawać postępem, jednak dotarcie do poprawnego równania różniczkowego zwyczajnego dla układu jest często trudne, jeśli nie wręcz niemożliwe, bez zastosowania technik pośrednich (Lagrange'a i Hamiltona). Zatem takie metody są oczywiście potrzebne, ale konieczna jest również dogłębna znajomość równań różniczkowych zwyczajnych. Wiedząc, że otrzymamy równanie różniczkowe i ograniczając się do równań zgodnych z analizą wymiarową, często możemy bezpośrednio dojść do podstaw szeregu argumentów fenomenologicznych dla równań ruchu i ich rozwiązań za pomocą równań różniczkowych zwyczajnych (oraz sugestii lub wyjaśnień dotyczących nowych zjawisk). Analiza wymiarowa i fenomenologia są opisane w rozdziale 9.

1.3 Źródła problemów; Poziom pokrycia; Szczegółowe rozwiązania; Zaawansowane metody

Niektóre z problemów (z rozwiązaniami i bez) są na poziomie pytań egzaminacyjnych kandydata na doktorat (egzamin lub „egzamin wstępny”, który odbywa się pod koniec drugiego roku programu doktoranckiego z fizyki w celu awansu do kandydatury, w niektórych instytucjach, takich jak UWM i U. Chicago). Takie problemy są zazwyczaj najtrudniejsze. Niektóre problemy, prawie tak samo trudne, są związane z problemami, które otrzymałem na studiach licencjackich i magisterskich, gdy byłem studentem w Caltech. W wielu przypadkach moje starannie opracowane rozwiązania zostały wykorzystane w „zestawach rozwiązań” przekazanych później klasie. Takie problemy i moje rozwiązania są pokazane dla problemów z następujących kursów Caltech (ok. 1987): Tematy z fizyki klasycznej; Dynamika zaawansowana; i Metody matematyki stosowanej (w Załączniku A). Często problemy lub przykłady w pracach kursowych pochodziły z problemów z głównych podręczników dostępnych w mechanice klasycznej. W związku z tym, takie źródła zostały również bezpośrednio wykorzystane w przypadku niektórych problemów rozwiązanych w niniejszym tekście, a wśród nich znajdują się rozwiązania problemów z następujących klasycznych tekstów: Goldstein [25]; Landau i Lifschitz [27]; Percival i Richards [28]; oraz Fetter i Walecka [29]. Rozwiązania podano w obszernych szczegółach matematycznych, podobnych do tych, jakie można znaleźć na wykładzie, aby szczegółowo przedstawić technikę rozwiązywania (indeks „gimnastyka”).

1.4 Streszczenie kolejnych rozdziałów

Na początek rozważymy klasyczną teorię ruchu cząstek punktowych i mechanikę klasyczną. Zaczyna się to w rozdziale 2.1 krótkim opisem sformułowania rachunku różniczkowego Newtona (1687) [1], gdzie siła Newtona równa się masie razy przyspieszenie (druga pochodna położenia w notacji Leibniza). Leibniz był drugim ważnym wynalazcą rachunku różniczkowego i całkowego, używając rachunku całkowego w niepublikowanych notatkach w 1675 [2], a opublikowanych w 1684 (po tłumaczenie zobacz Struika [3]). Leibniz opisał również podstawowe twierdzenie (nowoczesnego) rachunku różniczkowego i całkowego (odwrotną relację między całkowaniem a różniczkowaniem) w 1693 [4]. Wczesna rola polimatów zorientowanych na matematykę w rozwoju matematycznych podstaw mechaniki klasycznej kontynuowana była przez Eulera i Laplace'a. Euler wniósł swój wkład wcześnie, dzięki Mechanica (1736) [5], ale kontynuował rozwój podstawowej matematyki i fizyki matematycznej przez kilka dekad, wpływając na Lagrange'a ponad pięćdziesiąt lat później, w 1788 roku (syntezą znaną jako równania Eulera-Lagrange'a). Metoda Laplace'a opisana w (1774) [6] miała podobnie duży wpływ na reformulację Hamiltona w 1834 roku (która dała początek klasycznemu propagatorowi związanemu z $\int e^{Mf(x)}\, dx$,dla $M \gg 1$) [6] , a także metodom całek ścieżkowych w latach 40. (propagator kwantowy związany z $\int e^{iMf(x)}\, dx, M \gg 1$) [48] .

Po Newtonie, kolejnym ważnym sformułowaniem teorii klasycznej był opis siły w kontekście pracy wirtualnej autorstwa D'Alemberta (1743) [7]. Praca wirtualna, równoważąca pracę faktycznie wykonaną do zera, jest równoważna formie równań Eulera-Lagrange'a [8,9], które ponownie przyjmują równania ruchu jak poprzednio, ale teraz z dużo łatwiejszym opisem ograniczeń holonomicznych (takich jak dla ciał sztywnych, gdzie równanie ograniczenia nie jest równaniem różniczkowym). W rozdziale 3.3.1 omawiamy rodzaje ograniczeń, takie jak holonomiczne. W wielu sytuacjach występują ograniczenia nieholonomiczne (takie jak dla toczącego się obiektu). Komplikację ograniczeń nieholonomicznych łatwo rozwiązać w reformulacji Hamiltona w kategoriach Zasady Najmniejszego Działania (1833, 1834) [10–13], opisanej w rozdziale 3. Hamilton przesuwa matematyczną podstawę sformułowania teoretycznego, aby uzyskać ekstremum wariacyjne funkcjonału działania zdefiniowanego jako całka funkcji Lagrange'a dla cząstki punktowej w czasie (wzdłuż trajektorii lub ścieżki). Minimum wariacyjne, np. zasada najmniejszego działania, odtwarza następnie równania Eulera-Lagrange'a, aby opisać te same równania ruchu, co u D'Alemberta, z tą różnicą, że teraz dysponujemy środkami do obsługi ograniczeń nieholonomicznych za pomocą mnożników Lagrange'a (krótko opisanych w rozdziale 3.3.1, a następnie wykorzystanych w niektórych przykładach w rozdziale 3.3.2). Hamilton był także współodkrywcą kwaternionów (1843–1850) [14] wraz z Olinde Rodrigues (1840) [15], które posłużyły Maxwellowi do wyrażenia wczesnego elektromagnetyzmu (omówione w [40]) oraz do wskazania bardziej złożonych algebr (preludium do mechaniki kwantowej – omówione w [42]).

Formuła wariacyjna przedstawiona w rozdziale 3 „unifikuje" teorię klasyczną również na inne sposoby [7–14], a także stanowi pomost do „nowej" teorii kwantów (szczegóły w [42]). Dzieje się tak, ponieważ teorię kwantów można wyrazić za pomocą formuły całki oscylacyjnej, w której ograniczenie do minimalnego działania uzyskuje się nie jako fundamentalną regułę wariacyjną, ale jako konsekwencję sumowania po wszystkich ścieżkach ruchu, których działania wchodzą jako człony fazowe w wysoce oscylacyjną całkę (początkowy rozwój matematyki z metody Laplace'a [6]), która z kolei wybiera klasyczne równania ruchu jako przybliżenie zerowego rzędu do całki oscylacyjnej (faza stacjonarna). W pierwszym rzędzie mamy efekty półklasyczne, a suma pełnego opisu kwantowego daje pełną teorię kwantów (patrz [42] po dalsze szczegóły).

Rozdział 3 szczegółowo bada zastosowanie formuły minimalnego działania w kategoriach funkcjonału (działania) na funkcji Lagrange'a zintegrowanej wzdłuż określonej ścieżki. Szeroki zakres układów klasycznych może być opisany za pomocą takiego zastosowania metodologii wariacyjnej. Istnieją dwa główne sposoby sformułowania funkcjonału działania, które są powiązane transformacją Legendre'a: (i) wspomniana metoda Lagrange'a i (ii) metoda hamiltonowska. Hamiltonian, który zostanie opisany (z zastosowaniami) w rozdziale 6, jest powiązany z zachowanymi wielkościami układu, jeśli takowe istnieją, takimi jak energia. W tym ostatnim sensie, opisując zachowane wielkości układu, hamiltonian został wprowadzony w rozdziale 3, aby wyrazić te zachowane wielkości w rozwiązaniach. Analiza z perspektywy pełnej hamiltonowskiej analizy wariacyjnej jest jednak przeprowadzona dopiero w rozdziale 6. Pomiędzy nimi znajdują się bardzo krótkie sekcje obejmujące rozdział 4 Pomiar klasyczny; i rozdział 5 Ruch kolektywny.

Rozdziały 3, 6 i 8 opisują formułę hamiltonianu pierwszego rzędu w odniesieniu do współrzędnych kanonicznych. Reprezentacja dynamiki układu w przestrzeni fazowej w odniesieniu do współrzędnych kanonicznych pozwala następnie na zbadanie właściwości hamiltonianu, rozumianego jako funkcja odwzorowania w przestrzeni fazowej. Stwierdzamy, że takie odwzorowania zachowują obszar i pozwalają nam z łatwością opisać asymptotyczne zachowanie układu w wielu sytuacjach, w tym w sytuacjach, które wyraźnie demonstrują radykalnie nowe zjawisko: „chaos". Wszechobecne występowanie chaosu i klasycznych układów „na krawędzi chaosu" jest następnie opisane w rozdziale 7.

„Uniwersalność" chaosu została wykazana w pracy Feigenbauma z 1976 roku [19]. Ta uniwersalność występuje przy założeniu, że funkcja odwzorowania ma kwadratowe (paraboliczne) maksimum lokalne. Feigenbaum wskazuje, że jest to relacja normalna, ale nie rozwija tego dalej. Okazuje się, że posiadanie formy kwadratowej dla maksimum lokalnego (w pobliżu punktu krytycznego) jest ogólną własnością rachunku wariacyjnego i przestrzeni Hilberta, znaną jako lemat Morse'a-Palaisa [20,21]. Założenie leżące u podstaw uniwersalności chaosu jest ważne, jeśli istnieje wystarczająco gładka funkcja w pobliżu punktów krytycznych, np. że istnieje opis rozmaitości (z funkcją gładką). Załóżmy, że odwrócimy to do góry nogami (jak zostanie to zrobione w [47]) i załóżmy, że chaos jest fundamentalną granicą, zawsze obecną. Jeśli jest to prawdą, to Morse'a-Palaisa musi być zawsze stosowalny, a zatem mamy rozmaitość (geometrię). Jest to interesujące, ponieważ jeszcze przed dotarciem do pól/geometrii dynamicznych (rozmaitości) w [41] widzimy dowody istnienia takiej konstrukcji matematycznej jako konsekwencji uniwersalności, cóż, Uniwersalności [19].

Rozdział 8 omawia bardziej wyraźne właściwości współrzędnych kanonicznych i przekształceń między nimi. Pozwala to na wybór współrzędnych kanonicznych, które znacznie upraszczają analizę poprzez rozdzielenie równań ruchu i uczynienie ich stałymi ruchu lub współrzędnymi ruchu w wielu przypadkach. Najbardziej rozdzielony przypadek jest opisany przez to, co jest znane jako równanie Hamiltona-Jacobiego, które po przesunięciu do formalizmu operatorowego dla teorii kwantowej, opisanego w [42], staje się znanym równaniem Schrödingera. Inne sformułowanie, w odniesieniu do odpowiednio dobranych zmiennych kanonicznych, daje początek sformułowaniu nawiasu Poissona. Jest ono również omawiane, nie ze względu na jego zastosowanie w fizyce klasycznej *per se* , ale ze względu na jego trywialne przejście do sformułowania operator-komutator, aby dojść do innej (pierwszej) reformulacji kwantowej teorii klasycznej (sformułowanie Heisenberga). Rozdział 9 kontynuuje omówienie kolejnej zalety sformułowania hamiltonowskiego, wielkości zachowanej w wielu układach, poprzez jego zastosowanie w teorii zaburzeń. Omówiono zastosowanie hamiltonianów zarówno w klasycznym, jak i kwantowym kontekście *zaburzeń* . Rozdział 9 opisuje również analizę wymiarową, która w połączeniu z analizą wielkości zachowanych może prowadzić do zaskakujących rozwiązań opartych wyłącznie na samopodobieństwie – z kilkoma klasycznymi przykładami. Dodatkowe ćwiczenia znajdują się w rozdziale 10.

Mechanika klasyczna opisana w tej książce jedynie pokrótce porusza szczególne poprawki relatywistyczne, tj. koncentruje się na materii cząsteczkowej poruszającej się z prędkościami nierelatywistycznymi. Tak więc w tej książce występuje przybliżenie czasu absolutnego, pojęcie jednoczesności i natychmiastowego przekazywania siły przy zmianie położenia źródła. Należy zauważyć, że to oddzielenie szczególnej teorii względności od fizyki klasycznej w tej książce jest również uzasadnione fizycznie, ponieważ na poziomie badanej materii cząsteczkowej, nierelatywistycznej, istnieje niewiele możliwości zobaczenia szczególnych efektów relatywistycznych. Zobacz sekcję 3.3.2, aby uzyskać wczesne wskazanie eksperymentalne na istnienie 4-wektorowej wielkości dla energii-pędu we wzorze rozpraszania Comptona. Innym przykładem, w którym zaobserwowano efekty relatywistyczne, choć nie zdano sobie z nich sprawy w tamtym czasie, były eksperymenty Fizeau nad propagacją światła w płynącej wodzie (1851) [22]. (Einstein zauważył, że „ wyniki eksperymentów, które wywarły na niego największy wpływ, to obserwacje aberracji gwiazdowej i pomiary Fizeau dotyczące prędkości światła w poruszającej się wodzie ” [23].) Eksperyment Fizeau (sekcja 4.3) prowadzi do relatywistycznego obliczenia dodawania 4-wektorów prędkości (dla relatywistycznego efektu Dopplera). Po ujawnieniu relatywistycznego efektu Dopplera całą szczególną teorię względności można odzyskać za pomocą rachunku K Bondiego (opisanego w [40]).

Gdy w [40] dochodzimy do pojęć pól sił dynamicznych, ujawnia się transformacja Lorentza równań Maxwella (jako 4-wektory) (1899), a następnie w 1905 r. następuje rozszerzenie tych transformacji na całą materię *w duchu* Einsteina. Z tego powodu teoria szczególnej teorii względności oraz tło i rozwiązania problemów zostały umieszczone w [40] na polach.

Tak więc pola opisane w tej książce, jeśli w ogóle, są statyczne lub stacjonarne, gdzie dyskusja na temat ich ogólnej roli dynamicznej jest odroczona do [40]. Rozważane klasyczne układy mechaniczne są również proste, ponieważ tylko kilka elementów oddziałuje i porusza się w dowolnym momencie. Połączenia z układami z wieloma elementami pozostawiono głównie [44] w mechanice statystycznej. Jednak nawet na poziomie mechaniki klasycznej możemy nadal dostrzec wstępne oznaki nowych zjawisk (z powodu pojawiających się zjawisk Martingale'a i zachowania Prawa Wielkich Liczb, LLN). Z tego możemy zacząć dostrzegać, że istnieją nowe fundamentalne parametry, takie jak entropia (omówiona w [41] w odniesieniu do geometrii informacji oraz w Księdze 6 na temat mechaniki statystycznej).

Należy zauważyć, że zanim dotrzemy do [44] dotyczącego mechaniki statystycznej, gdzie głównie badana jest fundamentalna rola entropii, „odkryliśmy" już entropię w kontekście teorii uczenia statystycznego na *rozmaitości neuro* (podanej w [41]. Gdy uczenie statystyczne jest wykonywane na konstrukcji sieci neuronowej (NN) z uczeniem NN poprzez oczekiwanie/maksymalizację, proces uczenia można opisać za pomocą geometrii informacyjnej. Geometria informacyjna to formalizm geometrii różniczkowej stosowany do rodzin rozkładów w procesach uczenia statystycznego. W optymalnym uczeniu statystycznym można wykazać, że entropia jest wybierana dla „lokalnych" pojęć odległości dystrybucyjnej w podobnym procesie, w którym odległość euklidesowa (płaska czasoprzestrzeń) jest wybierana jako lokalne pojęcie geometryczne odległości rozmaitości. W ten sposób entropia jest wyodrębniana jako miara lokalna, tak jak wybierana jest lokalnie płaska czasoprzestrzeń (z lokalną metryką Minkowskiego). Oprócz połączenia teoretycznego, bezpośrednia implementacja uczenia statystycznego w formie uczenia SVM opartego na sztucznej inteligencji [24], jest w rzeczywistości jest to ćwiczenie w optymalizacji Lagrange'a z ograniczeniami nierówności nieholonomicznymi (patrz [24]), więc będzie bezpośrednio dostępne dla tych, którzy opanowali materiał zawarty w tej książce.

A teraz zacznijmy... od Newtona.

Rozdział 2. Newton, Leibnitz i d'Alembert

Matematyczne opisy fizyki muszą próbować uzasadniać, dlaczego ich opis powinien być taki, a nie inny, spośród wszystkich matematycznie wyrażalnych możliwości. Odpowiedzią, zwłaszcza w następstwie filozofii głoszonej przez Maupertusa i Leibniza [2], jest zazwyczaj jakaś forma optimum wybranego dla stanu lub ścieżki ruchu (na przykład najkrótszej ścieżki). Biorąc pod uwagę ideę poszukiwania ekstremum wariacyjnego, logiczne jest zatem wynalezienie (lub odkrycie) rachunku wariacyjnego.

Przed rokiem 1660 fizyka przed rachunkiem różniczkowym zgromadziła zbiór danych obserwacyjnych, ale nie wynaleziono jeszcze matematyki pozwalającej na opisywanie trajektorii i ścieżek ekstremalnych (a te trajektorie, jak pokażemy, są właśnie nimi). Nie oznacza to jednak, że nie doszło już do istotnego rozwoju matematyki, sięgającego czasów wynalezienia prymitywnej trygonometrii i koncepcji sinusa kąta (sinus był używany do śledzenia gwiazd przez indyjskich astronomów w okresie Gupty, ale jego stosowanie można prześledzić aż do starożytnych Babilończyków, co potwierdzają późniejsze odkrycia [75]).

Rachunek fluksacyjny Newtona został wynaleziony w latach 1665-1666 (podczas londyńskiej zarazy), ale unikał on bezpośredniego użycia nieskończenie małych liczb w wyrażaniu swoich wniosków. Rachunek Leibniza od samego początku akceptował użycie i poprawność nieskończenie małych liczb, a w 1675 roku zapoczątkował rozwój notacji dla nieskończenie małych liczb, która jest stosowana do dziś. Formalna poprawność matematyczna użycia nieskończenie małych liczb musiała poczekać aż do 1963 roku, na publikację „Analizy niestandardowej" Abrahama Robinsona [76,77].

Opis matematyczno-fizyczny rzeczywistości został zatem ugruntowany wraz z rozwojem rachunku różniczkowego w latach sześćdziesiątych XVII wieku [1,2]. Rachunek wariacyjny, w szczególności, dostarcza fizycznych rozwiązań i opisów rzeczywistości, które są zgodne z obserwacją, gdzie fizyczny opis rzeczywistości ma postać ekstremum wariacyjnego [6,10,11]. Jest to opisane szczegółowo w Mechanice klasycznej i klasycznej teorii pola. Posiadanie procesu wariacyjnego w celu wybrania optimum często sprowadza się do rozwiązania pewnej formy równania różniczkowego (omówionego szczegółowo w Dodatku). Jest to w porządku, jeśli potrafisz rozwiązać równanie różniczkowe, ale jeśli nie potrafisz, korzystne jest posiadanie innej metodologii analizy w celu wybrania równań ruchu. Tak więc bardzo wcześnie rozpoznano, że można mieć proces selekcji oparty na wysoce oscylacyjnych konstrukcjach całkowych, które same wybierają swoją stacjonarną składową fazową [6]. Ta ostatnia ścieżka ostatecznie utworzy podwaliny dla podejścia całkowego do fizyki kwantowej (patrz [42]) i dla całej fizyki klasycznej, która istniała wcześniej jako przypadek szczególny.

Wprowadzenie pojęć fizyki matematycznej przed formalną walidacją matematyczną to powtarzający się temat w fizyce. Innym takim przypadkiem jest wprowadzenie przez Diraca funkcji delta, sformalizowanej za pomocą teorii dystrybucji L^2 [78] (jest to niezbędne w podstawowym, samosprzężonym sformułowaniu kwantowym).

2.1 Prawo siły Newtona i wynalezienie rachunku różniczkowego i całkowego przez Leibniza

Zacznijmy od ponownego sformułowania trzech praw Newtona:

1. Prawo : $\frac{dp}{dt} = 0$jeśli $F = 0$, gdzie $p = mv$i $m$jest masą, a $v$jest prędkością.
2. prawo :$\frac{dp}{dt} = F \rightarrow F = ma$.

Prawo 3 : Siła działająca między dwoma ciałami jest równa i przeciwnie skierowana.

(2-1)

A gdy jest więcej niż jedna cząstka, równanie ruchu dla i- tej cząstki wygląda następująco:

$$\sum_j \vec{F}_{ji} + \vec{F}_i = \dot{\vec{p}}_i ,$$

(2-2)

gdzie $\vec{F}_{ji}$jest siłą j [-tej] cząstki działającą na i [-tą] cząstkę ($\vec{F}_{ii} = 0$), $\vec{F}_i$jest wypadkową siłą zewnętrzną działającą na i - [tą] cząstkę, a $\dot{\vec{p}}_i$jest pochodną czasową pędu i - [tej] cząstki. Przypomnijmy sobie III zasadę dynamiki Newtona , zgodnie z którą siła wywierana między dwoma obiektami jest równa i przeciwna, tj $\vec{F}_{ji} = -\vec{F}_{ij}$. . Jest to znane jako słabe prawo akcji i reakcji [25].

W rozdziale 1 Problem 6 (str. 31) Goldsteina [25], opisanym poniżej, odkrywamy, że standardowe równania ruchu dla położenia środka masy i pędu, przyjęte jako punkt początkowy, wskazują nie tylko na słabą zasadę akcji i reakcji, ale także na silną zasadę, *w której siły leżą ściśle wzdłuż linii łączącej obiekty* . Ten wygodny wynik występuje, ponieważ równania ruchu układu implicite odnoszą się do praw zachowania na poziomie układu, więc wzięte odwrotnie, widzimy globalne prawa zachowania ograniczające lokalną dynamikę i lokalne opisy sił tak, że siły między obiektami leżą ściśle wzdłuż linii łączącej obiekty. Jest to rozwijane szerzej w kontekście twierdzenia Noether [26] w dalszej części. Na razie rozważmy układ środka masy szczegółowo, zaczynając od opisu współrzędnej środka masy, która ma równanie ruchu:

$$\vec{R} = \frac{\sum m_i \vec{r}_i}{\sum m_i}; \quad M = \sum m_i ; \quad M\frac{d^2\vec{R}}{dt^2} = \sum_i \vec{F}_i = \vec{F}^{(ext)},$$

gdzie odnosi się to do równań ruchu poszczególnych obiektów po wyeliminowaniu współrzędnej środka masy:

$$\sum m_i \frac{d^2\vec{r}_i}{dt^2} = \sum_i \vec{F}_i.$$

Bezpośrednie porównanie z powyższym równaniem ruchu, zsumowanym względem obiektów, pokazuje, że musimy mieć:

$$\sum_{i,j} \vec{F}_{ji} = 0 \rightarrow \vec{F}_{12} = -\vec{F}_{21},$$

(2-3)

W fundamentalnym przypadku dwóch obiektów otrzymujemy zatem słabą zasadę akcji i reakcji (jak dotąd). Zwróćmy teraz uwagę na opis układu ruchu kątowego (wokół środka), który odnosi się do zasady zachowania momentu pędu. Zaczynając od momentu pędu układu i zmiany momentu pędu pod wpływem momentu zewnętrznego:

$$L = \sum_i \vec{r}_i \times \vec{p}_i ; \quad \frac{dL}{dt} = \sum_i \vec{r}_i \times \vec{F}_i,$$

najpierw bierzemy bezpośrednio pochodną czasową:

$$\frac{dL}{dt} = \sum_i \dot{\vec{r}}_i \times \vec{p}_i + \vec{r}_i \times \dot{\vec{p}}_i = \sum_i \vec{r}_i \times \dot{\vec{p}}_i$$

Bezpośrednie porównanie pochodnych czasowych momentu pędu wskazuje, że musimy mieć:

$$\sum_{i,j} \vec{r}_i \times \vec{F}_{ji} = 0.$$

(2-4)

Ponownie skupmy się na dwóch oddziałujących na siebie obiektach (oznaczonych numerami 1 i 2). $\vec{r}_1 \times \vec{F}_{21} + \vec{r}_2 \times \vec{F}_{12} = 0$,Ponieważ $\vec{F}_{ji} = -\vec{F}_{ij}$już to zrobiliśmy, musimy mieć: $(\vec{r}_1 - \vec{r}_2) \times \vec{F}_{12} = 0$,uzupełnienie dowodu silnego prawa akcji i reakcji — siły leżą ściśle wzdłuż linii łączącej obiekty (umożliwiając potencjalny opis funkcji w późniejszej analizie).

2.2 Zasada pracy wirtualnej D'Alemberta

W tej sekcji podsumowano argumentację D'Alemberta w notacji współczesnej zgodnie z [25,37]. Załóżmy, że układ jest w równowadze, tj. , $\vec{F}_i = 0$wówczas wyraźnie $\vec{F}_i \cdot \delta\vec{r}_i = 0$. Zatem $\sum \vec{F}_i \cdot \delta\vec{r}_i = 0$, które teraz rozkładamy jako:

$$\vec{F}_i = \vec{F}_i^{(a)} + f_i,$$

(2-5)

gdzie $\vec{F}_i^{(a)}$jest siłą przyłożoną, a $f_i$jest siłą ograniczającą. Zatem,

$$\Sigma_i \vec{F}_i^{(a)} \cdot \delta\vec{r}_i + \Sigma_i \vec{f}_i \cdot \delta\vec{r}_i = 0,$$

gdzie $\delta\vec{r}_i$mogą występować dowolne przemieszczenia. Ograniczamy się teraz do sytuacji, w której całkowita praca wirtualna wynikająca z sił ograniczenia wynosi zero, $\Sigma_i\ \vec{f}_i \cdot \delta\vec{r}_i = 0$aby uzyskać:

$$\Sigma_i\ \vec{F}_i^{(a)} \cdot \delta\vec{r}_i = 0.$$

Załóżmy, że układ znajduje się teraz w ustawieniu ogólnym, $\vec{F}_i = \vec{\dot{p}}_i$jeżeli oddzielimy siłę ograniczenia jak poprzednio:

$$\Sigma_i\ \left(\vec{F}_i^{(a)} - \vec{\dot{p}}_i\right) \cdot \delta\vec{r}_i + \Sigma\ \vec{f}_i \cdot \delta\vec{r}_i = 0$$

i przy tym samym założeniu zerowej pracy wirtualnej netto ze względu na ograniczenia otrzymujemy:

$$\Sigma_i\ \left(\vec{F}_i^{(a)} - \vec{\dot{p}}_i\right) \cdot \delta\vec{r}_i = 0\ , \qquad D'Alembert's\ principle \tag{2-6}$$

Z powyższego wzoru musimy przekształcić współrzędne uogólnione, które są od siebie niezależne, tak aby współczynniki przemieszczeń można było osobno ustawić na zero:

$$\vec{r}_i = \vec{r}_i(q_1, q_2, \dots q_n, t) \to \delta\vec{r}_i = \Sigma_j\ \frac{d\vec{r}_i}{\partial q_j}\delta q_j\ .$$

Najpierw rozważmy transformację części $\vec{F}_i^{(a)} \cdot \delta\vec{r}_i$(usuwając „zastosowany" indeks górny):

$$\Sigma_i\ \vec{F}_i \cdot \delta\vec{r}_i = \Sigma_{i,j}\vec{F}_i \cdot \frac{\partial\vec{r}_i}{\partial q_j}\delta q_j = \Sigma_j\ Q_j\delta q_j$$

$$\to\ Q_j = \Sigma_i\ \vec{F}_i \cdot \frac{\partial\vec{r}_i}{\partial q_j} \tag{2-7}$$

gdzie wymiar Q nie musi być wymiarem siły, ani uogólnione współrzędne wymiarami długości, ale ich iloczyn musi być wymiarem pracy. Rozważmy teraz transformację tego $\Sigma_i\ \dot{p}_i \cdot \delta\vec{r}_i$ wyrażenia:

$$\Sigma_i\ \dot{p}_i \cdot \delta\vec{r}_i = \Sigma_i\ m_i\vec{\ddot{r}}_i \cdot \delta\vec{r}_i = \Sigma_{i,j} m_i\vec{\ddot{r}}_i \cdot \frac{\partial\vec{r}_i}{\partial q_j}\delta q_j$$

$$= \Sigma_{i,j}\left\{\frac{d}{dt}\left(m_i\vec{\dot{r}}_i \cdot \frac{\partial\vec{r}_i}{\partial q_j}\right) - m_i\vec{\dot{r}}_i\frac{d}{dt}\left(\frac{\partial\vec{r}_i}{\partial q_j}\right)\right\}\delta q_j$$

Teraz,

$$\frac{d}{dt}\left(\frac{\partial \vec{r}_i}{\partial q_j}\right) = \Sigma_k \frac{\partial^2 \vec{r}_i}{\partial q_j \partial q_k}\dot{q}_k + \frac{\partial^2 \vec{r}_i}{\partial q_j \partial t} = \frac{\partial}{\partial q_j}\frac{d\vec{r}_i}{dt} = \frac{\partial \vec{\dot{r}}_i}{\partial q_j}.$$

Ponadto przełączając się na $\vec{\dot{r}}_i = \vec{v}_j$:

$$\frac{\partial \vec{v}_i}{\partial \dot{q}_j} = \frac{\partial}{\partial \dot{q}_j}\left\{\Sigma_k \frac{\partial r_i}{\partial q_k}\dot{q}_k + \frac{\partial r_i}{\partial t}\right\} = \frac{\partial r_i}{\partial q_j}$$

Teraz możemy napisać

$$\Sigma_i \ \dot{p}_i \cdot \delta\vec{r}_i = \Sigma_i \ \left\{\frac{d}{dt}\left(m_i\vec{v}_i \cdot \frac{\partial \vec{v}_j}{\partial \dot{q}_j}\right) - m_i\vec{v}_i \cdot \frac{\partial \vec{v}_j}{\partial q_j}\right\}$$

$$= \Sigma_i \ \left\{\frac{d}{dt}\left(\frac{\partial}{\partial \dot{q}_j}\left(\Sigma_i \ \frac{1}{2}m_i\vec{v}_i^{\,2}\right)\right) - \frac{\partial}{\partial q_j}\left(\Sigma_i \ \frac{1}{2}m_i\vec{v}_i^{\,2}\right)\right\}$$

i zapisując wyraz energii kinetycznej $\Sigma_i \ \frac{1}{2}m_i\vec{v}_i^{\,2} = T$, otrzymujemy zasadę D'Alemberta w postaci:

$$\Sigma_j \ \left[\left\{\frac{d}{dt}\left(\frac{\partial T}{\partial \dot{q}_j}\right) - \frac{\partial T}{\partial q_j}\right\} - Q_j\right]\partial q_j = 0.$$

(2-8)

Używając siły zapisanej w kategoriach funkcji potencjału $\vec{F}_i = -\nabla_i V$(gdzie powierzchnie ekwipotencjalne są dobrze zdefiniowane w odniesieniu do „linii pola"), mamy:

$$Q_j = \Sigma_i \ \vec{F}_i \cdot \frac{\partial \vec{r}_i}{\partial q_j} = -\Sigma\nabla_i V \cdot \frac{\partial \vec{r}_i}{\partial q_j} = -\frac{\partial V}{\partial q_j}$$

(2-9)

Jeżeli teraz wprowadzimy standardowy Lagrange'a $L = T - V$, odkryjemy, że zasada D'Alemberta daje początek równaniom ruchu wyrażonym za pomocą Lagrange'a:

$$\frac{d}{dt}\left(\frac{\partial L}{\partial \dot{q}_j}\right) - \frac{\partial L}{\partial \dot{q}_j} = 0,$$

(2-10)

gdzie ta ostatnia, zwięzła forma równań ruchu jest znana jako równania Eulera-Lagrange'a (EL). To kończy wyprowadzenie równań EL za pomocą zasady D'Alemberta; w następnym rozdziale przeprowadzimy inne wyprowadzenie równania EL w kontekście zasady najmniejszego działania Hamiltona.

Rozważmy teraz kilka najprostszych pól siłowych lub fenomenologii. Załóżmy, że siła działa w jednym kierunku (jednostajnie) i jest stała, co stanowiłoby przykład siły grawitacyjnej na powierzchni Ziemi, gdzie $F = -mg$. W przypadku prostego wahadła mamy pełny opis, ponieważ wszystkie pozostałe parametry „układu" obejmują wahadło (długość ramienia, które jest bezmasowe, i masę ciężarka wahadła):

Przykład 2.1. Wahadło proste

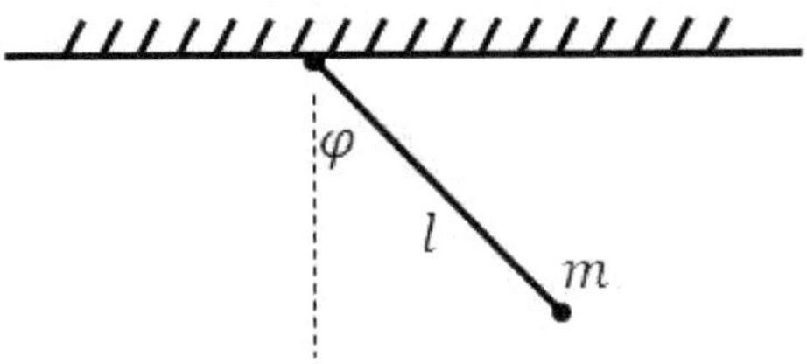

Rysunek 2.1 Proste wahadło.

Lagrange'a jest dany wzorem $L=KE- PE$ Gdzie:

$$KE = \frac{1}{2}m(l\dot{\varphi})^2 \quad and \quad PE = -lgm\cos\varphi, \quad thus\ L = \frac{1}{2}m(l\dot{\varphi})^2 + lgm\cos\varphi$$

Ćwiczenie 2.1. *Jakie są równania ruchu wahadła prostego?*

Przykład 2.2. Prosta sprężyna

Rozważmy teraz sytuację, w której siła nie jest stała, lecz liniowa w pewnym przemieszczeniu, jak miałoby to miejsce w przypadku prostej sprężyny, gdzie $F = -kx$. Tutaj k występuje jako parametr fenomenologiczny, a nie prosty parametr wymiarowy, i jest zależny od materiału. Równania ruchu wyglądają następująco:

$$m\ddot{x} = -kx \to x = \cos(\omega t) + Bsin(\omega t), \qquad where\ \omega = \sqrt{\frac{k}{m}}.$$

Ćwiczenie 2.2. Czym jest Lagrange'a?

Przykład 2.3. Problem sprężyny stołu.
Rozważmy sprężynę, której jeden koniec jest przymocowany do powierzchni stołu, a drugi koniec jest przymocowany do masy m. W przypadku ruchu płaskiego we współrzędnych biegunowych dla energii kinetycznej mamy: $T = \left(\frac{1}{2}\right) m(\dot{r}^2 + r^2\dot{\theta}^2)$. Dla energii potencjalnej, z prawa Hooke'a: $\delta W = -kr\delta r$. Równania ruchu dają zatem: $m\ddot{r} - mr\dot{\theta}^2 = -kr$ i $\frac{d}{dt}\left(mr^2\dot{\theta}\right) = 0$.

Ćwiczenie 2.3. Powtórz w układzie współrzędnych prostoliniowych.

Ostatni przykład pokazuje, jak znajomość równań różniczkowych zwyczajnych będzie pomocna w dalszej części. Z tego powodu w dodatku (Dodatek A) zamieszczono przegląd równań różniczkowych zwyczajnych, a dla ułatwienia w dalszej części krótki przegląd. Następnie, w rozdziale 3.3.2, po zapoznaniu się z zasadami radzenia sobie z ograniczeniami, podamy kilka dodatkowych przykładów równań różniczkowych zwyczajnych i lagranżowskich.

2.3 Przegląd prostych równań różniczkowych zwyczajnych opartych na trajektoriach

Poniżej przedstawiono kilka krótkich komentarzy na temat roli równań różniczkowych zwyczajnych na tym wczesnym etapie, a więcej informacji i liczne przykłady podano w Dodatku A. W dalszej części rozważań interesują nas siły wielomianowe w przemieszczeniu i niskiego rzędu, zatem ma = F przyjmuje postać: ma = 0; ma = stała; lub ma = - kx ; jak już wspomniano. Ponieważ $a = \ddot{x}$, widzimy, że opisujemy rodzinę równań różniczkowych zwyczajnych z pochodnymi drugiego rzędu. W bardziej ogólnej postaci takiego równania różniczkowego zwyczajnego brakuje członów pochodnych pierwszego rzędu, a dodając je, uwzględniliśmy teraz standardowe siły tarcia (jeśli są liniowe w pierwszej pochodnej i ujemne). W ten sposób odkrywamy, niemal bez wysiłku, jak dodane człony w równaniu różniczkowym zwyczajnym odnoszą się do kinematyki i fenomenologii fizycznej, a nawet mogą być przez nie (w odwrotnej kolejności) wykorzystywane do identyfikacji nowych efektów fizycznych, jak uczynili to Landau i Lifszits w odkryciu równania LL [49] oraz w kategoryzacji różnych zjawisk sprzężenia [50]. Dalsza analiza wzajemnego oddziaływania równań różniczkowych zwyczajnych i fenomenologii, wraz z analizą wymiarową, znajduje się w rozdziale 9.

Rozdział 3. Zasada najmniejszego działania Hamiltona

Równania Eulera-Lagrange'a otrzymujemy teraz w inny sposób, jako wynik minimum wariacyjnego podanego przez zasadę najmniejszego działania Hamiltona [10–13]. To podejście jest czymś więcej niż reformulacją Newtona, ponieważ stanowi ono pierwotną formułę dla kompletnej teorii kwantowej, która zostanie opisana w [42] i krótko omówiona w rozdziale 3.2. Zatem rozdział ten jest szczególnie godny uwagi ze względu na część koncepcyjnych podstaw w pełni uogólnionej teorii kwantowej (propagatorów) ([42–44]) i teorii emanatorów ([47]).

3.1 Lagrange'a dla cząstek punktowych

Rozważmy obiekt punktowy i zdefiniujmy jego położenie za pomocą współrzędnych uogólnionych $\{q_k\}$, gdzie dla K wymiarów mamy współrzędne: $q_1 \dots q_k \dots q_K$. Wprowadźmy teraz parametryzację czasu (współrzędne) ti zdefiniujmy powiązane z nią współrzędne uogólnione (położenie), które zmieniają się w czasie, np. prędkości. Zatem dla współrzędnych $\{q_k\}$i prędkości $\{v_k\}$mamy:

$$v_k = \frac{dq_k}{dt} = \dot{q}_k, \tag{3-1}$$

dla czasu t. We wczesnej fizyce argumentowano [2–13], że konstrukcje wariacyjne, które są minimalizowane (takie jak ścieżki) lub maksymalizowane (takie jak entropia), powinny określać, jak układy ewoluują, propagują lub osiągają równowagę. W tych dyskusjach widzimy, że wczesny opis dynamiczny Newtona, $F = ma$, jest formułą drugiej pochodnej.

Nazwa funkcji wariacyjnej współrzędnych i prędkości to, jak poprzednio, „Lagrange'owska" i oznaczana jest symbolem L:

$$L = L(\{q_k\},\{\dot{q}_k\}) = L(\{q_k\},\{v_k\}),$$

gdzie $L = L(\{q_k\},\{\dot{q}_k\})$jest formą preambuły, która będzie często używana do wskazania zmiennych niezależnych (istotnych wariacyjnie) w definicji funkcji, w tym przypadku współrzędnych i ich prędkości. Rozważmy II zasadę Newtona bez obecności siły, Lagrange'a dla tego:

$$L = L(\{q_k\},\{v_k\}) = \sum_k \frac{1}{2} m(v_k)^2,$$

lub, dla jednego wymiaru, mamy L = $(1/2)mv^2$, klasyczne wyrażenie na energię kinetyczną. Aby odtworzyć drugie prawo Newtona ustawiamy pochodną czasową każdej z pochodnych prędkości Lagrange'a na zero (*nie pochodną czasową samej funkcji Lagrange'a*):

$$\frac{d}{dt}\frac{dL}{dv} = \frac{d}{dt}\frac{d}{dv}\left(\frac{1}{2}mv^2\right) = m\frac{dv}{dt} = ma = 0,$$

Przywracając w ten sposób równanie ruchu przy braku siły (ma = F = 0). Zatem bezpośrednie wyrażenie wariacji funkcji, takie, że ustawienie tej wariacji na zero daje równania ruchu, jest tym, co uzyskuje się w „formule działania" (po raz pierwszy wyrażonej przez Hamiltona w 1834 roku za pomocą zasady najmniejszego działania [10–13]). Działanie S jest wprowadzane jako funkcja funkcji (funkcjonału) zdefiniowanej przez następującą relację całkową wzdłuż ścieżek sparametryzowanych parametrem czasu t (patrz rysunek 2.1):

$$S = \int_{t_1}^{t_2} L(q,\dot{q},t)dt \tag{3-2}$$

gdzie indeksy dolne składowych są pomijane (lub przypadek jednowymiarowy). Założymy, że jest to poprawny punkt wyjścia do wyprowadzenia równań ruchu i udowodnimy to później w analizie (gdzie to pojęcie działania jest ponownie wyprowadzone w sformułowaniu Hamiltona-Jacobiego w rozdziale 8).

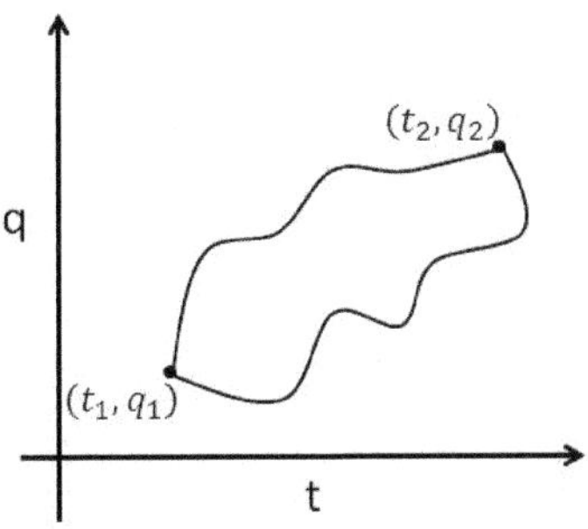

Rysunek 3.1. Działanie polega na całkowaniu Lagrange'a wzdłuż określonej ścieżki. Stacjonarność w wariacji działania, z ustalonymi punktami końcowymi, prowadzi do typowych równań Eulera-Lagrange'a. Na rysunku przedstawiono dwie ścieżki całkowania dla Lagrange'a, z punktami końcowymi wspólnymi (ustalonymi), takimi że $q_1 = q(t_1)$oraz $q_2 = q(t_2)$.

W formule Hamiltona ruch jest dany przez ścieżkę sparametryzowaną w czasie $q(t)$, która daje stacjonarną wartość działania (wariantność funkcjonalna wynosi zero), a typowe warunki brzegowe zakładają, że punkty końcowe na ścieżkach ruchu są ustalone na początku t_1i na końcu t_2, tj $\delta q(t_1) = \delta q(t_1) = 0$. Zakładając, że w lagranżianie nie ma bezpośredniej zależności czasowej, dla pochodnej funkcyjnej mamy:

$$0 = \delta S = \delta \int_{t_1}^{t_2} L(q, \dot{q}) dt$$

$$= \int_{t_1}^{t_2} \delta L(q, \dot{q}) dt = \int_{t_1}^{t_2} \left[\left(\frac{\partial L}{\partial q} \right) \delta q + \left(\frac{\partial L}{\partial \dot{q}} \right) \delta \dot{q} \right] dt$$

$$\delta S = \int_{t_1}^{t_2} \left[\left(\frac{\partial L}{\partial q} \right) \delta q + \left(\frac{\partial L}{\partial \dot{q}} \right) \frac{d \delta q}{dt} \right] dt$$

$$= \int_{t_1}^{t_2} \left[\left(\frac{\partial L}{\partial q} \right) \delta q - \frac{d}{dt} \left(\frac{\partial L}{\partial \dot{q}} \right) \delta q + \frac{d}{dt} \left(\frac{\partial L}{\partial \dot{q}} \delta q \right) \right] dt$$

$$\delta S = \left[\frac{\partial L}{\partial \dot{q}} \delta q \right]_{t_1}^{t_2} + \int_{t_1}^{t_2} \left[\left(\frac{\partial L}{\partial q} \right) - \frac{d}{dt} \left(\frac{\partial L}{\partial \dot{q}} \right) \right] \delta q dt$$

Wyraz brzegowy z całkowania przez części wynosi zero, ponieważ granice są ustalone dla rozpatrywanych wariantów. Jest to standardowy przypadek dla większości opisywanych problemów wariacyjnych. Istnieją alternatywne, bardziej złożone sformułowania z nieustalonymi celami, które omówimy w razie potrzeby. W ten sposób mamy teraz, że zasada najmniejszego działania Hamiltona (postać standardowa) odtwarza równania Eulera-Lagrange'a [8], o których wspomniano wcześniej:

$$\delta S = 0 \Rightarrow \left(\frac{\partial L}{\partial q} \right) - \frac{d}{dt} \left(\frac{\partial L}{\partial \dot{q}} \right) = 0. \tag{3-3}$$

Równania Eulera-Lagrange'a zostaną wykorzystane w kolejnych rozdziałach do uzyskania równań ruchu w szerokiej gamie zastosowań. Zanim jednak przejdziemy do tych przykładów, z samego sformułowania działania można wywnioskować więcej niż tylko odtworzenie równań ruchu – teraz można wyodrębnić różnorodne właściwości ruchu i prawa zachowania.

3.1.1 Właściwości mechaniczne wskazane przez formułę działania

Poprzednie rozdziały wielokrotnie odwoływały się do podręcznika Goldsteina [25], a część rozwoju (silne prawo akcji-reakcji) pochodziła z rozwiązywania problemów z tego podręcznika. W dalszej części szczegółowo rozwiązujemy wiele problemów przedstawionych w podręczniku Landaua i Lifszyca do mechaniki [27] i śledzimy ich rozwój matematyczny częściowo dlatego, że jest to wykład możliwych równań różniczkowych drugiego rzędu, które mogą wystąpić. Podejście skoncentrowane na równaniach różniczkowych zwyczajnych jest również stosowane w tekście Percivala [28], więc jest to popularne podejście. Rola równań różniczkowych zwyczajnych w rozwoju mechaniki jest jednak jeszcze wyraźniejsza w wysiłku przedstawionym tutaj, z dużym dodatkiem dotyczącym równań różniczkowych zwyczajnych i problemów/rozwiązań dla nich (opartym na notatkach sporządzonych podczas studiów na Caltech w ramach AMa101, kursu matematyki na poziomie studiów podyplomowych z równań różniczkowych zwyczajnych). Część przedstawionego tutaj rozwoju łączy klasy równań różniczkowych zwyczajnych z klasami ruchu, a następnie pokazuje, jak dojść do układów ogólnych, w tym układów z chaosem. Część dyskusji dotycząca chaosu prowadzona jest głównie w sformułowaniu hamiltonowskim, podobnym do tego z podręcznika Percivala [28]. Sekcje dynamiki zaawansowanej czerpią z rozwiązań zadań podanych w podręcznikach Goldsteina [25], Landaua i Lifshitza [27] oraz Fettera i Waleckiej [29]; a także z notatek z kursów Dynamika (Ph 106) i Dynamika zaawansowana (Aph 107) odbytych w Caltech (ok. 1986 r.).

Zgodnie z opisem Landaua i Lifschitza w Mechanice [27], rozważmy najpierw układ złożony z dwóch części o pomijalnej interakcji. Zapisujemy całkowity Lagrange'a układu jako proste dodanie ich dwóch części:

$$L = L_1 + L_2.$$

Własność addytywna implikuje rozdzielenie układów nieoddziałujących, ale ze wspólną stałą (np. wybór jednostek). Aby to zilustrować, rozważmy pomnożenie Lagrange'a przez stałą, otrzymane równania ruchu pozostają niezmienione, a wszystkie oddzielne wyrazy mają ten sam mnożnik. Kontynuując ten wątek, rozważmy dodanie całkowitej pochodnej czasowej funkcji (zależnej od współrzędnych i czasu) do podanej definicji Lagrange'a:

$$\tilde{L} = L + \frac{d}{dt} f(q, t)$$

Uzyskano nową funkcjonalność akcji:

$$\tilde{S} = S + f(q(t_2), t_2) - f(q(t_1), t_1)$$

dla którego zmienność jest taka sama, gdy punkty końcowe są stałe:

$$\delta\tilde{S} = \delta S.$$

Zatem lagranżjan definiuje to samo równanie ruchu dla każdej wariacji, jeśli różni się ona o całkowitą pochodną czasową. (Jeśli istnieją nieustalone lub nietrywialne warunki brzegowe, to po dodaniu całkowitej pochodnej czasowej niezmienność przestaje istnieć.)

Jeśli Lagrange'a nie zależy od współrzędnej przestrzennej, mówimy, że przestrzeń jest jednorodna, podobnie jak czas. Jeśli Lagrange'a nie zależy od kierunku w przestrzeni, mówimy, że istnieje izotropia przestrzenna, natomiast dla czasu, parametru jednowymiarowego, jest to równoważne stwierdzeniu niezmienniczości odwrócenia czasu. Zatem, jeśli mówimy, że nie ma nic szczególnego w położeniu lub czasie w opisie ruchu swobodnego cząstki, to mówimy, że Lagrange'a dla jej ruchu nie powinno być q, tzależne od { }. Co więcej, zależność od prędkości musi zależeć tylko od wartości (dla izotropii), którą można wygodnie zapisać jako zależność od wartości kwadratu prędkości:

$$L = L(v^2).$$

Jeśli jest to prawidłowa forma funkcyjna dla lagranżjanu, to nie oczekujemy żadnej zmiany przy przesunięciu prędkości (to prawda dla nierelatywistycznego, tj. galileuszowskiego, odniesienia czasu absolutnego). Spróbujmy $\vec{v}' = \vec{v} + \vec{\varepsilon}$:

$$L' = L(v'^2) = L(v^2 + 2\vec{v}\cdot\vec{\varepsilon} + \varepsilon^2) = L(v^2) + \frac{\partial L}{\partial v^2}2\vec{v}\cdot\vec{\varepsilon} + O(\varepsilon^2),$$

gdzie wyprowadzenie do pierwszego rzędu $\vec{\varepsilon}$jest wyraźnie pokazane. Aby pozostało niezmienione w pierwszym rzędzie, człon pierwszego rzędu musi być całkowitą pochodną po czasie. Ponieważ ma już pochodną po czasie w prędkości, jest to możliwe tylko wtedy, gdy $\frac{\partial L}{\partial v^2}$jest niezależne od prędkości (ale niezerowe), zatem mamy $L \propto v^2$, a zgodnie z konwencją Newtona dotyczącą masy i bezwładności, mamy:

$$L = \frac{1}{2}mv^2, \tag{3-4}$$

dla cząstki swobodnej, z czego zastosowanie równania Eulera-Lagrange'a daje równanie ruchu v= stałe, co pozwala na odzyskanie prawa bezwładności. Należy również zauważyć, że $v^2 = \left(\frac{dl}{dt}\right)^2 = \frac{(dl)^2}{(dt)^2}$, gdzie wyrażenia dla metryki , $(dl)^2$w różnych układach współrzędnych to:

Kartezjański: $(dl)^2 = (dx)^2 + (dy)^2 + (dz)^2 \Longrightarrow L = \frac{1}{2}m(\dot{x}^2 + \dot{y}^2 + \dot{z}^2)$

Cylindryczny:$(dl)^2 = (dr)^2 + (r\, d\varphi)^2 + (dz)^2 \Longrightarrow L = \frac{1}{2}m(\dot{r}^2 + r^2\dot{\varphi}^2 + \dot{z}^2)$

Kulisty: $(dl)^2 = (dr)^2 + (r\, d\theta)^2 + (r \sin\theta\, d\varphi)^2 \Longrightarrow L = \frac{1}{2}m\left(\dot{r}^2 + r^2\dot{\theta}^2 + r^2\sin^2\theta\, \dot{\varphi}^2\right)$

(3-5abc)

3.1.2 Akcja na rzecz swobodnego przepływu

Przykład 3.1. Działanie na rzecz swobodnego ruchu – minimalne zastosowanie praktyczne, maksymalne implikacje teoretyczne

Dla cząstki swobodnej o ruchu jednowymiarowym mamy $L = T = \frac{1}{2}\dot{x}^2$, dla którego działanie jest następujące:

$$S = \int_{t_A}^{t_B} L\, dt = \int_{t_A}^{t_B} \frac{1}{2}v^2\, dt,$$

skąd $v = \frac{x_B - x_A}{t_B - t_A}$pochodzi równanie EL. Zatem,

$$S = \frac{1}{2}\frac{(x_B - x_A)^2}{(t_B - t_A)} \quad \rightarrow \quad S = \frac{1}{2}\frac{(\Delta x)^2}{(\Delta t)} \quad \rightarrow \quad (\Delta x)^2 \cong (\Delta t)\ if\ S = constant.$$

Jeśli chodzi o $\Delta t = N$kroki czasowe, to $|\Delta x| \approx \sqrt{\Delta t}$, jak w przypadku spaceru losowego (więcej szczegółów w [45]).

Ćwiczenie 3.1. Powtórz z $L = \cosh v$.

Zauważ, że działanie dla ruchu swobodnego jest jak rozwiązanie równania dyfuzji (rozwiązanie równania ciepła 1D), co jest naszą pierwszą wskazówką co do możliwości równania Schrödingera i pierwszą wskazówką sformułowań całki Ito (całki Weinera), widzianej ponownie później z euklidesową formą kwantową za pomocą czasu analitycznego (poprzez obrót Wicka, patrz [43,44]). Związek z relacją dyfuzji w jednym wymiarze jest również wczesną wskazówką głębokich powiązań między dynamiką a termodynamiką ogólnie — za pośrednictwem mechaniki (kwantowej) z czasem złożonym lub analitycznością (omówionej w [43,44]). Reifikacja analitycznych stowarzyszeń lub projekcji emanacji trigintaduonionów, wraz z pojawieniem się termiczności (termodynamiki martyngałowej), geometrii (standardowej kosmologii) i geometrii cechowania (modelu standardowego), jest omówiona szerzej w [45].

Przykład 3.2. Lagrange'a z pochodnymi czasowymi wyższego rzędu
Rozważmy układ z następującym Lagrange'em:

$$L = A\ddot{x}^2 + \frac{1}{2}m\dot{x}^2.$$

Równanie ruchu takiego układu można uzyskać w sposób jednoznaczny, jeśli wymagamy, aby działanie było ekstremum dla wszystkich ścieżek o takich samych wartościach xi wszystkich jego pochodnych czasowych w punktach końcowych ścieżek:

$$S = \int_{t_1}^{t_2} \left(A\ddot{x}^2 + \frac{1}{2}m\dot{x}^2\right) dt = \int_{t_1}^{t_2} L(\dot{x},\ddot{x})dt$$

$$0 = \delta S = \int_{t_1}^{t_2} \left(\frac{\partial L}{\partial \dot{x}}\delta\dot{x} + \frac{\partial L}{\partial \ddot{x}}\delta\ddot{x}\right) dt$$

$$= \int_{t_1}^{t_2} \left(-\frac{d}{dt}\left(\frac{\partial L}{\partial \dot{x}}\right)\delta x - \frac{d}{dt}\left(\frac{\partial L}{\partial \ddot{x}}\right)\delta\dot{x}\right) dt$$

i kolejne całkowanie przez części (z pominięciem wyrazów brzegowych, a zatem pominięciem pochodnych całkowitych):

$$\delta S = \int_{t_1}^{t_2} \left(-\frac{d}{dt}\left(\frac{\partial L}{\partial \dot{x}}\right) + \frac{d^2}{dt^2}\left(\frac{\partial L}{\partial \ddot{x}}\right)\right)\delta x dt = 0$$

$$\rightarrow \frac{d^2}{dt^2}\left(\frac{\partial L}{\partial \ddot{x}}\right) - \frac{d}{dt}\left(\frac{\partial L}{\partial \dot{x}}\right) = 0$$

Równanie ruchu jest zatem następujące:

$$2Ax^{(4)} - m\ddot{x} = 0,$$

gdzie (4) oznacza pochodną czasową czwartego rzędu.

Ćwiczenie 3.2. Powtórz z $L = A\ddot{x}^3 + \frac{1}{2}m\dot{x}^2 + B\ddot{x}$

3.2 Najmniejsze działanie z całek silnie oscylacyjnych i fazy stacjonarnej

Ekstremum wariacyjne wskazane w zasadzie najmniejszego działania Hamiltona można również uzyskać za pomocą wykładniczej całki funkcjonalnej o dużym module [6], gdzie działanie jest oceniane wzdłuż każdej ścieżki, z których każda wnosi wykładniczy wyraz z dużym stałym czynnikiem (tak, że dominuje minimum wariacyjne, zgodnie z poniższą konwencją znaku ujemnego). Jest to również stosowane w sformułowaniu całki ścieżkowej kwantowej [48] (i [42]), gdzie nadal występuje duża stała (odwrotność stałej Plancka), ale wykładniczy wyraz staje się urojony, tj. każda ścieżka wnosi teraz swoje działanie jako wyraz fazy, gdzie faza stacjonarna wybiera ekstremum wariacyjne. W ten sposób klasyczną formę całki można analitycznie rozwinąć w formę całki kwantowej, która jest bezpośrednio istotna:

$$\int e^{-Mf(x)}\, dx \quad \rightarrow \quad \int e^{iMf(x)}\, dx, \;\; M \gg 1. \tag{3-6}$$

Należy zauważyć, że klasyczna forma całkowa była dziwną reprezentacją, rzadko używaną, ponieważ i tak sprowadzała się do najmniejszego działania Hamiltona. Jednak w jej formie zespolonej, po sprowadzeniu do formy różniczkowej zgodnej z najmniejszym działaniem, otrzymujemy równanie Schrödingera i odtwarzamy teorię klasyczną najniższego rzędu, z poprawkami kwantowymi wyższego rzędu (szczegóły w [42]).

Pojęcie wielu ścieżek, z których wybierana jest ścieżka nadająca stacjonarność, jest fundamentalne w podejściu kwantowym PI do mechaniki kwantowej. Kwantyzacja PI jest równoważna w różnych dziedzinach sformułowaniom operatora/funkcji falowej (Schrödinger) lub samosprzężonego operatora/przestrzeni Hilberta (Heisenberg), jak zostanie pokazane w [42], gdzie wybór sformułowania do rozwiązania problemu może mieć kluczowe znaczenie dla jego rozwiązania. Klasyczne konstrukcje definiowane wariacyjnie, zwłaszcza te opisane w rozdziale 8, ostatecznie uogólnią się do pełnej formulacji mechaniki kwantowej (w kategoriach wielu ścieżek propagacji i stacjonarnego funkcjonału działania na tych ścieżkach). W praktyce pełna teoria kwantowa, szczególnie dla układów związanych, jest znacznie łatwiejsza do analizy, jeśli przejdziemy od reprezentacji całki ścieżkowej do jednej z równoważnych formulacji Heisenberga [16], Schrödingera [17] lub Diraca [18], jak zostanie pokazane w [42]. Formuła rachunku operatorów Heisenberga opiera się na reformulacji klasycznego hamiltonianu opartej na operatorze (rozdział 6); równanie Schrödingera opiera się na reformulacji równań Hamiltona-Jacobiego opartej na operatorze i funkcji falowej (rozdział 8); a aksjomatyczna reformulacja Diraca [42] przechodzi do układów ogólnych, niekoniecznie mając analogię klasyczną (a także stanowi pomost do relatywistycznego równania falowego dla fermionów o spinie ½ w dalszych rozwinięciach [18]).

Zauważmy, że klasyczna reprezentacja całkowa obejmowała prostą sumę na ścieżkach (bez ważenia), a później, po analitycznej kontynuacji do formuły kwantowej, nadal mieliśmy sumę na ścieżkach, która była nieważona. Ta cecha została przeniesiona do mechaniki statystycznej, stając się twierdzeniem o ekwipartycji i może być wyprowadzona poprzez kontynuację analityczną (rotację Wicka) z propagatora kwantowego do funkcji podziału mechanicznego (opisanej w Księgach 7 i 8 Serii). W związku z tym istnieje coraz więcej dowodów na to, że leżące u ich podstaw teorie, czyli reprezentacje teoretyczne, są analityczne i prawdopodobnie na wiele sposobów, co wskazuje na ich fundamentalną hiperzłożoność (omówioną szerzej w Księdze 9).

3.3 Lagrange'a dla układu cząstek

Rozważmy teraz grupę swobodnie poruszających się cząstek. Lagrange'a składają się z członów energii kinetycznej:

$$L = T = \sum_a \frac{1}{2} m_a \, v_a{}^2, \tag{3-7}$$

gdzie indeks „a" zmienia się w różnych cząstkach, z jawnym Lagrange'em dla ruchu jednowymiarowego. Ruch wielowymiarowy (zazwyczaj trójwymiarowy) jest niejawny, gdzie indeksy składowych wielkości wektorowych są pomijane. Załóżmy teraz, że cząstki oddziałują ze sobą i wyraźmy to jako termin „energii potencjalnej", jak wskazano we wcześniejszym sformułowaniu D'Alemberta/Newtona:

$$L = \sum_{a=1} \frac{1}{2} m_a \, v_a{}^2 - U(\vec{r}_1, \vec{r}_2, \dots) = T - U, \tag{3-8}$$

gdzie wprowadzono standardową notację „T" dla energii kinetycznej i „U" dla energii potencjalnej. Równania Eulera-Lagrange'a, wykorzystujące standardową notację wektorową dla prędkości, dają:

$$m_a \frac{d\vec{v}_a}{dt} = -\frac{\partial U}{\partial \vec{r}_a} = \vec{F}, \tag{3-9}$$

gdzie F jest znaną siłą Newtona. Zauważ, że dochodząc do tego od Lagrange'a, ponownie widzimy wprowadzenie funkcji potencjału bez odniesienia do czasu ani do transmisji informacji, np. odwołuje się do niejawnego czasu absolutnego Galileusza, z natychmiastową propagacją oddziaływań. Oczywiście zacznie to znacznie błędnie działać, gdy prędkości staną się relatywistyczne, ale na tym etapie, gdy badamy klasyczne właściwości mechaniczne w klasycznych warunkach (takich jak ruch wahadła), jest to błąd pomijalny. Przypomnijmy, że Lagrange'a nie zmienia się w granicach stałej addytywnej ani całkowitej pochodnej czasowej. Do tej pory nie rozważaliśmy potencjałów zależnych od czasu, więc skupienie się na „niezmienionym w granicach stałej addytywnej" oznacza, że możemy dowolnie przesuwać nasze sformułowanie Lagrange'a, aby potencjał spadał do zera wraz ze wzrostem odległości między cząsteczkami.

Rozważmy teraz układ dwóch cząstek, widziany z perspektywy układu zdefiniowanego w kategoriach pierwszej cząstki (postrzeganego teraz jako układ otwarty). Po pierwsze, Lagrange'a dla dwóch cząstek wynosi:

$$L = T_1(q_1, \dot{q}_1) + T_2(q_2, \dot{q}_2) - U(q_1, q_2).$$

Załóżmy, że mamy rozwiązanie dla drugiej cząstki jako funkcji czasu: $q_2 = q_2(t)$i podstawimy to rozwiązanie z powrotem do naszego równania lagranżowskiego. W rezultacie otrzymamy człon kinetyczny, w którym jedyną zmienną niezależną jest teraz czas, który można zatem postrzegać jako całkowitą pochodną czasową i w ten sposób usunąć z równania lagranżowskiego bez zmiany jego równań ruchu. Równoważny lagranżowski układ, w którym pierwsza cząstka jest opisana w układzie „otwartym", wygląda następująco:

$$L = T_1(q_1, \dot{q}_1) - U(q_1, q_2(t)).$$

Lagrange'a osiągnęło teraz swoją główną formę $L = T - U$, czyli energię kinetyczną minus energia potencjalna. W tym momencie może wydawać się dziwne, że istnieje fundamentalny byt $T - U$w formalizmie wariacyjnym, skoro zasada zachowania energii całkowitej rządziłaby $T + U$. (Okazuje się, że ta ostatnia zasada działa również jako podstawa dla formalizmu wariacyjnego, hamiltonowskiego, do którego przejdziemy w dalszych rozdziałach). Na razie pozostajemy przy sformułowaniu Lagrange'a i przechodzimy do typu „potencjału" implikowanego w układzie poprzez ograniczenia.

3.3.1 Ograniczenia

Układy mechaniczne często poruszają się pod wpływem ograniczeń za pomocą prętów, strun i zawiasów. Pojawiają się wówczas dwa nowe problemy: (1) określenie wpływu ograniczeń na liczbę stopni swobody (N cząstek w przestrzeni 3D ma 3N stopni swobody, gdy nie są ograniczone; jeśli na przykład zostaną dociśnięte do powierzchni, liczba ta zostanie zredukowana do 2N stopni swobody itd.); oraz (2) tarcie. W poniższych przykładowych problemach zakładamy, że tarcie jest pomijalne, ale wracamy do omówienia tarcia i innych sił fenomenologicznych w rozdziale 9.

Jeśli ograniczenie jest nieholonomiczne, równania wyrażające to ograniczenie nie mogą być użyte do wyeliminowania współrzędnych zależnych. Rozważmy ogólne liniowe równania różniczkowe ograniczenia w postaci:

$$\sum_{i=1}^{n} g_i(x_1, \dots, x_n) dx_i = 0.$$

Ograniczenia można często przedstawić w tej formie, ale jest ona całkowalna (i holonomiczna) tylko wtedy, gdy istnieje funkcja całkująca $f(x_1, \dots, x_n)$:

$$\frac{\partial(f g_i)}{\partial x_j} = \frac{\partial(f g_j)}{\partial x_i}.$$

Zatem mieszane pochodne drugiego rzędu funkcji całkowalnej nie powinny zależeć od rzędu różniczkowania. Jako przykład rozważmy dysk toczący się po płaszczyźnie, z ograniczeniem określonym przez parę równań różniczkowych (z jawnie pokazanymi czynnikami zerowymi):

$$0 d\theta + dx - a \sin\theta \, d\varphi = 0 \quad and \quad 0 d\theta + dy + a \cos\theta \, d\varphi = 0.$$

W tym celu mamy:

$$\frac{\partial(f(1))}{\partial\theta} = \frac{\partial(f(0))}{\partial x} = 0 \quad \rightarrow \quad \frac{\partial f}{\partial\theta} = 0,$$

Zatem f nie jest θzależne. Jest to jednak sprzeczne z:

$$\frac{\partial(f(1))}{\partial\varphi} = \frac{\partial(f(-a \sin\theta))}{\partial x},$$

gdzie f ma θzależność. Zatem obiekty toczące się są znanym przykładem systemu z ograniczeniami nieholonomicznymi.

3.3.2 Lagrange'y dla układów prostych

W przypadku prostych ograniczeń lub sprzężeń możliwa jest bezpośrednia ocena członów kinetycznych. Rozważmy na przykład najprostsze wahadło podwójne (pokazane na rysunku 3.2, zbudowane z bezmasowych prętów łączących masy punktowe). Należy zauważyć, że ogólne układy wieloelementowe zostaną niemal w całości omówione w [44] poświęconym mechanice statystycznej.

Przykład 3.3 Podwójne wahadło

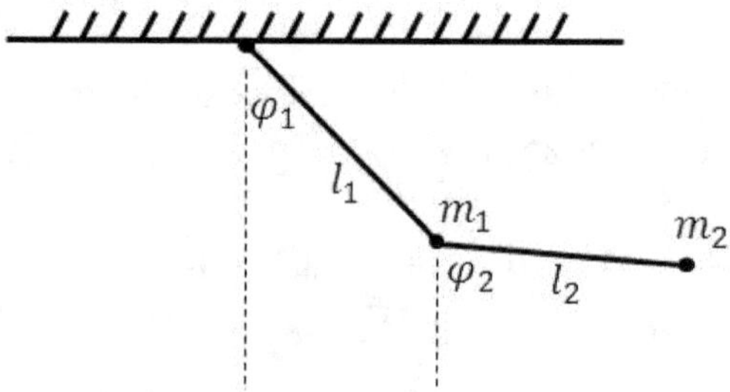

Rysunek 3.2. Podwójne wahadło.

Opiszmy współrzędnem_2 masa według (x ,y):

$$x = l_1 sin\varphi_1 + l_2 sin\varphi_2 \quad and \quad y = l_1 cos\varphi_1 + l_2 cos\varphi_2$$

Następnie, biorąc Lagrange'a jako energię kinetyczną pomniejszoną o energię potencjalną, $L = K.E. - P.E.$, najpierw wyznaczamy KE:

$$K.E. = \frac{1}{2} m_1 (l_1 \dot{\varphi}_1)^2 + \frac{1}{2} m_2 [(l_1 cos\varphi_1 \dot{\varphi}_1 + l_2 cos\varphi_2 \dot{\varphi}_2)^2 + (-l_1 sin\varphi_1 \dot{\varphi}_1 - l_2 sin\varphi_2 \dot{\varphi}_2)^2]$$
$$= \frac{1}{2}(m_1 + m_2)(l_1 \dot{\varphi}_1)^2 + \frac{1}{2} m_2 (l_2 \dot{\varphi}_2)^2 + m_2 (l_1 \dot{\varphi}_1)(l_2 \dot{\varphi}_2)\cos(\varphi_1 - \varphi_2)$$

$$P.E. = (m_1 + m_2) g (sin\varphi_1) l_1 + m_2 g l_2 sin\varphi_2$$

a Lagrange'a jest zatem:

$$L = \frac{1}{2}(m_1 + m_2)(l_1 \dot{\varphi}_1)^2 + \frac{1}{2} m_2 (l_1 \dot{\varphi}_1)^2 + m_2 (l_1 \dot{\varphi}_1)(l_2 \dot{\varphi}_2)\cos(\varphi_1 - \varphi_2) - (m_1 + m_2) g l_1 sin\varphi_1 - m_2 g l_2 sin\varphi_2$$

Ćwiczenie 3.3. Wyznacz równania ruchu.

Rozważmy teraz wpływ na proste wahadło modulacji punktu podparcia na różne sposoby (poziomo w przykładzie 3.4; pionowo w przykładzie 3.5 i kołowo w przykładzie 3.6):

Przykład 3.4. Pojedyncze wahadło z podporą drgającą poziomo

Rozważmy teraz pojedyncze wahadło (rysunek 3.3), gdy punkt podparcia znajduje się w tym punkcie m_1i wahadło to oscyluje poziomo:

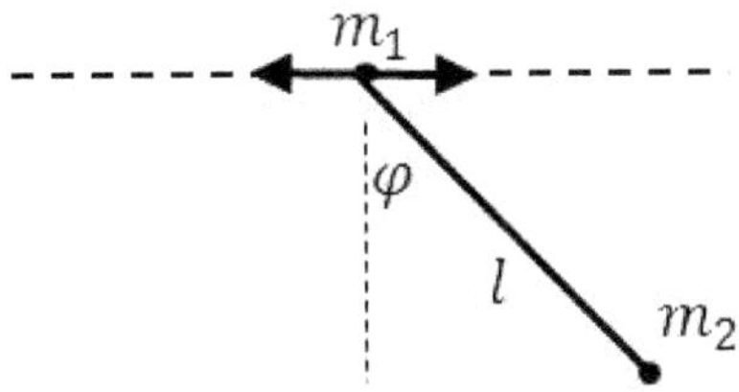

Rysunek 3.3. Pojedyncze wahadło z poziomo drgającą podporą.

Dokładnie określając drugą masę w układzie współrzędnych kartezjańskich, otrzymujemy:

$$x_2 = x_1 + lsin\varphi \quad and \quad y_2 = lcos\varphi.$$

Następnie definiując Lagrange'a $L = K.E. - P.E.$mamy:

$$K.E. = \frac{1}{2}m_1\dot{x}_1{}^2 + \frac{1}{2}m_2[(\dot{x}_1 + lcos\varphi\dot{\varphi})^2 + (-lsin\varphi\dot{\varphi})^2]$$

$$= \frac{1}{2}m_1\dot{x}_1{}^2 + \frac{1}{2}m_2[\dot{x}_1{}^2 + (l\dot{\varphi})^2 + 2lcos\varphi\dot{x}_1\dot{\varphi}]$$

$$= \frac{1}{2}(m_1 + m_2)\dot{x}_1{}^2 + \frac{1}{2}m_2(l\dot{\varphi})^2 + m_2lcos\varphi\dot{x}_1\dot{\varphi}$$

$$P.E. = -lgm_2cos\varphi$$

$$L = \frac{1}{2}(m_1 + m_2)\dot{x}_1{}^2 + \frac{1}{2}m_2(l\dot{\varphi})^2 + m_2lcos\varphi(\dot{x}_1\dot{\varphi} + gl)$$

Ćwiczenie 3.4. Wyznacz równania ruchu.

Przykład 3.5. Pojedyncze wahadło z pionowo drgającą podporą. Rozważmy rysunek 3.3, ale z *pionowo* oscylującym podparciem. Określając drugą masę we współrzędnych kartezjańskich, otrzymujemy:

$$x_2 = x_1 + lsin\varphi \quad and \quad y_2 = lcos\varphi.$$

Następnie definiując Lagrange'a $L = K.E. - P.E.$mamy:

$$K.E. = \frac{1}{2}m_1\dot{x}_1{}^2 + \frac{1}{2}m_2[(\dot{x}_1 + lcos\varphi\dot{\varphi})^2 + (-lsin\varphi\dot{\varphi})^2]$$

$$= \frac{1}{2}m_1\dot{x}_1{}^2 + \frac{1}{2}m_2\left[\dot{x}_1{}^2 + (l\dot{\varphi})^2 + 2lcos\varphi\dot{x}_1\dot{\varphi}\right]$$

$$= \frac{1}{2}(m_1 + m_2)\dot{x}_1{}^2 + \frac{1}{2}m_2(l\dot{\varphi})^2 + m_2lcos\varphi\dot{x}_1\dot{\varphi}$$

$$P.E. = -lgm_2cos\varphi$$

$$L = \frac{1}{2}(m_1 + m_2)\dot{x}_1{}^2 + \frac{1}{2}m_2(l\dot{\varphi})^2 + m_2lcos\varphi(\dot{x}_1\dot{\varphi} + gl)$$

Ćwiczenie 3.5. Wyznacz równania ruchu.

Przykład 3.6. Pojedyncze wahadło z obrotowym dyskiem (oscylującym) podpierającym.

Rozważmy rysunek 3.3, ale z *obracającym się dyskiem* i oscylującym podparciem. Zaczynając od współrzędnych masy wahadła:

$$x = lsin\varphi + asin\gamma t \quad and \quad y = lcos\varphi + acos\gamma t.$$

Energia kinetyczna wynosi zatem:

$$K.E. = \frac{1}{2}m([lcos\varphi\dot{\varphi} + a\gamma cos\gamma t]^2 + [-lsin\varphi\dot{\varphi} + a\gamma sin\gamma t]^2)$$

$$= \frac{1}{2}m(l\dot{\varphi})^2 + m\gamma al\dot{\varphi}[cos\varphi cos\gamma t + sin\varphi sin\gamma t]$$

$$= \frac{1}{2}m(l\dot{\varphi})^2 + m\gamma al\dot{\varphi}(\cos(\varphi - \gamma t))$$

a energia potencjalna wynosi:

$$P.E. = -gmlcos\varphi + gmacos\gamma t$$

$$L = \frac{1}{2}m(l\dot{\varphi})^2 + m\gamma al\dot{\varphi}(\cos(\varphi - \gamma t) + gm(lcos\varphi - acos\gamma t)$$

$$= \frac{1}{2}m(l\dot{\varphi})^2 + mla\gamma^2sin(\varphi - \gamma t) + mglcos\varphi$$

Ćwiczenie 3.6 . Wyznacz równania ruchu.
Rozważmy teraz sytuację, gdy ramię wahadła jest sprężyną (patrz rysunek 3.4).

Przykład 3.7 Pojedyncze wahadło ze sprężyną podtrzymującą ramię wahadła .

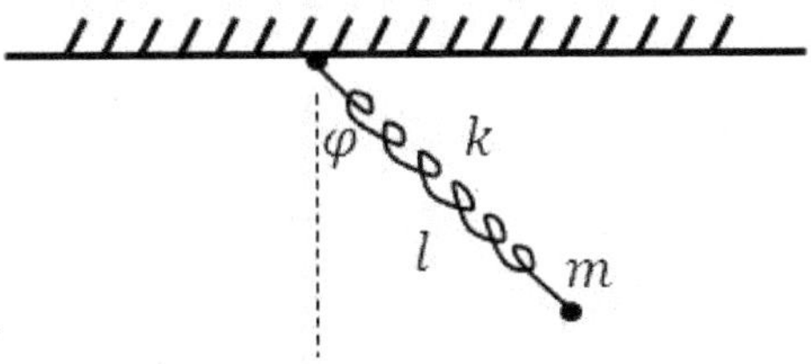

Rysunek 3.4. Pojedyncze wahadło ze sprężyną podtrzymującą ramię wahadła.

$$L = \frac{1}{2}m(\dot{r}^2 + r^2\dot{\theta}^2) + mgrcos\theta - \frac{1}{2}k(r-l)^2$$

$$\frac{d}{dt}\left(\frac{\partial L}{\partial \dot{r}}\right) - \frac{\partial L}{\partial r} = m\ddot{r} - mgcos\theta + k(r-l) + mr\dot{\theta}^2 = 0$$

$$\frac{d}{dt}\left(\frac{\partial L}{\partial \dot{\theta}}\right) - \frac{\partial L}{\partial \theta} = mr^2\ddot{\theta} + mgrsin\theta = 0$$

Rozważmy małe drgania sprężyny, tak aby długość ramienia można było zapisać jako [$r = l + \varepsilon$brakuje $\varepsilon \ll l$kontekstu - kontekst jest niejasny]. Biorąc pod uwagę również mały kąt drgania, możemy zapisać wynik dla małych drgań i zidentyfikować częstotliwości rezonansowe (jest to przykład prostej analizy małych drgań, z bardziej rozbudowanym opisem bardziej złożonej analizy małych drgań podanym w rozdziale 3.8). W pierwszym rzędzie mamy:

$$m\ddot{\varepsilon} - mg + k\varepsilon = 0 \quad and \quad ml^2\ddot{\theta} + mgl\theta = 0.$$

Mamy zatem rozwiązania dla małych oscylacji:

$$\varepsilon = Acos\left(\omega_0^{(1)}t + \alpha\right) + \frac{mg}{k} \quad \rightarrow \quad \omega_0^{(1)} = \sqrt{\frac{k}{m}}$$

I

$$\theta = Bcos\left(\omega_0^{(2)}t + \beta\right) \rightarrow \quad \omega_0^{(2)} = \sqrt{\frac{g}{l}}.$$

Ćwiczenie 3.7. Co się stanie, jeśli $\omega_0^{(1)} = \omega_0^{(2)}$.

Rozważmy teraz sytuację, w której ramię wahadła może wytrzymać rozciąganie, ale nie ściskanie (np. gdy jest to lina).

Przykład 3.8. Pojedyncze wahadło z podparciem wyłącznie naciągowym dla masy wahadła.

Rozważmy rysunek 3.4, ale z podparciem *naprężeniowym* . Ponownie mamy wahadło proste o masie m, utrzymywanej przez sznurek (lub drut) o długości l, i teraz rozważamy naprężenie w sznurku. Chcielibyśmy zbadać zakres holonomiczny, w którym naprężenie sznurka nie jest luźne. Ponownie, we współrzędnych biegunowych, dla potencjału $U = -mgrcos\theta$:

$$L = \frac{1}{2}m\left(\dot{r}^2 + r^2\dot{\theta}^2\right) + mglcos\theta$$

Zatem

$$E_T = \frac{1}{2}ml^2\dot{\theta}^2 - mglcos\theta$$

gdzie siła efektywna działająca na drut jest promieniowa. Użyjmy równania EL dla współrzędnej r:

$$\frac{d}{dt}\left(\frac{\partial L}{\partial \dot{r}}\right) - \frac{\partial L}{\partial r} = Q_r \tag{3-10}$$

Ponieważ $Q_r = -T_r$, napięcie struny, mamy:

$$m\ddot{r} - mr\dot{\theta}^2 - mgcos\theta = -T_r \quad \rightarrow \quad T_r = \frac{2}{l}E_T + 3mgcos\theta$$

$$0 \leq \frac{2}{l}E_T + 3mgcos\theta \quad \rightarrow \quad E_T \geq -\frac{3}{2}mglcos\theta,$$

Dla napiętej liny lub sznurka. Jeśli istnieje maksymalny kąt, θ_{max}mamy:

$$E_T = -mglcos\theta_{max} \quad and \quad 0 \leq \frac{2}{l}E_T + 3mgcos\theta_{max}$$

$$0 \leq -2mgcos\theta_{max} + 3mgcos\theta_{max} \quad \rightarrow \quad 0 \leq cos\theta_{max} \rightarrow 0 \leq \theta_{max} \leq 90$$

Tak więc, jeżeli istnieje maksymalny kąt dla ruchu przy napiętym przewodzie, to musi on leżeć w $0 \leq \theta_{max} \leq 90$, przy energii układu:

$$-mgl \leq E_T \leq 0.$$

Jeżeli nie istnieje maksymalny kąt napięty, to spełniamy warunek $E_T \geq -\frac{3}{2}mglcos\theta$dla dowolnego kąta, stąd mamy:

$$E_T \geq \frac{3}{2}mgl$$

Przesuńmy teraz energię potencjalną tak, aby wahadło w stanie spoczynku miało $E = 0$, wówczas zakres wartości energii, przy którym utrzymywane jest napięcie struny, będzie następujący:

$$0 \leq E_T < mgl \quad and \quad \frac{5}{2}mgl \leq E_T < \infty.$$

Ćwiczenie 3.8. Jak przejść od wibracji do rotacji?

Przykład 3.9. Wahadło o poziomym ruchu podporowym z siłą przywracającą sprężynę .

Rozważmy problem wahadła swobodnie poruszającego się w kierunku poziomym, którego punkt podparcia również może swobodnie poruszać się w kierunku poziomym, przy stałej sprężystości $k/2$zarówno po lewej, jak i prawej stronie (podobnie jak w problemie 3.7 w [29]). Ciężarek wahadła ma masę $m$połączoną z punktem podparcia bezmasowym prętem o długości l. Ruch ciężarka jest ograniczony do pionowej płaszczyzny ruchu wahadła, gdzie przyjmujemy współrzędne:

$$X = x + l\sin\theta \quad and \quad Y = -l\cos\theta$$

Lagrange'a jest zatem:

$$L = \frac{1}{2}m(\dot{X}^2 + \dot{Y}^2) - U, \quad where\ U = \frac{1}{2}kx^2 - mgl\cos\theta$$

co upraszcza się do:

$$L(x,\theta) = \frac{1}{2}m\dot{x}^2 + \frac{1}{2}m(l\dot{\theta})^2 + m\dot{x}\dot{\theta}l\cos\theta - U.$$

Równanie EL $x$daje:

$$m\ddot{x} + \frac{d}{dt}\left(m\dot{\theta}l\cos\theta\right) - kx = 0$$

a równanie EL θdaje:

$$ml^2\ddot{\theta} + \frac{d}{dt}(m\dot{x}l\cos\theta) + m\dot{x}\dot{\theta}l\sin\theta + mgl\sin\theta = 0.$$

W przybliżeniu małych oscylacji równania ruchu sprowadzają się do:

$$\ddot{x} + l\ddot{\theta} - \frac{k}{m}x = 0 \quad and \quad \ddot{x} + l\ddot{\theta} + g\theta = 0.$$

Możemy połączyć, aby zobaczyć relację pomiędzy (x,θ): $x = \frac{mg}{k}\theta$, co sprowadza się do pojedynczej relacji:

$$L\ddot{\theta} + g\theta = 0 \quad where \quad L = l + \frac{mg}{k}.$$

Tak więc dla małych drgań mamy wahadło o efektywnej długości $L = l + \frac{mg}{k}$.

Ćwiczenie 3.9. Powtórz z masą M dla pręta (jednostajnego).

Przykład 3.10. Jak wysoko możesz się huśtać, zanim napięcie podparcia spadnie do zera?

Dwa rozważane dalej układy dynamiczne mają identyczne lagranżiany, pomijając przesunięcie współrzędnych kątowych. Oba mają to samo ograniczenie stałej odległości radialnej, gdzie siła ograniczenia zmierzająca do zera oznacza albo moment, w którym naprężenie struny wahadła maleje, albo moment, w którym ślizgający się obiekt opuszcza półkulistą powierzchnię wypukłą. Rozważmy najpierw problem wahadła i zajmijmy się kwestią momentu, w którym naprężenie struny wahadła spada do zera.

Pierwsze zadanie odpowiada również na pytanie, czy można się rozhuśtać i huśtać po coraz większych łukach, być może sterowanych parametrycznie, i osiągnąć wystarczającą prędkość kątową, aby rozpocząć wykonywanie pełnych obrotów… Odpowiedź brzmi: nigdy, ponieważ $\omega > \sqrt{(5g/l)}$wymagana byłaby prędkość kątowa (na dole łuku), która ma miejsce, wraz z „skokiem” lub impulsem, ponieważ gdy prędkość kątowa wzrośnie do $\omega = \sqrt(2g/l)$linii podparcia, napięcie spada do zera, a dalszy (przyrostowy lub adiabatyczny) wzrost energii układu nie będzie możliwy.

Lagrange'a dla wahadła zapisano teraz z jawnym mnożnikiem Lagrange'a τ(patrz uwaga poniżej) dla promienia wahadła $r$ograniczonego do długości l:

$$L = \frac{1}{2}m(\dot{r}^2 + r^2\dot{\theta}^2) + mgr\cos\theta - \tau(r - l)$$

Równania EL dają nam równania ruchu:

$$r: \quad m\ddot{r} - mr\dot{\theta}^2 - mg\cos\theta - \tau = 0$$

$$\theta: \quad \frac{d}{dt}(mr^2\dot{\theta}) + mgr\sin\theta = 0$$

$$\tau: \quad r - l = 0$$

Należy zwrócić uwagę na wprowadzenie „mnożnika Lagrange'a", który traktowany jako samodzielny parametr wariacyjny, z własnym równaniem EL (pokazanym powyżej), odzyskuje równanie ograniczenia. Użycie mnożników Lagrange'a w dalszej części będzie podobnie bardzo proste, gdzie otrzymamy na przykład człon , $-\tau(contraint_body)$gdy równanie ograniczenia jest $contraint\_body = 0$(oczywiście działa to tylko w przypadku ograniczeń równościowych, ale istnieje bardzo podobna procedura również dla ograniczeń nierównościowych [24]).

Z θrównania otrzymujemy stałą ruchu (zasadę zachowania energii):

$$\frac{d}{dt}\left(\frac{1}{2}\dot{\theta}^2 - \frac{g}{l}\cos\theta\right) = 0$$

Jeżeli zdefiniujemy $\dot{\theta} = \omega$w $\theta = 0$:

$$\frac{1}{2}\dot{\theta}^2 - \frac{g}{l}\cos\theta = \frac{1}{2}\omega^2 - \frac{g}{l}$$

Rozwiązanie napięcia τ:

$$\tau = ml\omega^2 - 2mg + 3mg\cos\theta$$

Rozważ moment, w którym napięcie (lub siła ograniczająca) spada do zera:

$$\omega^2 = \frac{g}{l}(2 - 3\cos\theta).$$

Widzimy, że rozwiązania o zerowym naprężeniu istnieją, gdy $\frac{g}{l}(2 - 3\cos\theta) \geq 0$. Kąt, przy którym po raz pierwszy występuje zerowe ograniczenie, wynosi:

$$\cos\theta = \frac{2}{3} \quad \rightarrow \quad \theta \cong 48°.$$

Istnieją trzy obszary zainteresowania w formule energetycznej:

Przypadek 1: $l\omega^2 < 2g$: $2mg\cos\theta = ml\dot{\theta}^2 - ml\omega^2 + 2mg > -2mg + 2mg = 0$.Zatem mamy $\cos\theta > 0$, zatem $\theta \leq 45°$i ponieważ mniejsze niż $\theta \cong 48°$, napięcie $\tau > 0$.

Przypadek 2: $2g < l\omega^2 < 5g$: $2mg\cos\theta = ml\dot{\theta}^2 - (x-2)mg, where\ 2 < x < 5$. Tak więc, może mieć miejsce $\tau = 0$, gdy $\cos\theta = \frac{2}{3} - \frac{l\omega^2}{3g}$jak już zauważono.

Przypadek 3: $l\omega^2 > 5g$: $\omega^2 = \frac{g}{l}(2 - 3\cos\theta)$nigdy nie może być spełnione, więc napięcie nigdy nie spada do zera -- wahadło obraca się (całkowicie), a nie porusza się swobodnie.

Ćwiczenie 3.10. Opisz ruch w miarę przechodzenia od . $l\omega^2 > 5g$do ω.

Przykład 3.11. Ruch na powierzchni półkuli

W drugim, pokrewnym problemie rozważmy ruch dysku (krążka hokejowego) po powierzchni półkuli. Chcielibyśmy wiedzieć, pod jakim kątem przesuwający się dysk odsuwa się od półkuli podczas ślizgu, np. kiedy siła ograniczenia wynosi zero. Lagrange'a to

$$L = \frac{1}{2}m(\dot{r}^2 + r^2\dot{\theta}^2) - mgr\cos\theta - \tau(r - l),$$

a analiza przebiega jak poprzednio, z takim samym wynikiem dla kąta, pod którym ograniczenie po raz pierwszy osiąga zero ($\theta \cong 48°$), jak poprzednio.

Ćwiczenie 3.11. Jaka stała sprężystości k, przy powrocie sprężyny do górnej części półkuli, utrzyma kontakt więzów do$\theta = 50°$

3.4 Wielkości zachowane w układach prostych

Następnie opisano hamiltonian dla prostego układu cząstek (zazwyczaj jednego elementu lub małej grupy elementów (dwóch) w jakiś sposób powiązanych), ale tylko w kontekście identyfikowania całek ruchu, takich jak zasada zachowania energii, pędu i momentu pędu. Dalsze omówienie hamiltonianów znajduje się w rozdziale 6.

Rozważmy uogólniony układ współrzędnych q_i, gdzie „i" jest składową układu z s stopniami swobody (skumulowane wymiary swobodnego ruchu cząstek są wliczane do s). Podobnie jest w przypadku powiązanych prędkości: $\dot{q}_i$. Istnieje zatem s stopni swobody dla uogólnionej współrzędnej i s stopni swobody dla uogólnionej prędkości. Daje to początek warunkom początkowym 2s określającym ruch. W zamkniętym układzie mechanicznym wydawałoby się to wskazywać na warunki 2s i powiązane stałe lub całeki ruchu, ale pojawienie się czasu w prędkości jako środka różniczkowego oznacza ti $t + t_0$ma to samo równanie ruchu, więc jedna z tych stałych 2s to po prostu t_0, wybór początku czasu. Rozważmy symetrie przestrzeni ruchu i implikacje biorąc pod uwagę formułę Lagrange'a:

$$\frac{dL(q_i, \dot{q}_i, t)}{dt} \doteq \sum_i \left[\left(\frac{\partial L}{\partial q_i}\right)\dot{q}_i + \left(\frac{\partial L}{\partial \dot{q}_i}\right)\ddot{q}_i\right] + \frac{\partial L}{\partial t}$$

Najpierw rozważ jednorodność w czasie, co oznacza układ zamknięty lub otwarty, ale z niezależnym od czasu polem zewnętrznym. W obu przypadkach mamy $\frac{\partial L}{\partial t} = 0$, i z ponownym wykorzystaniem relacji Eulera-Lagrange'a:

$$\frac{dL}{dt} = \sum_i \left[\left(\frac{\partial L}{\partial q_i}\right)\dot{q}_i + \left(\frac{\partial L}{\partial \dot{q}_i}\right)\ddot{q}_i\right] = \sum_i \left[\dot{q}_i \frac{d}{dt}\left(\frac{\partial L}{\partial \dot{q}_i}\right) + \left(\frac{\partial L}{\partial \dot{q}_i}\right)\ddot{q}_i\right]$$

$$= \sum_i \left[\frac{d}{dt}\left(\dot{q}_i \frac{\partial L}{\partial \dot{q}_i}\right)\right]$$

Zatem,

$$\frac{d}{dt}\left[\sum_i \left(\dot{q}_i \frac{\partial L}{\partial \dot{q}_i}\right) - L\right] = 0$$

Wielkością zachowaną w czasie jest energia, oznaczana jako E:

$$E = \sum_i \left(\dot{q}_i \frac{\partial L}{\partial \dot{q}_i} \right) - L$$

(3-11)

Należy zauważyć, że addytywność energii w podsystemach wynika z addytywności dla Lagrange'a i jawnej addytywności wskazanej przez sumę. Jeśli $L = T(q, \dot{q}) - U(q)$i $T(q, \dot{q}) \propto (\dot{q})^2$, co jest typowe, to *standardowa zasada zachowania energii w postaci energii kinetycznej i energii potencjalnej daje:*

$$E = T(q, \dot{q}) + U(q).$$

(3-12)

Następnie rozważmy jednorodność przestrzeni i zacznijmy od wyrażenia wariacyjnego na Lagrange'u, które zakłada, że nie jest ono jawnie zależne od czasu:

$$\delta L(q, \dot{q}) = \sum_i \left[\left(\frac{\partial L}{\partial q_i} \right) \delta q_i + \left(\frac{\partial L}{\partial \dot{q}_i} \right) \delta \dot{q}_i \right]$$

gdzie nieskończenie małe przesunięcie nie powinno zmieniać oceny Lagrange'a, gdy $\delta q_i \neq 0$:

$$\delta L(q, \dot{q}) = 0 = \sum_i \left(\frac{\partial L}{\partial q_i} \right) = \sum_i - \left(\frac{\partial U}{\partial q_i} \right) \Rightarrow \sum_i F_i = 0.$$

Siły i momenty wypadkowe w układzie zamkniętym sumują się do zera (specjalistyczne zastosowanie tego zostanie pokazane w rozdziale 5.1). Jeśli podstawimy z powrotem zależność Eulera-Lagrange'a, aby uzyskać jawny człon całkowitej pochodnej czasowej:

$$\sum_i \frac{d}{dt} \left(\frac{\partial L}{\partial \dot{q}_i} \right) = \frac{d}{dt} \sum_i \left(\frac{\partial L}{\partial \dot{q}_i} \right) = 0\,.$$

Z całkowitej pochodnej czasowej otrzymujemy stałą ruchu odpowiadającą zasadzie zachowania pędu:

$$\sum_i \left(\frac{\partial L}{\partial \dot{q}_i} \right) = \vec{P}\,,$$

(3-13)

gdzie dla układów, w których $T(q, \dot{q}) \propto (\dot{q})^2$dla każdej z cząstek następuje uproszczenie do postaci standardowej:

$$\vec{P} = \sum_i m_i v_i .$$

(3-14)

Uwaga: w przypadku dwóch cząstek mamy , co jest równoważne stwierdzeniu, że akcja równa się reakcji (czyli $\vec{F}_1 + \vec{F}_2 = 0^{\text{trzecie prawo}}$ Newtona jest szczególnym przypadkiem zachowania pędu i równania Lagrange'a).

Jeśli weźmiemy pod uwagę nasze uogólnione współrzędne i prędkości, uogólnione pędy i siły wynoszą:

$$p_i = \frac{\partial L}{\partial \dot{q}_i} \quad and \quad F_i = \frac{\partial L}{\partial q_i},$$

(3-15)

gdzie równania Lagrange'a są po prostu:

$$\dot{p}_i = F_i.$$

(3-16)

Zobaczmy teraz, co się dzieje z powodu izotropii przestrzeni. W tym celu przechodzimy od współrzędnych uogólnionych do trójwymiarowego wektora położenia radialnego z nieskończenie małym przemieszczeniem obrotowym, określonym wzorem:

$$\delta\vec{r} = \delta\vec{\varphi} \times \vec{r} \; and \; \delta\vec{v} = \delta\vec{\varphi} \times \vec{v}.$$

Wariacja w Lagrange'ie powinna wynosić zero (obecnie indeksowana względem poszczególnych cząstek):

$$0 = \delta L(\vec{r}_a, \dot{\vec{r}}_a) = \delta L(\vec{r}_a, \vec{v}_a) = \sum_a \left[\left(\frac{\partial L}{\partial \vec{r}_a} \right) \cdot \delta\vec{r}_a + \left(\frac{\partial L}{\partial \vec{v}_a} \right) \cdot \delta\vec{v}_a \right]$$

Podstawiamy równanie EL i definicję uogólnionego pędu:

$$\sum_a [\dot{\vec{p}}_a \cdot \delta\vec{r}_a + \vec{p}_a \cdot \delta\vec{v}_a] = 0 \Longrightarrow \delta\vec{\varphi} \cdot \sum_a [\vec{r}_a \times \dot{\vec{p}}_a + \vec{v}_a \times \vec{p}_a]$$

W ten sposób dochodzimy do:

$$\frac{d}{dt}\left[\sum_a \vec{r}_a \times \vec{p}_a \right] = 0 \Longrightarrow \vec{M} = \sum_a \vec{r}_a \times \vec{p}_a = constant.$$

(3-17)

Wielkość ta $\vec{M}$to moment pędu, który jest zachowany. Nie istnieją żadne inne całe addytywne ruchu (np. żadne inne globalne symetrie przestrzenne poza jednorodnością i izotropią przestrzeni).

Skoro wiemy już, że moment pędu jest zachowany, możemy zacząć badać konsekwencje tego zjawiska. Moment pędu w przestrzeni jednowymiarowej jest trywialnie zerowy, dlatego musimy przejść do zagadnień ruchu swobodnego w przestrzeni dwuwymiarowej lub ruchu trójwymiarowego. Zacznijmy od wahadła *sferycznego* .

Przykład 3.12. Wahadło sferyczne.
Rozważmy rysunek 3.4, ale z podparciem *naprężającym* i ruchem masy dozwolonym w przestrzeni trójwymiarowej (czyli nie w płaszczyźnie poziomej). Kartezjańska współrzędna masy wynosi:

$$x = lsin\varphi cos\theta \quad and \quad y = lsin\varphi sin\theta \quad and \quad z = lcos\varphi$$

Ich pochodne czasowe są proste:

$$\dot{x} = lcos\varphi\dot{\varphi}\, cos\theta + lsin\varphi(-sin\theta)\dot{\theta},\ \ etc.$$

Lagrange'a jest zatem

$$L = \frac{1}{2}m\{l^2(cos^2\varphi\dot{\varphi}^2) + l^2sin^2\varphi\dot{\varphi}^2 + l^2sin^2\varphi\dot{\theta}\} - mglcos\varphi$$
$$= \frac{1}{2}m(l\dot{\varphi})^2 + \frac{1}{2}m\left(lsin\varphi\dot{\theta}\right)^2 - mglcos\varphi$$

W równaniach ruchu zaczynamy od wyeliminowania zachowanego momentu pędu wokół osi z:

$$\frac{d}{dt}\left(\frac{\partial L}{\partial\dot{\theta}}\right) - \frac{\partial L}{\partial\theta} = 0 \ \rightarrow \ \frac{d}{dt}\left(ml^2sin^2\varphi\dot{\theta}\right) = 0$$

$$ml^2sin^2\varphi\dot{\theta} = P_\theta \ \ , a\ conserved\ quantity,\ \ alternatibvely \Rightarrow \dot{\theta} = \frac{P_\theta}{ml^2sin^2\varphi}$$

Eliminując $\dot{\theta}$zależność w Lagrange'ie poprzez użycie jej zachowanej wielkości, otrzymujemy zrewidowany Lagrange'a:

$$L = \frac{1}{2}m(l\dot{\varphi})^2 + \frac{{P_\theta}^2}{2ml^2sin^2\varphi} - mglcos\varphi$$

gdzie teraz:

$$\frac{d}{dt}\left(\frac{\partial L}{\partial \dot{\varphi}}\right) - \frac{\partial L}{\partial \varphi} = 0 \Longrightarrow ml^2\ddot{\varphi} = \frac{-P_\theta{}^2 sin\varphi cos\varphi}{ml^2 sin^4\varphi} + mglsin\varphi$$

zatem,

$$\ddot{\varphi} + \frac{P_\theta{}^2}{(ml)^2}\frac{cos\varphi}{sin^3\varphi} - \frac{g}{l}sin\varphi = 0$$

Ćwiczenie 3.12. Jaka jest częstość drgań własnych w przybliżeniu małego kąta?

Przykład 3.13. Stół z otworem, przez który przechodzi linka z masami na końcach.

Rozważmy inny scenariusz, w którym moment pędu wokół określonej osi jest zachowany. Rozważmy stół z otworem. Lina napinająca przeplata otwór. Koniec liny wiszący pod stołem ma masę m_2(masa liny jest pomijalna), a koniec spoczywający na blacie stołu ma masę m. Początkowe równania równowagi sił dają:

$$F_2 = m_2 g - T_2, \qquad T_2 = T_1 = F_1 = ma_1, \qquad y_2 = l - r_1,$$
$$\dot{y}_2 = -\dot{r}_1, \qquad \ddot{y}_2 = -\ddot{r}_1$$

Podczas gdy siła, w kategoriach funkcji potencjału, zapewnia:

$$F_i = -\frac{\partial U}{\partial q_i}, \quad F_1 = m_1 a_1 = m_1\left(\ddot{r}_1 + r_1{}^2\ddot{\theta}\right) = m_1\ddot{r}_1, \text{ and } F_2 = m_2 g + \frac{m_1}{m_2}F_2$$

Zatem Lagrange'a jest:

$$L = \frac{1}{2}m_1\left(\left(\ddot{r}_1 + \ddot{r}_2\dot{\theta}^2\right) + \frac{1}{2}m_2(\dot{y}_2)^2 - U_2 - U_1, \text{ where } U_2 = y_2F_2 \text{ and } U_1 = -r_1F_1\right.$$

co można zapisać w następujący sposób:

$$L = \frac{1}{2}(m_1 + m_2)(\dot{r})^2 + \frac{1}{2}m_1 r_1{}^2\dot{\theta}^2 - (l - r_1)\left(\frac{m_2{}^2}{m_1 + m_2}\right)g + r_1\left(\frac{m_1 m_2}{m_1 + m_2}\right)g$$

Możemy pominąć stałe wyrazy z równania Lagrange'a (ponieważ nie powodują one żadnej zmiany w równaniach EL, a tym samym nie powodują żadnej zmiany w równaniach ruchu). W ten sposób pomijamy stały wyraz i przegrupowujemy:

$$L = \frac{1}{2}(m_1 + m_2)(\dot{r})^2 + \frac{1}{2}m_1 r^2 \dot{\theta}^2 + r m_2 g$$

Możemy teraz przystąpić do oceny Lagrange'a, zaczynając ponownie od zasady zachowania momentu pędu:

$$\frac{d}{dt}\frac{\partial L}{\partial \dot{\theta}} - \frac{\partial L}{\partial \theta} = 0 \rightarrow \frac{d}{dt}\left(m_1 r^2 \dot{\theta}\right) = 0 \rightarrow m_1 r^2 \dot{\theta} = p_\theta$$

Mamy zatem:

$$L = \frac{1}{2}(m_1 + m_2)(\dot{r})^2 + \frac{{p_\theta}^2}{2m_1 r^2} + m_2 g r$$

Pozostałe równanie ruchu wygląda następująco:

$$\frac{d}{dt}\frac{\partial L}{\partial \dot{r}} - \frac{\partial L}{\partial r} = 0 \rightarrow (m_1 + m_2)\ddot{r} - m_2 g + \frac{{p_\theta}^2}{m_1 r^3} = 0$$

Dla $r$małych mamy:

$$\ddot{r} = -\frac{{p_\theta}^2}{(m_1 + m_2)m_1}\frac{1}{r^3} = -\beta\frac{1}{r^3}, \qquad where\, \beta = \frac{{p_\theta}^2}{(m_1 + m_2)m_1}$$

Możemy zatem zapisać:

$$\dot{r}\ddot{r} = -\beta\frac{\dot{r}}{r^3} \rightarrow (\dot{r})^2 = +\beta\left(\frac{1}{r^2}\right) \longrightarrow \dot{r} = \frac{\sqrt{\beta}}{r} \longrightarrow r\dot{r} = \sqrt{\beta} = \frac{1}{2}\frac{d}{dt}r^2$$

$$\rightarrow r = \sqrt{2\sqrt{\beta}t}$$

Ostatni wynik równania $r$ruchu wskazuje na potencjał odpychający, co z kolei nasuwa pytanie: kiedy mamy stabilne orbity?

$$L = \frac{1}{2}m_1(\dot{r})^2 + \frac{{p_\theta}^2}{2(m_1 + m_2)r^2} + m_2 g r \quad \rightarrow \quad -U$$

$$= \frac{{p_\theta}^2}{2(m_1 + m_2)r^2} + m_2 g r,$$

Zatem,

$$\frac{dU}{dr} = 0 \quad \Rightarrow \quad -\frac{{p_\theta}^2}{(m_1 + m_2){r_{eq}}^3} + m_2 g = 0 \quad \Rightarrow \quad r_{eq} = \sqrt[3]{\gamma}, \quad where\ \gamma = \frac{{p_\theta}^2}{(m_1 + m_2)m_2 g}$$

Ćwiczenie 3.13. *Czy ten aparat może być użyty do ważenia nieznanej masy* m_2*? Opisz proces, który to umożliwia.*

Przykład 3.14. Rozważmy ponownie pojedyncze wahadło z poziomo drgającą podporą .

Przyjrzyjmy się teraz pojedynczemu wahadłu, którego punkt podparcia oscyluje poziomo. Wahadło porusza się w płaszczyźnie papieru. Nić o długości $l$nie zgina się. Punkt podparcia P porusza się tam i z powrotem wzdłuż kierunku poziomego zgodnie z równaniem $x = a\cos(\omega t)$, i ($\omega \neq \sqrt{(g/l)}$):

(i) Zacznijmy od zapisania równania Lagrange'a dla tego układu i uzyskania równań ruchu Lagrange'a. (Nie zapomnij o sile uogólnionej podczas zapisywania równania Lagrange'a dla x).

Mieć: $x' = x + l sin\theta$, zatem $\dot{x}' = \dot{x} + l cos\theta\dot{\theta}$. Mieć $y' = -l cos\theta$, zatem $\dot{y}' = l sin\theta\, \dot{\theta} = -mgl cos\theta$. Mieć również zwykłe $U = mgy$, aby zapisać Lagrange'a:

$$L = \frac{1}{2}m\left(\left[-a\omega \sin(\omega t) + l cos\theta\, \dot{\theta}\right]^2 + [l sin\theta\dot{\theta}]^2\right) + mgl cos\theta$$
$$= \frac{1}{2}ml^2\dot{\theta}^2 + mgl cos\theta + am\omega^2 l cos(\omega t) sin\theta$$

$$\frac{d}{dt}\left(\frac{d}{\partial\dot{\theta}}\right) - \frac{\partial L}{\partial\theta} = 0$$
$$\rightarrow \quad ml^2\ddot{\theta} + mgl sin\theta - am\omega^2 l cos(\omega t) cos\theta = 0$$

(ii) Następnie rozwiąż powyższe równania ruchu pierwszego rzędu w θ(małych drganiach) i znajdź rozwiązanie stacjonarne dla $\theta(\,t)$, w odniesieniu do m, l, a i ω. (Nie interesuje nas

rozwiązanie oscylujące z częstotliwością własną wahadła).
Tak więc:

$$ml^2\ddot{\theta} + mgl\theta - am\omega^2 l cos(\omega t) = 0$$
$$\ddot{\theta} + \frac{g}{l}\theta - \frac{a}{l}\omega^2 cos(\omega t) = 0.$$

Więc mamy:

$$\ddot{\theta} + \frac{g}{l}\theta = \frac{a}{l}\omega^2\, cos(\omega t)$$

gdzie RHS to siła efektywna/m. I mamy rozwiązanie:

$$\theta = \frac{(a/l)\omega^2}{\omega_0^2 - \omega^2}\cos(\omega t + \beta).$$

Ćwiczenie 3.14. *Powtórz, ale z podporą poruszającą się pionowo.*

3.5 Układy podobne i twierdzenie wirialne

Do tej pory widzieliśmy, jak symetrie globalne odgrywają rolę w ustalaniu (addytywnych) praw zachowania. Rozważmy teraz symetrie wewnętrzne lagranżianu, takie, że można go zapisać jako inny lagranżian ze stałym mnożnikiem całkowitym. W takim przypadku okaże się, że równania ruchu będą takie same. Aby sprawdzić, czy lagranżian będzie wykazywał takie „podobieństwo", konieczne jest określenie członu energii potencjalnej właśnie w tym zakresie. Przeskalujmy zatem długości i czas układu, a energia potencjalna niech będzie jednorodną funkcją przeskalowania parametrów (gdzie stopień jednorodności jest określony przez parametr k):

$$\vec{q}_a \longrightarrow \alpha\vec{q}_a,\ (\ l' = \alpha l, \text{ rozszerzenie długości})$$
$$\dot{\vec{q}}_a \longrightarrow \left(\frac{\alpha}{\beta}\right)\dot{\vec{q}}_a, (\ t' = \beta t, \text{ dylatacja czasu})$$
$$U(\alpha\{\vec{q}_a\}) \longrightarrow \alpha^k\ U(\{\vec{q}_a\}), (\text{jednorodny, stopień k}).$$

(3-18abc)

Teraz, gdy dylatacje są już określone, aby istniało podobieństwo w Lagrange'ie, takie, że powstaje stały czynnik całkowity, z typową specyfikacją Lagrange'a $L = T - U$, mamy już przeskalowanie części energii potencjalnej, przeskalowanie części energii kinetycznej jest po prostu tym, które wynika z powyższej prędkości (do kwadratu). Zatem, aby uzyskać podobny układ:

$$(\frac{\alpha}{\beta})^2 = \alpha^k \longrightarrow \beta = \alpha^{1-\frac{1}{2}k}, \qquad \left(\frac{E'}{E}\right) = \alpha^k \ and \ \left(\frac{M'}{M}\right) = \alpha^{1+\frac{1}{2}k}.$$

(3-19)

Rozważmy kilka przypadków, w których mamy potencjał jednorodny:

(1) W przypadku małych oscylacji, czyli klasycznej sprężyny, energia potencjalna jest funkcją kwadratową współrzędnych (k=2). Powyższa krytyczna relacja z k=2 wygląda następująco: $\beta = \alpha^0 = 1$, tj. nie ma znaczenia wielkość przemieszczenia od położenia spoczynkowego (amplituda), stosunek czasowy układu wyniesie 1, tj. okres układu jest niezależny od amplitudy.

(2) W przypadku jednorodnego pola siły energia potencjalna jest liniową funkcją współrzędnych, taką jak przybliżenie ruchu grawitacyjnego w pobliżu powierzchni Ziemi (PE = mgh). Dla k=1 mamy: = $\sqrt{\alpha}$, czyli opadanie pod wpływem grawitacji. Czas spadania, na przykład, jest równy pierwiastkowi kwadratowemu z wysokości początkowej.

(3) Dla potencjału Newtona lub Coulomba: k = -1. Teraz mamy = $\sqrt[3]{\alpha}$, kwadrat okresu orbity jest równy sześcianowi rozmiaru orbity (III prawo Keplera).

Twierdzenie wirialne

To jeden z niewielu przykładów, a właściwie kontekstów, w których rozważa się układ wieloelementowy (i to dla bardzo dużej liczby elementów), ze względu na jego uniwersalne zastosowanie. Każdy jednorodny potencjał, w którym ruch jest ograniczony, pozwala na zastosowanie twierdzenia wirialnego, zgodnie z którym średnie czasowe energii potencjalnej i kinetycznej układu mają prostą zależność. Zostanie to wyprowadzone w następujący sposób:

$$E = \sum_i \left(\dot{q}_i \frac{\partial L}{\partial \dot{q}_i}\right) - L \Rightarrow \sum_i \left(\dot{q}_i \frac{\partial L}{\partial \dot{q}_i}\right) = 2T$$

(3-20)

Zapisanie $v_i = \dot{q}_i$ i zdefiniowanie uogólnionych pędów, a następnie przejście na notację wektorową z cząstkami oznaczonymi indeksem „a”:

$$\sum_i (v_i p_i) = \sum_a \vec{v}_a \cdot \vec{p}_a = \frac{d}{dt}\left(\sum_a \vec{r}_a \cdot \vec{p}_a\right) - \sum_a \vec{r}_a \cdot \dot{\vec{p}}_a$$

Przyjmijmy teraz średnią czasową 2T, gdzie całkowity człon pochodnej czasowej będzie miał wartość średnią równą zero, jeśli mamy do czynienia z ruchem ograniczonym. Mówiąc ściśle, średnia czasowa dla funkcji $f(t)$ czasu jest zdefiniowana następująco:

$$\overline{f} = \lim_{\tau\to\infty} \frac{1}{\tau} \int_0^{\tau} f(t)dt \tag{3-21}$$

Załóżmy $f(t) = \frac{d}{dt}F(t)$ zatem, że:

$$\overline{f} = \lim_{\tau\to\infty} \frac{1}{\tau}[F(\tau) - F(0)] = 0$$

Dla ruchu ograniczonego.

Ponieważ mamy do czynienia z ruchem ograniczonym, jeśli pozostajemy w skończonym obszarze przestrzeni ze skończonymi prędkościami, to mamy:

$$2\overline{T} = -\overline{\sum_a \vec{r}_a \cdot \dot{\vec{p}}_a} = \overline{\sum_a \vec{r}_a \cdot \frac{\partial U}{\partial \vec{r}_a}} = k\overline{U}$$

Ponowne rozważenie, co to oznacza w odniesieniu do trzech przypadków wymienionych powyżej ($E = \overline{E} = \overline{T} + \overline{U}$):

(1) Małe drgania (k=2) mają $\overline{T} = \overline{U}$, $E = 2\overline{T}$.

(2) Jednorodne pole (k=1) ma $\overline{T} = (1/2)\,\overline{U}$, $E = 3\overline{T}$

(3) Potencjał Newtona lub Coulomba (k = –1): $\overline{U} = -2\overline{T}$, $E = -\overline{T}$. Wynik ten jest zgodny z ujemną całkowitą energią ruchu ograniczonego w tym typie potencjału, co będzie widoczne w poniższych przykładach.

3.6. Układy jednowymiarowe

Często analiza systemów redukuje wymiarowość (z powodu symetrii). Rozważmy orbitę planety wokół Słońca, gdzie problem trójwymiarowy redukuje się do dwuwymiarowego dzięki zasadzie zachowania momentu pędu. W większości przypadków wystarczy rozważać ruch w jednym lub dwóch wymiarach. Zacznijmy od ruchu jednowymiarowego.

Rozważmy następujący Lagrange'a dla ruchu jednowymiarowego, gdzie dowolny potencjał jest naszkicowany, jak pokazano na rysunku 3.5.

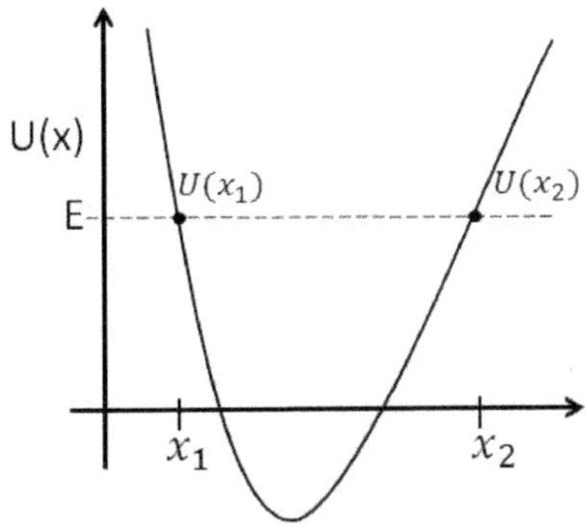

Rysunek 3.5 . A Potencjał jednowymiarowy $U(x_1) = E = U(x_2)$.

$$L = \frac{1}{2} m\, \dot{x}^2 - U(x) \longrightarrow E = \frac{1}{2} m\, \dot{x}^2 + U(x) \tag{3-22}$$

Ponieważ $U(x) \leq E$, i biorąc dodatni pierwiastek (ujemny odpowiada odwróceniu czasu, z tym samym typem rozwiązań):

$$\frac{dx}{dt} = \sqrt{\frac{2[E - U(x)]}{m}} \rightarrow t = \sqrt{m/2} \int dx/\sqrt{E - U(x)} + C$$

Granice ruchu podane są wzorem $U(x_1) = E = U(x_2)$, a okres ruchu podany jest przez dwukrotność całki od $x_1$do x_2:

$$Period = \sqrt{2m} \int_{x_1}^{x_2} dx/\sqrt{E - U(x)}. \tag{3-23}$$

Przykład 3.15. Ruch na rampie zakrzywionej.

Mała masa przesuwa się bez tarcia po bloku o masie M, jak pokazano na rysunku 3.6. Sam blok M przesuwa się bez tarcia po poziomym stole, a jego zakrzywiona strona ma kształt okręgu o promieniu a .

a) Znajdź równania Lagrange'a dla układu w odniesieniu do dwóch współrzędnych uogólnionych.

b) Znajdź dwie wielkości zachowane.

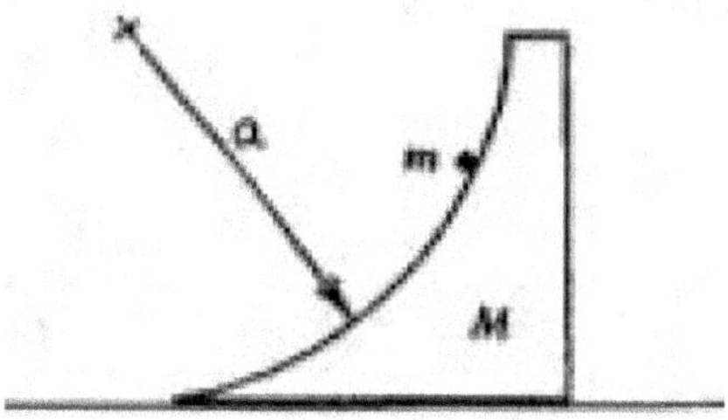

Rysunek 3.6. Masa m ślizga się bez tarcia po bloku o masie M, którego promień okręgu wynosi a .

Współrzędne: $x_1 = x + a\cos\theta$; $y_1 = -a\sin\theta$; i $x_2 = x$.
Pochodne czasowe układu współrzędnych: $\dot{x}_1 = \dot{x} + a\sin\theta\,\dot{\theta}$; $\dot{y}_1 = -a\cos\theta\,\dot{\theta}$; i $\dot{x}_2 = \dot{x}$.
Energia potencjalna: $U = -mga\sin\theta$.
Zatem,

$$L = T - U = \frac{1}{2}m\left(\left[\dot{x} - a\sin\theta\,\dot{\theta}\right]^2 + \left[-a\cos\theta\,\dot{\theta}\right]^2\right) + \frac{1}{2}M(\dot{x})^2 - U$$

$$L = \frac{1}{2}(m+M)\dot{x}^2 + \frac{1}{2}m\left(a\dot{\theta}\right)^2 - am\dot{x}\dot{\theta}\sin\theta + mga\sin\theta$$

I,

$\frac{d}{dt}\left(\frac{\partial L}{\partial x}\right) - \frac{\partial L}{\partial x} = 0 \Rightarrow (m+M)\ddot{x} - \frac{d}{dt}\left(am\dot{\theta}\sin\theta\right) = 0$, zatem,

$$\frac{d}{dt}\left\{(m+M)\dot{x} - am\dot{\theta}\sin\theta\right\} = 0.$$

Mamy więc:

$$(m+M)\dot{x} - am\dot{\theta}\sin\theta = const,$$

I,

$$E = T + U = \frac{1}{2}(m + M)\dot{x}^2 + \frac{1}{2}m\left(a\dot{\theta}\right)^2 - am\dot{x}\dot{\theta}\sin\theta + mga\sin\theta.$$

Ćwiczenie 3.15. *Znajdź prędkości mas w funkcji czasu, gdy masa m zostaje uwolniona ze stanu spoczynku na szczycie zakrzywionego boku.*

3.7 Ruch w polu centralnym

Rozważmy pojedynczą cząstkę w potencjale centralnym. Jej moment pędu jest zachowany: $\vec{M} = \vec{r} \times \vec{p} = constant$. Ponieważ stała $\vec{M}$jest prostopadła do $\vec{r}$, położenie zawsze znajduje się w płaszczyźnie prostopadłej do $\vec{M}$(zasada zachowania momentu pędu zredukowała w ten sposób problem z 3D do 2D). Odpowiednia postać lagranżjanu dla ruchu w płaszczyźnie z potencjałem centralnym jest następująca:

$$L = \frac{1}{2}m\dot{r}^2 + \frac{1}{2}m(r\dot{\varphi})^2 - U(r) \tag{3-24}$$

Należy zauważyć, że nie ma bezpośredniego odniesienia do współrzędnej φ, w formalizmie hamiltonowskim oznacza to, że:

$$F_\varphi = \frac{\partial L}{\partial \varphi} = 0$$

zatem

$$\dot{p}_\varphi = F_\varphi = 0 \;\rightarrow\; p_\varphi = constant = "M".$$

$$p_\varphi = \frac{\partial L}{\partial \dot{q}_i} = mr^2\dot{\varphi} = M. \tag{3-25}$$

Przypomnijmy, że pole powierzchni promienia sektora ro kącie odchylenia φwynosi $A = (1/2)r\ \cdot r\varphi$, a prędkość sektora wynosi zatem $V_{sectorial} = (1/2)r^2\dot{\varphi} = M/2m$stałą, tj. „równe pola odchylone w równych czasach”, czyli Trzecie Prawo Keplera. Jak to zwykle bywa w tego typu analizie, całki ruchu (np. prawa zachowania) są wykorzystywane jako pierwszy krok w celu uproszczenia analizy. Zatem dla energii mamy:

$$E = \frac{1}{2}m\dot{r}^2 + \frac{1}{2}m(r\dot{\varphi})^2 + U(r) \rightarrow \quad \frac{1}{2}m\dot{r}^2 = [E - U] - \frac{M^2}{2mr^2},$$

gdzie ostatni człon to energia odśrodkowa. Przekształcając:

$$\frac{dr}{dt} = \sqrt{\frac{2}{m}[E - U] - \frac{M^2}{m^2r^2}}$$

Integrując otrzymujemy

$$t = \int \frac{dr}{\sqrt{\frac{2}{m}[E - U] - \frac{M^2}{m^2r^2}}} + C_1 \tag{3-26}$$

Używając $d\varphi = \frac{M}{mr^2}\,dt$,

$$\varphi = \int \frac{Mdr/r^2}{\sqrt{2m[E - U] - \frac{M^2}{r^2}}} + C_2 \tag{3-27}$$

Należy zauważyć, $\dot{\varphi} = M$że wartości φzmieniają się monotonicznie, więc dla ścieżki zamkniętej, która koniecznie ma (ograniczony) promień minimalny i maksymalny, dla zmiany fazy przy przejściu od promienia minimalnego do promienia maksymalnego i z powrotem mamy:

$$\Delta\varphi = 2\int_{r_{min}}^{r_{max}} \frac{Mdr/r^2}{\sqrt{2m[E - U] - \frac{M^2}{r^2}}}$$

gdzie granice ruchu są określone przez energię niemającą części kinetycznej, $E = U_{eff}$gdzie

$$U_{eff} = U + \frac{M^2}{2mr^2}. \tag{3-28}$$

Aby $\Delta\varphi$ścieżka była zamknięta, musi być dokładnie równa 2πlub wielokrotność $\Delta\varphi$musi skutkować wielokrotnością 2π(tj. $\Delta\varphi =$

$2\pi\ (m/n)$). Dzieje się tak tylko dla wszystkich ścieżek w powyższej całce, gdy potencjały Umają postać $1/r$lub r^2, a w takich przypadkach występuje dodatkowa całka ruchu (znana jako wektor soczewki Runge'a). Zanim jednak przejdziemy do $1/r$potencjału krytycznego, rozważmy implikacje niezerowego momentu pędu z potencjałem centralnym. W takich przypadkach osiągnięcie środka jest na ogół niemożliwe, nawet w potencjałach przyciągających. Aby osiągnąć środek, gdy $M \neq 0$, rozważamy oczywiście sytuację, w której nie jesteśmy w punktach zwrotnych ruchu, a zatem

$$\frac{1}{2}m\dot{r}^2 = [E - U] - \frac{M^2}{2mr^2} > 0,$$

i przegrupowując i biorąc granicę przy promieniu dążącym do zera, stwierdzamy, że jedyne potencjały pozwalające na to muszą spełniać:

$$\lim_{r\to 0} r^2 U < -\frac{M^2}{2m}$$

Jest to możliwe tylko w przypadku potencjałów ujemnych

$$U(r) = -\alpha/r^n \text{ z } n > 2 \text{lub } n = 2\ and\ \alpha > \frac{M^2}{2m}$$

W poprzednim przykładzie widzieliśmy, że potencjały Keplera i Coulomba ($U(r) = -\alpha/r$) nie znajdują się w grupie potencjałów umożliwiających ruch przez środek, gdy moment pędu jest różny od zera. Rozważmy teraz $U(r) = -\alpha/r$bardziej szczegółowo potencjał przyciągania istotny dla grawitacji (i przyciągania między przeciwstawnymi ładunkami). Na początek, całka kątowa może być łatwo rozwiązana dla tej sytuacji, gdzie efektywny potencjał wynosi:

$$U_{eff} = -\frac{\alpha}{r} + \frac{M^2}{2mr^2}, and\ \min_r U_{eff} = -\frac{m\alpha^2}{2M^2}\ at\ r = \frac{M^2}{m\alpha} \tag{3-29}$$

gdzie minimum funkcji i znaczące obszary energii wskazano na rysunku 3.7.

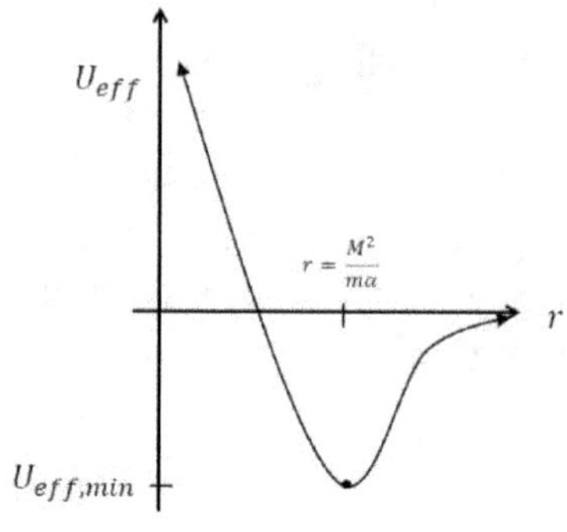

Rysunek 3.7. Szkic potencjału efektywnego. $U_{eff,min} = -\frac{m\alpha^2}{2M^2}$Ruch jest skończony, jeśli $E < 0$, i nieskończony, jeśli $E \geq 0$.

W wyniku całkowania otrzymujemy:

$$\varphi = \cos^{-1}\frac{\left(\frac{M}{r} - \frac{m\alpha}{M}\right)}{\sqrt{2mE + \frac{m^2\alpha^2}{M^2}}} + constant$$

(3-30)

Załóżmy, że $\varphi = 0$odpowiada to wystąpieniu najbliższego zbliżenia (peryhelium, r_{min}o którym mowa poniżej), w którym to przypadku stała wynosi zero. Rozważmy również dwa sposoby opisu orbit $\{p, e\}$, gdzie $2p$jest znane jako latus rectum, a $e$jest mimośrodem, a parametry przekroju stożkowego $\{a, b\}$, gdzie $2a$jest długością osi długiej, a $2b$jest długością osi krótkiej:

$$p = \frac{M^2}{m\alpha} \quad and \quad e = \sqrt{1 + \frac{2EM^2}{m\alpha^2}}$$

(3-31)

aby dojść do równania orbity:

$$p = r(1 + e\cos\varphi)$$

(3-32)

Z równania orbity możemy wywnioskować, że:

$$r_{min} = \frac{p}{1+e} \quad and \quad r_{max} = \frac{p}{1-e}$$

(3-33)

Od $2a = r_{min} + r_{max}$:

$$a = \frac{p}{1-e^2} = \frac{\alpha}{2|E|}$$

(3-34)

Widzimy również, że stosunki b/r_{min}i r_{max}/bsą niezmiennikami skali i muszą być proporcjonalne do siebie, gdzie dla $e = 0$tego wykazano równość, zatem $b = \sqrt{r_{min} \cdot r_{max}}$otrzymujemy:

$$b = \frac{p}{\sqrt{1-e^2}} = \frac{M}{\sqrt{2m|E|}}$$

(3-35)

Rozważmy teraz różne przypadki pod kątem parametru mimośrodu $e = \sqrt{1 + \frac{2EM^2}{m\alpha^2}}$orbity:

Dla $e = 0$(występuje, gdy $E = -\frac{m\alpha^2}{2M^2}$): Mamy orbitę kołową $r_{min} = r_{max} = p$.

Dla $0 < e < 1$(występuje, gdy $E < 0$):_Mamy orbitę eliptyczną $r_{min} \neq r_{max}$.
Dla elips i okręgów mamy orbity ograniczone, co pozwala nam obliczyć pełną całkę sektorową jednej takiej orbity, uzyskując w ten sposób jedynie pole elipsy lub okręgu. Przypomnijmy

$$\frac{d(area)}{dt} = V_{sectorial} = \frac{1}{2}r^2\dot{\varphi} = \frac{M}{2m}$$

(3-36)

integrując w czasie jednego okresu orbitalnego T:

$$T = \frac{2m(area)}{M} = \frac{2m\pi ab}{M} = \pi\alpha\sqrt{\frac{m}{2|E|^3}}.$$

(3-37)

Z tego dokładnego rozwiązania możemy wywnioskować, że , co jest $T^2 \propto \frac{1}{|E|^3} \propto a^{3\,\text{trzecim}}$prawem Keplera .

Dla $e = 1$(występuje, gdy $E = 0$): Mamy orbitę paraboliczną (nieograniczoną) z $r_{min} = \frac{p}{2}$ *and* $r_{max} = \infty$, która opisuje spadającą cząstkę ze stanu spoczynku w nieskończoności.

Dla $e > 1$(występuje, gdy $E > 0$): Mamy orbitę hiperboliczną (nieograniczoną).

Wektor Laplace'a-Rungego-Lenza

Rozważmy siłę centralną o odwrotnym kącie działającą na pojedynczą cząstkę, którą opisuje równanie

$$A = p \times L - mk\hat{r} \rightarrow e = \frac{A}{mk},$$

(3-38)

Gdzie

m to masa cząstki punktowej poruszającej się pod wpływem siły centralnej,
p jest jego wektorem pędu,
L = **r** × **p** jest wektorem momentu pędu,
r jest wektorem położenia cząstki (rysunek 3.8),
$\hat{r}$ jest odpowiadającym wektorem jednostkowym , tj. $\hat{r}$, a
r jest wartością **r** , odległością masy od środka siły.

Stały parametr *k* opisuje siłę siły centralnej; jest on równy $G \cdot M \cdot m$ dla siły grawitacyjnej i $-k_e \cdot Q \cdot q$ dla siły elektrostatycznej. Siła jest przyciągająca, jeśli $k > 0$, i odpychająca, jeśli $k < 0$.

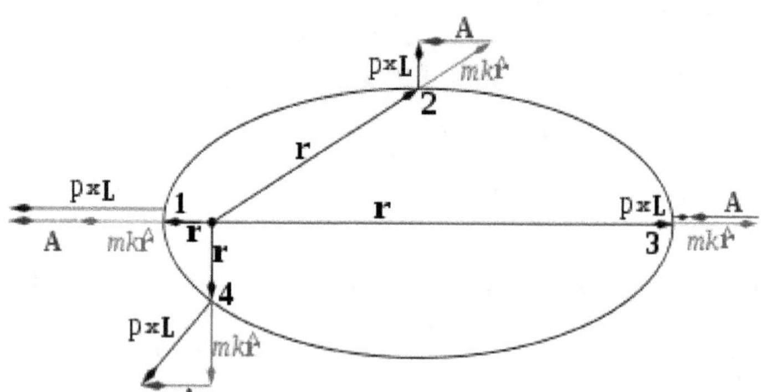

Rysunek 3.8 . Wektor LRL **A** w czterech punktach na orbicie eliptycznej pod działaniem siły centralnej o odwrotnym kącie. Środek przyciągania jest pokazany jako mały czarny okrąg, z którego wychodzą wektory położenia. Wektor momentu pędu **L** jest prostopadły do orbity. Pokazano wektory współpłaszczyznowe **p** × **L** i (*mk* / *r*) **r** . Wektor **A** jest stały co do kierunku i wartości.

Siedem skalarnych wielkości *E* , **A** i **L** (będąc wektorami, te dwie ostatnie wnoszą po trzy zachowane wielkości) jest powiązanych dwoma równaniami, **A** · **L** = 0 i $A^2 = m^2 k^2 + 2mEL^2$, co daje pięć niezależnych stałych ruchu . Jest to zgodne z sześcioma warunkami początkowymi (początkowe wektory położenia i prędkości cząstki, każdy z trzema składowymi), które określają orbitę cząstki, ponieważ czas początkowy nie jest określony przez stałą ruchu. W rezultacie powstała jednowymiarowa orbita w sześciowymiarowej przestrzeni fazowej jest całkowicie określona.

Przykład 3.16. Nad biegunem północnym uwolniono masę próbną. Masa testowa zostaje uwolniona w stanie spoczynku, w odległości jednej średnicy Ziemi nad (obrotowym) biegunem północnym. Pomiń tarcie atmosferyczne. (Użyj tego do określenia przyspieszenia grawitacyjnego w pobliżu powierzchni Ziemi $10\frac{m}{sec^2}$i promienia Ziemi $R_e = 6{,}400\ km.$)

a) Znajdź prędkość (w metrach na sekundę) masy w momencie uderzenia w Ziemię.
b) Znajdź wyrażenie opisujące czas potrzebny masie do uderzenia w Ziemię. Twoje wyrażenie powinno zawierać całkę bezwymiarową.

Rozwiązanie:

(a) Prędkość na powierzchni Ziemi: energia potencjalna masy próbnej: $\Phi = -\frac{mGM}{R}$Zasada zachowania energii wskazuje, że energia kinetyczna jest zmianą energii potencjalnej:

$$\frac{1}{2}mv^2 = \Delta PE = (\frac{-mGM}{R})\Big|_{R_e}^{3R_e} = \frac{2}{3}m\,R_e\,g$$

(b) Czas do uderzenia, najpierw obliczmy zależność upadku od promienia r:

$$\frac{1}{2}mv^2 = (\frac{-mGM}{R})\Big|_{r}^{3R_e} \qquad v$$

$$= \frac{dr}{dt}\ since\ no\ coriolis\ force\ at\ North\ pole$$

$$\frac{1}{2}m\left(\frac{dr}{dt}\right)^2 = \frac{mGM}{r} - \frac{mGM}{3R_e}$$

$$\frac{dr}{dt} = \sqrt{\frac{2GM}{r} - \frac{2GM}{3R_e}} = \sqrt{2GM}\ \sqrt{\frac{1}{r} - \frac{1}{3R_e}}$$

$$\mathrm{dt} = \frac{1}{\sqrt{2GM}}\ \frac{dr}{\sqrt{\frac{1}{r} - \frac{1}{3R_e}}}$$

$$T = \frac{1}{\sqrt{2GM}}\int_{R_e}^{3R_e}\frac{dr}{\sqrt{\frac{1}{r} - \frac{1}{3R_e}}} = \frac{(3R_e)^{\frac{3}{2}}}{\sqrt{2GM}}\int_{(\frac{1}{3})}^{1}\frac{dx}{\sqrt{\frac{1}{x} - 1}}$$

$$\cong 1.43\frac{(3R_e)^{\frac{3}{2}}}{\sqrt{2GM}}$$

***Ćwiczenie 3.16**. Masa próbna została uwolniona nad równikiem.*

Przykład 3.17. Planeta o masie M….

Planeta o masie m krąży wokół Słońca o masie M. Z ogólnych własności układów keplerowskich wiemy, że planeta porusza się w płaszczyźnie zawierającej środek siły. (a) Wprowadź współrzędne biegunowe dla płaszczyzny ruchu i zapisz równanie Lagrange'a; (b) Wyznacz moment pędu i energię układu planetarnego; (c) z analizy keplerowskiej wiemy, że orbita jest elipsą, więc powiąż długość *a półosi wielkiej* i mimośród εtej elipsy z zachowaną energią i momentem kątowym uzyskanymi w równaniu (b), korzystając z następującej parametryzacji orbity jako elipsy:

$$\frac{1}{e} = \frac{1}{a(1-\varepsilon^2)} + \frac{\varepsilon}{a(1-\varepsilon^2)}\cos\theta$$

Rozwiązanie:

(a) Z siły grawitacji Newtona wynika, że przesuwamy się do układu odniesienia środka masy:

$$F = \frac{mMG}{r^2} = \frac{M_T \mu G}{r^2}, \text{where } M_T = (m+M) \text{ and } \mu = \frac{mM}{m+M}$$

W tym celu możemy zapisać energię potencjalną jako:

$$U = -\frac{M_T \mu G}{r}$$

Tak więc, w układzie współrzędnych biegunowych, funkcja Lagrange'a $L = T - U$:

$$L = \frac{1}{2}\mu\left(\dot{r}^2 + r^2\dot{\theta}^2\right) - U(|\vec{r}|) \; and \; \vec{r} = \vec{r}_m - \vec{r}_M, r = |\vec{r}|$$

(b) Aby uzyskać energię zacznijmy od uzyskania równań ruchu dla współrzędnych cyklicznych, w tym przypadku kąta orbitalnego, aby uzyskać inne stałe ruchu, a następnie użyjmy $E = T + U$:

$$\frac{d}{dt}\left(\mu r^2\dot{\theta}\right) = 0 \to l = \mu r^2\dot{\theta}, angular\ momemtum\ conserved$$

$$E = \frac{1}{2}\mu\dot{r}^2 + \frac{l^2}{2\mu r^2} - \frac{\mu M_T G}{r}$$

(c) Związek z parametryzacją elipsy. Dla r_{min}i r_{max}mamy $\dot{r} = 0$, więc otrzymujemy:

$$E = \frac{l^2}{2\mu {r_{min}}^2} - \frac{\mu M_T G}{r_{min}} \; and \; E = \frac{l^2}{2\mu {r_{max}}^2} - \frac{\mu M_T G}{r_{max}}$$

Z parametryzacji elipsy mamy dla r_{min}i r_{max}:

$$\frac{1}{r_{min}} = \frac{1}{a(1-\varepsilon^2)} + \frac{\varepsilon}{a(1-\varepsilon^2)} \quad \Longrightarrow \quad r_{min} = a(1-\varepsilon)$$

$$\frac{1}{r_{max}} = \frac{1}{a(1-\varepsilon^2)} + \frac{\varepsilon}{a(1-\varepsilon^2)} \quad \Longrightarrow \quad r_{max} = a(1+\varepsilon)$$

Korzystając z dwóch równań dla energii w pozycjach maksymalnej i minimalnej r otrzymujemy:

$$\frac{l^2}{2\mu}\left(\frac{1}{{r_{max}}^2} - \frac{1}{{r_{max}}^2}\right) - \mu M_T G\left(\frac{1}{r_{min}} - \frac{1}{r_{max}}\right) = 0 \quad \rightarrow \quad l^2 = \mu^2 M_T G a(1-\varepsilon^2)$$

Podstawiając zależność l^2do dwóch równań energii, a także $r_{min} = a(1-\varepsilon)$do i $r_{max} = a(1+\varepsilon)$, otrzymujemy:

$$E = \frac{-\mu M_T G}{r_{min} + r_{max}} = \frac{-\mu M_T G}{2a}$$

Zatem,

$$a = \frac{-\mu M_T G}{2E} = \frac{mMG}{2|E|} = \frac{\alpha}{2|E|}, where\ a = \mu M_T G = mMG.$$

I podstawiając do l^2relacji, którą przegrupowujemy, aby uzyskać wyrażenie na ekscentryczność:

$$\varepsilon = \sqrt{1 + \left(\frac{2El^2}{\mu\alpha^2}\right)}.$$

Ćwiczenie 3.17. *Jaki jest mimośród układu Ziemia-Księżyc? Układu Ziemia-Słońce?*

Przykład 3.18. Cząstka o masie m…

Cząstka o masie m porusza się w potencjale$U = \alpha/r - \beta/r^3\ , \alpha, \beta > 0$.

a) Dla jakiego zakresu promieni *r* orbity kołowe są stabilne? (Wyraź warunek dotyczący r za pomocą α i β.)

b) Znajdź w odniesieniu do *r, α, β* i m częstotliwość Ω orbity kołowej i częstotliwość *w* małych drgań wokół orbity kołowej.

Rozwiązanie:

(a) $U = \alpha/r - \beta/r^3\,, \alpha, \beta > 0$, a dla orbit: $L = \frac{1}{2}m(\bar{r}^2 + r^2\dot{\theta}^2) - U$i

$E = \frac{1}{2}m\dot{r}^2 + \frac{M_\theta^2}{2mr^2} + U$, zatem

$$U_{eff} = \frac{M_\theta^2}{2mr^2} - \frac{\alpha}{r} - \frac{\beta}{r^3}.$$

Orbity kołowe dla:

$$\frac{U_{eff}}{\partial r} = 0 \quad \to \quad -\frac{M_\theta^2}{mr^3} + \frac{\alpha}{r^2} + \frac{3\beta}{r^4} = 0$$

Stabilne orbity dla:

$$\frac{\partial^2 U_{eff}}{\partial r^2} = \frac{3M_\theta^2}{mr^4} - \frac{2\alpha}{r^3} - \frac{12\beta}{r^5} > 0.$$

(b) Przypomnij sobie obszar zamiatany, A, relację: $M_\theta = mr^2\dot{\theta} = 2m\frac{dA}{dt}$, a następnie możesz zapisać:

$$dt = \frac{2m}{M_\theta}dA \Longrightarrow T = \frac{2m}{M_\theta}(\pi r_c^2)$$

$$\alpha r_c^2 - \frac{M_\theta^2}{m}r_c + 3\beta = 0$$

Częstotliwość orbity kołowej, Ω, wynosi:

$$\Omega = \frac{2\pi}{T} = \frac{M_\theta}{mr_c^2},$$

i częstotliwość małych oscylacji wokół tej orbity kołowej:

$$\omega = \sqrt{\frac{1}{2m}\frac{\partial^2 U_{eff}}{\partial r^2}\bigg|_{r_c}} = \sqrt{\frac{1}{m}\left\{\frac{\alpha}{r^3} - \frac{3\beta}{r^5}\right\}}.$$

Ćwiczenie 3.18. *Co się stanie, gdy* α *i* β zostaną wybrane tak, że $\Omega = \omega$*?*

Przykład 3.19. Cząstka w centralnym polu sił.

Cząstka porusza się w centralnym polu sił określonym przez potencjał: $U = -K\frac{e^{-r/a}}{r}$, gdzie Ki asą dodatnimi stałymi. (a) Znajdź związek między r, l i E dla orbit kołowych. (b) Znajdź okres małych oscylacji (w θpłaszczyźnie r) wokół orbity kołowej.

Rozwiązanie:

(a) Zatem mamy $U = -K\frac{e^{-r/a}}{r}$ i $L = \frac{1}{2}m(\dot{r}^2 + r^2\dot{\theta}^2) - U$. Dla bariery odśrodkowej mamy:

$$\frac{d}{dt}\left(\frac{\partial L}{\partial\dot{\theta}}\right) = 0 \Rightarrow mr^2\dot{\theta} = |L|$$

Więc,

$$L = \frac{1}{2}m\dot{r}^2 - \frac{|L|^2}{2mr^2} - U$$

a równania ruchu są następujące:

$$\frac{d}{dt}(m\dot{r}) - \left\{-\frac{|L|^2}{mr^3} - \frac{\partial U}{\partial r}\right\} = 0$$

Mają orbity kołowe $r = const$dla:

$$\frac{|L|^2}{mr_0^3} = -\frac{\partial U}{\partial r}\bigg|_{r=r_0} \to \frac{l^2}{mr_0^3} + \frac{E}{r_0} = +\frac{K}{ar_0}e^{-r_0/a} \to E = \frac{l^2}{2mr_0^2} + \frac{K}{a}e^{-r_0/a}$$

(b) Mamy $\omega = \sqrt{\frac{1}{2m}\frac{\partial^2 U_{eff}}{\partial r^2}}$ i $U_{eff} = \frac{+l^2}{2mr^2} - \frac{Ke^{-r/a}}{r}$, i w stanie równowagi oscylacji:

$$\frac{U_{eff}}{\partial r} = \frac{-l^2}{mr^3} + \frac{Ke^{-r/a}}{r^2} + \frac{Ke^{-r/a}}{ar} = 0,$$

zatem,

$$\frac{\partial^2 U_{eff}}{\partial r^2} = \frac{3l^2}{mr^4} - \frac{2Ke^{-r/a}}{r^3} - \frac{Ke^{-r/a}}{ar^2} - \frac{Ke^{-r/a}}{ar^2} - \frac{Ke^{-r/a}}{a^2 r}.$$

Z

$$\left(\frac{1}{r^2} + \frac{1}{ar}\right)Ke^{-r/a} = \frac{l^2}{mr^3} \quad and \quad Ke^{-r/a} = \left(\frac{ar}{a+r}\right)\frac{l^2}{mr^2} = \frac{a}{a+r}\frac{l^2}{mr}$$

Następnie możemy się przegrupować, aby uzyskać

$$\omega = \sqrt{\frac{l^2}{m^2r^2}\left\{\frac{a}{a+r}\right\}\left(\frac{1}{r^2} + \frac{1}{ar} - \frac{1}{a^2r}\right)}.$$

Ćwiczenie 3.19. *Załóżmy,* $\left.\frac{\partial^2 U_{eff}}{\partial r^2}\right|_{r_c}$ *że mamy do wyboruK I a, wyprowadź wzór częstotliwości dla pochodnej trzeciego rzędu w potencjale, jaka jest nowa częstotliwość oscylacyjna?*

Przykład 3.20. Trzecie prawo ***Keplera z praw Newtona.***

(a) Wykaż bezpośrednio na podstawie praw Newtona, że dla dwóch gwiazd o masach m1 i m2, poruszających się po orbitach kołowych wokół swojego środka masy, trzecie prawo Keplera ma postać: $T^2 = \frac{4\pi^2}{G(m_1+m_2)} R^3$, gdzie T jest okresem, a R odległością między gwiazdami.

(b) Wykaż, że wzór można zapisać w postaci $T^2 = (m_1 + m_2)^{-1} R^3$, gdzie T jest liczbą lat, R jest liczbą AU (jednostek astronomicznych), a m jest liczbą mas Słońca. (Jeśli R jest wielką półosią orbity, to samo dotyczy orbit eliptycznych).

(c) Wykaż, że dla małego obiektu poruszającego się po orbicie kołowej na powierzchni dużego obiektu, $T = K\rho^{-1/2}$, i znajdź stałą K. Jaki jest okres obiegu kamyka na orbicie na powierzchni kulistego kamienia ($\rho = 3g/cm^3$)?

Rozwiązanie:

(a) Przypomnienie: $L = r \times \mu v = \text{const} dA = \frac{1}{2} r \cdot r d\theta$

Więc,

$$L = \mu r \times \left(\dot{r}\hat{r} + r\dot{\theta}\hat{\theta}\right) = \mu r^2 \dot{\theta} = 2\mu \frac{dA}{dt} = \text{const}$$

$$2\mu dA = L dt \rightarrow 2\mu(\pi ab) = LT$$

Przypomnij sobie związek mas z osiami wielką i małą:

$$a = \frac{G(m_1 + m_2)\mu}{2|E|} \qquad b = \frac{L}{\sqrt{2\mu|E|}}$$

Zatem,

$$LT = 2\mu\pi\frac{G(m_1+m_2)\mu}{2|E|}\frac{L}{\sqrt{2\mu|E|}}$$

$$\rightarrow \quad \frac{4\pi^2}{G(m_1+m_2)}\left\{\frac{G(m_1+m_2)\mu}{2|E|}\right\}^3 = T^2$$

Zatem podstawiając za a = R (ocena na półosi wielkiej):

$$T^2 = \frac{4\pi^2}{G(m_1+m_2)}R^3.$$

(b) Zmiana jednostki przebiega następująco:

$$T^2\left(\frac{365\times 24\times 3600\text{sec}}{1yr}\right)^2$$

$$= \frac{4\pi^2}{G(m_1+m_2)\left(\frac{2\times 10^{30}kg}{M_\Theta}\right)}R^3\left(\frac{1.5\times 10^8 km}{1A.U.}\right)^3,$$

więc $T^2 = (m_1+m_2)^{-1}R^3 KiK =$

$$\frac{(1.5\times 10^8 km)^3 4\pi^2}{6.67\times 10^{-11}Nm^2/kg^2(3.15\times 10^7 sec)^2(2\times 10^{30}kg)}\left[\frac{M_\Theta\cdot yr^2}{(A.U.)^3}\right] = 1.0\left[\frac{M_\Theta\cdot yr^2}{(A.U.)^3}\right].$$

Zatem,

$$T^2 = (m_1+m_2)^{-1}R^3.$$

(c) $T^2 = (m_1+m_2)^{-1}R^3 \simeq m_{Large}^{-1}R^3 \simeq \frac{\frac{4}{3}\pi R^3}{m_{Large}}\frac{1}{\frac{4}{3}\pi} = \frac{\rho}{\frac{4}{3}\pi}$, zatem $T = K\rho^{-1/2}$gdzie $K = \frac{1}{2\sqrt{\frac{\pi}{3}}}$(gdzie T jest w jednostkach lat, $R = AU's, m = M_\Theta's$, i $m_1 \gg m_2$. Dla $\rho = 3g/cm^3 = 3\times 10^3 kg/m^3$, zatem:

$$T = \sqrt{\frac{3\pi}{6.67\times 10^{-11}}(3\times 10^3)^{-1/2}}sec = 6.86\times 10^3 sec$$

$$= 114\,min.$$

Ćwiczenie 3.20. Jaki jest okres obiegu kamyka na powierzchni Ziemi ($\rho = 1g/cm^3$) i na powierzchni gwiazdy neutronowej ($\rho = 10^{16}g/cm^3$)?

Przykład 3.21. Układy binarne.
Masy gwiazdowe określa się poprzez obserwację układów podwójnych. Zazwyczaj nie da się rozróżnić gwiazd, ale widmo wykazuje dwa okresowo zmieniające się przesunięcia Dopplera, dające prędkość każdej gwiazdy w linii widzenia. Nazwij prędkości V_1i V_2. Wykaż, że jeśli orbita jest nachylona pod kątem θdo linii widzenia:

$$R = (V_1 + V_2)/\Omega \sin\theta \text{i } M_2/M_1 = V_1/V_2 \text{i } \frac{m_2^3}{(m_1+m_2)^2}\sin^3\theta = (a_1 \sin\theta)^3/T^2.$$

Zacznij od : $V_1 = \mho_1 \sin\theta \; and \; V_2 = \mho_2 \sin\theta$, gdzie $\mho_1 = r_1\Omega \; and \; \mho_2 = r_2\Omega$. Let $R = r_1 + r_2$, następnie:

$$V_1 + V_2 = (\mho_1 + \mho_2)\sin\theta = R\Omega \sin\theta \rightarrow R = (V_1 + V_2)/\Omega \sin\theta$$

Z początkiem w środku masy: $M_1 r_1 + M_2 r_2 = 0$i $M_1\mho_1 + M_2\mho_2 = 0$, zatem:$|M_1 V_1/\sin\theta| = |M_2 V_2/\sin\theta|$
a $\frac{M_2}{M_1} = \frac{V_1}{V_2}$.Aby uzyskać ostatnią relację, przypomnijmy sobie, że na półosi wielkiej (dla R):

$$T^2 = (m_1 + m_2)^{-1} R^3,$$

zatem:

$$T^2 = (m_1 + m_2)^{-1}\left\{\frac{(V_1 + V_2)}{\Omega \sin\theta}\right\}^3 = (m_1 + m_2)^{-1}\left\{\frac{\left(1 + \frac{m_1}{m_2}\right)V_1}{\Omega \sin\theta}\right\}^3$$

$$= (m_1 + m_2)^{-1}\left(1 + \frac{m_1}{m_2}\right)^3 a_1^3$$

Z czego otrzymujemy:

$$\frac{m_2^3}{(m_1 + m_2)^2}\sin^3\theta = \frac{(a_1 \sin\theta)^3}{T^2}.$$

Ćwiczenie 3.21. *Układ podwójny z gwiazdą neutronową.*
Rozważmy układ podwójny z jedną gwiazdą neutronową. Obserwowane przesunięcie Dopplera gwiazdy neutronowej ma magnitudo $\frac{\Delta\lambda}{\lambda} = 2 \times 10^{-6}$i okres 4 dni. Jeśli masa gwiazdy

neutronowej jest mniejsza niż 3 M_Θ, jaka jest maksymalna masa jej towarzysza?

Przykład 3.22. Ruch wewnątrz paraboloidy obrotowej.
Cząstka o masie m jest zmuszona do poruszania się pod wpływem grawitacji bez tarcia po wewnętrznej stronie paraboloidy obrotowej, której oś jest pionowa. Znajdź problem jednowymiarowy równoważny jej ruchowi. Jaki jest warunek, aby początkowa prędkość cząstki była równa ruchowi kołowemu? Znajdź okres małych drgań wokół tego ruchu kołowego.

Przyjmijmy współrzędne cylindryczne: $x = \rho \sin\theta\,, y = \rho\cos\theta$, w takim przypadku mamy współrzędne:
$z = \frac{a}{2}\rho^2,\quad \rho^2 = x^2 + y^2,\quad y = x^2$, i potencjał $U = mgz$. Zatem Lagrange'a jest:

$$L = \frac{1}{2}m(\dot{x}^2 + \dot{y}^2 + \dot{z}^2) - mg\frac{a}{2}\rho^2,$$

Gdzie

$$\dot{z} = a\rho\dot{\rho},\ \ \dot{x} = \dot{\rho}\sin\theta + \rho\cos\theta\,\dot{\theta},\ \ \dot{y} = \dot{\rho}\cos\dot{\theta} + \rho\sin\theta\,\dot{\theta}.$$

Zatem,

$$L = \frac{1}{2}m\left(\dot{\rho}^2 + (a\rho\dot{\rho})^2 + \left(\rho\dot{\theta}\right)^2\right) - mg\frac{a}{2}\rho^2$$

Stosując równanie Eulera-Lagrange'a dla θ:

$$\frac{d}{dt}\left(\frac{\partial L}{\partial\theta}\right) - \frac{\partial L}{\partial\theta} = 0 \quad gives \quad m\rho^2\theta = M_\theta.$$

Zatem,

$$L = \frac{1}{2}m(\dot{\rho}^2 + (a\rho\dot{\rho})^2) + \frac{1}{2}m\left(\rho\dot{\theta}\right)^2 - mg\frac{a}{2}\rho^2$$

Stosując równanie Eulera-Lagrange'a ρotrzymujemy:

$$m\ddot{\rho} + \frac{d}{dt}(m(a\rho)^2\dot{\rho}) - m(a\dot{\rho})^2\rho - m\rho\dot{\theta}^2 + mga\rho = 0$$

$$m\ddot{\rho}(1 + a^2\rho^2) + ma^2\rho\dot{\rho}^2 - \frac{M_\theta^2}{m\rho^3} + mga\rho = 0$$

Ruch okrężny $\dot{\rho} = 0$:

$$\left(\frac{M_\theta}{m\rho}\right)^2 = ga\rho^2 \quad and \quad M_o = m\rho v.$$

Zatem

$$v = \rho\sqrt{ga} = \sqrt{2gz}$$

Rozważmy teraz małe oscylacje dla

$$m\ddot{\rho}(1 + a^2\rho^2) + ma^2\rho\dot{\rho}^2 - \frac{M_\theta^2}{m\rho^3} + mga\rho = 0$$

Niech $\rho = \rho_o + \eta$, zachowując wyrazy pierwszego rzędu w η:

$$(1 + a^2\rho_o^2)m\ddot{\eta} - \frac{M_\theta^2}{m\rho_o^3}\left(1 - \frac{3\eta}{\rho_o}\right) + mga(\rho_o + \eta) = 0$$

Zatem,

$$\ddot{\eta} + \frac{4ga\eta}{(1 + a^2\rho_o^2)} = 0 \quad \Longrightarrow \quad \omega = \sqrt{\frac{4ga}{(1 + a^2\rho_o^2)}} \quad \Longrightarrow \quad T$$

$$= \pi\sqrt{\frac{(1 + a^2\rho_o^2)}{ga}}.$$

Ćwiczenie 3.22. Czas opadania.

Dwie cząstki poruszają się wokół siebie po orbitach kołowych pod wpływem sił grawitacyjnych, z okresem T. Ich ruch zostaje nagle zatrzymany, a następnie cząstki zostają uwolnione i mogą na siebie spaść. Pokaż, jak zderzają się w czasie $t/4\sqrt{2}$.

Przykład 3.23. Przyciągająca siła centralna.

(a) Wykaż, że jeśli cząstka opisuje orbitę kołową pod wpływem przyciągającej siły centralnej skierowanej do punktu na okręgu, to siła ta zmienia się proporcjonalnie do odwrotności piątej potęgi odległości.

(b) Wykaż, że dla opisanej orbity całkowita energia cząstki wynosi zero.

(c) Znajdź okres ruchu.

(d) Znajdź $\dot{x}$, $\dot{y}$, i $v$jako funkcję kąta wokół okręgu i pokaż, że wszystkie trzy wielkości są nieskończone, gdy cząstka przechodzi przez środek siły.

Rozwiązanie

(a) Zacznij od pozycji podanej przez $r - 2a\sin\theta \ for \quad 0 \le \theta \le 180°$. I uzyskaj Lagrange'a:

$$L = \frac{1}{2}m(\dot{r}^2 + r^2\dot{\theta}^2) - U(r) \quad with \quad \dot{r} = 2a\cos\theta\,\dot{\theta}.$$

Następnie,

$$\frac{d}{dt}\left(\frac{\partial L}{\partial \dot{\theta}}\right) - \frac{\partial L}{\partial \theta} = 0 \Longrightarrow M_\theta = mr^2\dot{\theta} = \text{const. of motion}$$

Użyj $r^2 + r^2\dot{\theta}^2 = 4_a^2\cos^2\theta\,\dot{\theta}^2 + 4_a^2\sin^2\theta\,\dot{\theta}^2 = 4_a^2\dot{\theta}^2$„ograniczenia" dla r , aby zidentyfikować odpowiednią siłę. Podobnie otrzymujemy $E = 2ma^2\dot{\theta}^2 + U(r)$= całkę ruchu, a więc stałą:

$$E = 2ma^2\frac{M_\theta^2}{(mr^2)^2} + U(r) = \frac{2a^2M_\theta^2}{mr^4} + U(r) = \text{const}$$

Zatem,

$$\frac{dE}{dr} = -\frac{8a^2M_\theta^2}{mr^5} + \frac{dU}{dr} = 0$$

oznacza, że siła (przyciągająca) wynosi:

$$F(r) = \frac{8a^2M_\theta^2}{mr^5}.$$

(B) $\quad E = \frac{2a^2M_\theta^2}{mr^4} - \int_\infty^r -\frac{8a^2M_\theta^2}{mr^5} = 0$

(C) $\quad T = ? \quad M_\theta = mr^2\dot{\theta} = m(4a^2)\sin^2\theta\,\frac{d\theta}{dt}$

$$dt = m(4a^2)\frac{\sin^2\theta}{M_\theta}d\theta$$

$$T = \frac{1}{M_\theta}\int_0^\pi (4a^2)\,m\sin^2\theta\,d\theta = \frac{2\pi ma^2}{M_\theta}$$

Alternatywnie:

$M_\theta = mr^2\dot{\theta} = mr \cdot r\frac{d\theta}{dt} = m2\frac{dA}{dt} \quad \rightarrow \quad dt = \frac{2mdA}{M_\theta} \quad \rightarrow \quad T = \frac{2\pi m a^2}{M_\theta}$

(D) $x = r\cos\theta = 2a\sin\theta\cos\theta = a\sin 2\theta \qquad \dot{x} = 2a(\cos^2\theta - \sin^2\theta)\dot{\theta}$

$y = r\sin\theta = 2a\sin^2\theta \qquad \dot{y} = 4a\sin\theta\cos\theta\,\dot{\theta}$

Więc,

$$\dot{x} = (2a)(1 - 2\sin^2\theta)\dot{\theta} = 2a\left(1 - \frac{1}{2}\left(\frac{r}{a}\right)^2\right)\frac{M_\theta}{mr^2}; \qquad \dot{y} = 2r\sqrt{1 - \left(\frac{r}{a}\right)^2}\frac{M_\theta}{mr^2}$$

I

$$v = \sqrt{4a^2\{\cos^4\theta - 2\cos^2\theta\sin^2\theta + \sin^4\theta\} + 16a^2\sin^2\theta\cos^2\theta} \cdot \dot{\theta} = 2a\dot{\theta}\sqrt{\cos^4\theta + \sin^4\theta}.$$

Ćwiczenie 3.23. Cząstka w potencjale harmonicznym centralnym. Cząstka o masie m porusza się w centralnym potencjale harmonicznym $V(r) = (1/2)kr^2$z dodatnią stałą sprężystości k. (a) Wykorzystując potencjał efektywny, wykaż, że wszystkie orbity są związane i E_{min}muszą przekraczać $\sqrt{kl^2/m}$. (b) Sprawdź, czy orbita jest zamkniętą elipsą z początkiem układu współrzędnych w środku. Jeśli relacja $E/E_{min} = \cosh\xi$definiuje wielkość ξ, pokaż, że parametry orbity dla a, b i mimośrodu są równe. Omów przypadek graniczny $E \rightarrow E_{min}$i $E \gg E_{min}$. (c) Wykaż, że okres jest niezależny od E i l.

3.8 Małe oscylacje wokół równowagi stabilnej

Do tej pory rozważaliśmy podstawową mechanikę orbitalną i otrzymaliśmy klasyczny wynik orbitalny elipsy (z okręgiem jako przypadkiem szczególnym). Ale jak stabilny jest ten wyidealizowany wynik dla bardziej realistycznych układów, w których mogą występować sporadyczne oddziaływania zewnętrzne? Jak stabilne są te rozwiązania w „rzeczywistości”? Okazuje się, że jest to pytanie dotyczące małych oscylacji (które zostaną szczegółowo opisane w tej sekcji) i ogólnej stabilności (która zostanie opisana w rozdziale 6, gdzie dynamika jest opisana w przestrzeni fazowej, a w opisanym tam formalizmie kryteria stabilności można ustalić łatwiej). Należy zauważyć, że poszerzenie klasy rozwiązań, aby uwzględnić małe zaburzenia, jest pierwszym krokiem do uzyskania rozwiązania mechaniki ogólnej, ale jak daleko można to posunąć? Odpowiedź, która również zostanie podana w dalszej sekcji, zależy od „granicy chaosu”, którą osiąga w charakterystyczny sposób, dając początek stałym uniwersalnym, w tym C_∞w jej potencjalnie szczególnym związku z alfa (szczegóły w [45]).

Rozważmy zatem małe oscylacje w przypadku orbity kołowej. W potencjale znajdujemy się w sytuacji, w której jesteśmy już w minimum potencjału (niezmiennym w czasie). Jeśli zmienimy tę konfigurację, zobaczymy, że doświadczymy środowiska potencjalnego zdominowanego przez potencjał w pobliżu punktu równowagi, a ponieważ jest on w minimum (wymaganym dla równowagi w układach w ogólności, więc ta dyskusja uogólnia się również na te przypadki), to nie ma wyrazu pierwszego rzędu, tylko drugi do następnego wyższego rzędu:

$$U(r) - U(r_{min}) \cong \frac{1}{2}k(r - r_{min})^2 \ldots$$

plus warunki wyższego rzędu.

(3-39)

Jeśli skupimy się teraz na małym przemieszczeniu $x = r - r_{min}$i pominiemy stały $U(r_{min})$wyraz, otrzymamy klasyczny oscylator sprężynowy Lagrange’a o zmiennej x:

$$L = \frac{1}{2}m\dot{x}^2 - \frac{1}{2}kx^2$$

(3-40)

Dla którego równania Eulera-Lagrange'a dają równanie ruchu drugiego rzędu:

$$m\ddot{x} + kx = 0 \quad \rightarrow \quad \ddot{x} + \omega^2 x = 0, \qquad where\ \omega^2 = \frac{k}{m}.$$

(3-41)

Ponieważ konwencja nakazuje mówić w tym kontekście o dodatnich częstotliwościach, weź pierwiastek dodatni: $\omega = \sqrt{k/m}$. Ogólne rozwiązanie równania różniczkowego to zatem: $x(t) = a\ \cos(\omega t) + b \sin(\omega t)$. Zatem klasyczna sprężyna 1-D ma dwa możliwe niezależne drgania. Warunki brzegowe często sprowadzają się do jednego niezależnego stopnia swobody drgania. Na przykład w przypadku problemu orbity kołowej z małymi drganiami, gdzie orbitalny moment pędu jest modyfikowany przez małe drgania (zwykle), gdzie wybór warunków brzegowych dotyczy drgań sprężyny, które przekładają się na propagację fali wokół równowagowej orbity kołowej w tej samej orientacji co moment pędu układu, dając większy moment kątowy układu lub odwrotnie, z mniejszym momentem pędu. Załóżmy, że wybiera to rozwiązanie z tylko jednym z drgań spójnych, wybierając dla wygody $x(t) = a\ \cos(\omega t)$, mamy wtedy:

$$E = \frac{1}{2} m\omega^2 a^2 \propto (amplitude)^2.$$

(3-42)

Zatem częstotliwość układu nie zależy od amplitudy, ale energia układu jest kwadratem amplitudy. Należy zauważyć, że równanie ruchu drgań jednowymiarowej sprężyny można zapisać w następujący sposób:

$$\frac{d^2x}{dt^2} + \omega^2 \frac{d^2x}{dX^2} = 0,$$

(3-43)

gdzie dwie klasy rozwiązań są teraz uchwycone w formie:

$$x(t, X) = a\ \cos(\omega t - X) + b \cos(\omega t + X).$$

(3-44)

Blisko powiązane z tym jest równanie falowe 1-D (różniczkowe cząstkowe) dla drgań na strunie $y(t, X)$:

$$\frac{\partial^2 y}{\partial t^2} - \omega^2 \frac{\partial^2 y}{\partial X^2} = 0,$$

gdzie dwie niezależne klasy rozwiązań są teraz uchwycone w formie (D'Alembert [7]):

$$y(t, X) = \mathrm{f}(\omega t - X) + \mathrm{g}(\omega t + X).$$

Zarówno w przypadku oscylatora 1-D, jak i drgań struny 1-D, warunki brzegowe wpływają na ocenę dostępnych stopni swobody funkcjonalnej.

3.8.1 Systemy napędzane

Skoro rozumiemy „naturalne" drgania układu, co by było, gdybyśmy wielokrotnie wywierali na układ siłę (nadal pozostając w przybliżeniu małych drgań)? Pozostając w zakresie małych drgań, musimy mieć wystarczająco słaby potencjał, a w takim przypadku możemy go rozszerzyć do najniższego rzędu w wychyleniu układu z jego stanu równowagi. Zatem, oprócz siły przywracającej sprężystość z energii potencjalnej, $\frac{1}{2}kx^2$mamy teraz

$$U_{external}(x,t) \cong U_{ext}(0,t) + x[\partial U_{ext}/\partial x]_{x=0} \tag{3-45}$$

Pomijając człon bez zależności od x i zapisując force $F(t) = -[\partial U_{ext}/\partial x]_{x=0}$otrzymujemy Lagrange'a dla oscylatora napędzanego:

$$L = \frac{1}{2}m\dot{x}^2 - \frac{1}{2}kx^2 + xF(t). \tag{3-46}$$

Daje to początek równaniu różniczkowemu:

$$\ddot{x} + \omega^2 x = \frac{F(t)}{m}, \tag{3-47}$$

którego ogólne rozwiązanie można uzyskać w typowy sposób dla niejednorodnych równań różniczkowych, budując na podstawie rozwiązań jednorodnego równania różniczkowego. W tym przypadku załóżmy, że zapiszemy to jako rozwiązanie ogólne $x(t) = x_{hom}(t) + x_{inhom}(t)$, gdzie, $x_{hom}(t) = a\cos(\omega t + \alpha)$podobnie jak poprzednio, z $\{a, \alpha\}$określonymi warunkami brzegowymi. Aby obliczyć tę $x_{inhom}(t)$część, rozważmy siły zewnętrzne, które są czynnikami okresowymi (sumowanie po takich siłach może wówczas, dzięki zupełności transformaty Fouriera, modelować dowolną zmienną w czasie siłę zewnętrzną):

$$F(t) = f\cos(\gamma t + \beta). \tag{3-48}$$

Jeśli odgadniemy rozwiązanie $x_{inhom}(t) = b\cos(\gamma t + \beta)$, okaże się, że działa ono dla $b = f/m(\omega^2 - \gamma^2)$, zatem nasze ogólne rozwiązanie ma postać:

$$x(t) = a\cos(\omega t + \alpha) + \left[\frac{f}{m(\omega^2 - \gamma^2)}\right]\cos(\gamma t + \beta). \tag{3-49}$$

Zauważ, że to rozwiązanie składa się z części oscylującej z częstotliwością własną układu i części oscylującej z częstotliwością aktywującą siłę. Zauważ również, że coś szczególnego dzieje się, gdy częstotliwość aktywująca jest zgodna z częstotliwością własną układu. Jest to zjawisko rezonansu.

Aby zbadać, co dzieje się w rezonansie, potrzebujemy postaci, w której można przyjąć granicę $\gamma \to \omega$. W tym celu potrzebujemy, aby drugi człon miał postać zgodną z regułą de l'Hospitala. Wystarczy przerwać fragment pierwszego członu i przesunąć jego człon fazowy w razie potrzeby (wszystko to jest poprawne w przybliżeniu małych oscylacji pierwszego rzędu), aby zapisać:

$$x(t) = a'\cos(\omega t + \alpha) + \left[\frac{f}{m(\omega^2 - \gamma^2)}\right][\cos(\gamma t + \beta) - \cos(\omega t + \beta)], \tag{3-50}$$

i otrzymujemy:

$$\lim_{\gamma \to \omega} x(t) = a'\cos(\omega t + \alpha) + \left[\frac{ft}{2m\omega}\right][\sin(\omega t + \beta)]. \tag{3-51}$$

Jak widać, znana niestabilność w rezonansie pojawia się w drugim członie, który rośnie liniowo w czasie (wkrótce naruszając założenia dotyczące małych oscylacji). Systemy często ulegają awarii podczas pracy w rezonansie, ponieważ są w stanie efektywnie absorbować energię kierowcy, wystarczającą nie tylko do naruszenia założeń dotyczących małych oscylacji (i podatności na dalszą absorpcję energii przez kierowcę), ale także do złamania ograniczenia systemu. Uwaga: w ten sposób zaparkowany samochód może zostać przesunięty przez niewielką grupę osób, które okresowo na niego naciskają („podskakują" bez „unoszenia"), jeśli zawieszenie jest napędzane w rezonansie, a boczne szarpnięcia występują w punkcie maksymalnego odbicia zawieszenia.

Rozważmy teraz układy o więcej niż jednym stopniu swobody. Zazwyczaj człony niższego rzędu w wyrażeniu potencjału w przemieszczeniach będą zawierały człony krzyżowe. Mimo to, zazwyczaj można dążyć do rozprzęgnięcia współrzędnych w potencjał niskiego rzędu bez członów krzyżowych (znanych jako „współrzędne normalne"), a układ o N stopniach swobody rozprzęga się w N jednowymiarowych oscylacji, jak już wcześniej zbadano.

Zgodnie z zapisem [27] rozważmy U jako funkcję wielu współrzędnych. Interesują nas rozwinięcia tego potencjału z małymi przesunięciami od jego minimum (ponieważ zakładamy równowagę z małymi oscylacjami). Korzystając ze swobody przesuwania skali energii, wybieramy minimalny potencjał równy zero i dla potencjału do wyrazów kwadratowych (brak wyrazów liniowych, ponieważ w minimum):

$$U = \frac{1}{2}\sum_{i,k} K_{ik} x_i x_k,$$

gdzie x to przesunięcia współrzędnych od minimum potencjału. Podobnie, człon kinetyczny we współrzędnych uogólnionych nadal będzie kwadratowy w prędkościach, ale współczynnik będzie generalnie zależny od współrzędnych:

$$T = \frac{1}{2}\sum_{i,k} m(x_i, x_k)\dot{x}_i\dot{x}_k \cong \frac{1}{2}\sum_{i,k} m_{ik}\dot{x}_i\dot{x}_k,$$

gdzie to ostatnie przybliżenie, ze stałą macierzą bezwładności, m_{ik}uzyskuje się, biorąc wyraz najniższego rzędu w uogólnionej funkcji bezwładności $\sum_{i,k} m(x_i, x_k)$(zgodnie ze scenariuszami małego przemieszczenia lub małej oscylacji). Lagrange'a jest zatem:

$$L=\frac{1}{2}\sum_{i,k}(m_{ik}\dot{x}_i\dot{x}_k-K_{ik}x_ix_k),$$

i wynikające z tego równania Eulera-Lagrange'a:

$$\sum_k(m_{ik}\ddot{x}_k+K_{ik}x_k)=0.$$

Rozważmy jako możliwe rozwiązanie przemieszczenia w uogólnionych współrzędnych o różnych wartościach, ale tej samej częstotliwości: $x_k = A_k \exp i\omega t$. Podstawiając, musimy teraz rozwiązać:

$$\sum_k(-\omega^2m_{ik}+K_{ik})A_k=0\quad\rightarrow\quad det|-\omega^2m_{ik}+K_{ik}|=0,$$

W ten sposób ustalamy wyznacznik równy zeru, co skutkuje charakterystycznym równaniem stopnia „N" (liczba współrzędnych uogólnionych). Rozwiązaniami $\{\omega_\alpha\}$są charakterystyczne częstości układu. Sugeruje to, że ogólne rozwiązanie dla każdego uogólnionego przemieszczenia współrzędnych składa się z sumy wszystkich charakterystycznych częstości (zachowując spójność z notacją [27]):

$$x_k=\sum_\alpha\Delta_{k\alpha}\theta_\alpha\ ;\quad\theta_\alpha=\mathrm{Re}[C_\alpha\exp i\omega_\alpha t],\tag{3-52}$$

gdzie C_αsą dowolnymi stałymi zespolonymi, a $\Delta_{k\alpha}$'s są minorami wyznacznika powiązanego z każdą z częstotliwości charakterystycznych ω_α(zakładając, że wszystkie ω_αsą różne). Zatem zmienność czasowa każdej współrzędnej układu jest superpozycją N prostych oscylatorów okresowych (o dowolnych amplitudach i fazach, ale N określonych częstotliwościach). Dla uproszczenia załóżmy, że wszystkie ω_αsą różne i po prostu podstawimy $x_k = \sum_\alpha \Delta_{k\alpha}\theta_\alpha$, z czego otrzymamy N równań rozłączonych po podstawieniu do Lagrange'a (np. używając częstotliwości charakterystycznych, jednocześnie diagonalizujemy zarówno człon kinetyczny, jak i potencjalny, z wyjątkiem czynnika bezwładności $I_\alpha$dla każdego wkładu częstotliwości):

$$L=\frac{1}{2}\sum_\alpha I_\alpha(\dot{\theta}_\alpha{}^2-\omega_\alpha{}^2\theta_\alpha{}^2),\tag{3-53}$$

co wymaga przeskalowania współrzędnych, aby osiągnąć konwencję dla współrzędnych normalnych, zgodnie z którą ich człon kinetyczny ma współczynnik 1/2. Zatem $\theta_\alpha \rightarrow \theta_\alpha/\sqrt{I_\alpha}$, jeśli siła jest obecna, poprawiony Lagrange'a przyjmuje postać:

$$L = \frac{1}{2}\sum_\alpha (\dot{\theta}_\alpha{}^2 - \omega_\alpha{}^2\theta_\alpha{}^2) + \sum_\alpha \sum_k \frac{F_k(t)}{\sqrt{I_\alpha}} \Delta_{k\alpha}\theta_\alpha. \tag{3-54}$$

Zatem zastosowanie współrzędnych normalnych umożliwia sprowadzenie wymuszonych drgań w układzie posiadającym więcej niż jeden stopień swobody do serii problemów jednowymiarowych oscylatorów wymuszonych.

3.8.2 Przykłady małych oscylacji multimodalnych i modalnie blokowanych

Przykład 3.24. Wahadło zawieszone na krawędzi cylindrycznego dysku.

Proste wahadło jest zawieszone na krawędzi cylindrycznego dysku, jak pokazano na rysunku 3.9. Wahadło ma długość l i masę m. Dysk ma promień $r = l/2$, masę $M = 2m$ i może swobodnie obracać się wokół osi przechodzącej przez jego środek. Znajdź mody normalne i częstotliwości drgań w przybliżeniu małych drgań.

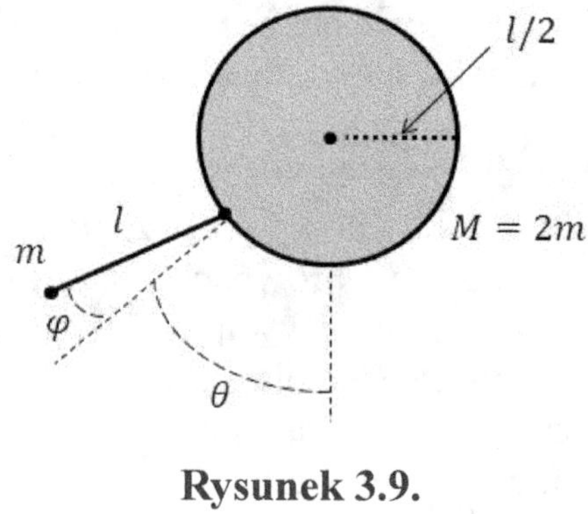

Rysunek 3.9.

Aby uzyskać Lagrange'a, najpierw potrzebujemy momentu bezwładności dla dysku litego:

$$I = \int_0^r \rho r^2(2\pi r)dr = 2\pi\rho\frac{r^4}{4}, \qquad where\ \rho(\pi r^2) = M,$$

zatem,

$$I = \frac{1}{2}Mr^2 = \frac{1}{2}(2m)(\frac{l}{2})^2 = \frac{1}{4}ml^2.$$

Dla współrzędnej kątowej obrotu tarczy mamy θ, z częstością kątową $\omega = \dot{\theta}$. Rozważmy teraz współrzędne ciężarka wahadła:

$$y = \frac{l}{2}cos\theta + lcos(\theta + \varphi) \quad and \quad x = \frac{l}{2}sin\theta + lsin(\theta + \varphi)$$

z pochodną czasową:

$$\dot{y} = -\left\{\frac{l}{2}sin\theta\dot{\theta} + lsin(\theta + \varphi)(\dot{\theta} + \dot{\varphi})\right\} \quad and \quad \dot{x}$$
$$= \left\{\frac{l}{2}co\dot{s}\theta\theta + lcos(\theta + \varphi)(\dot{\theta} + \dot{\varphi})\right\}.$$

Wyrazy kinetyczne są zatem następujące:

$$T = \frac{1}{2}I\omega^2 + \frac{1}{2}m(\dot{x}^2 + \dot{y}^2)$$
$$= \frac{1}{2}\left(\frac{1}{4}ml^2\right)\dot{\theta}^2$$
$$+ \frac{1}{2}m\left\{\left(\frac{l}{2}\dot{\theta}\right)^2 + [l(\dot{\theta} + \dot{\varphi})]^2 + l^2\dot{\theta}(\dot{\theta} + \dot{\varphi})cos\varphi\right\}$$

Potencjalny termin wynosi:

$$U = -mgy = -mgl\left(\frac{1}{2}cos\theta + cos(\theta + \varphi)\right).$$

Łącząc to wszystko, aby uzyskać Lagrange'a i przechodząc do przybliżenia małego kąta (oraz usuwając stałe):

$$L = \frac{1}{8}ml^2\dot{\theta}^2 + \frac{1}{2}m\left\{\left(\frac{l}{2}\dot{\theta}\right)^2 + [l(\dot{\theta} + \dot{\varphi})]^2\right\} + mgl(\frac{1}{2}\left(-\frac{1}{2}\theta^2\right)$$
$$-\frac{1}{2}(\theta - \varphi)^2$$

$$= \frac{5}{4}ml^2\dot{\theta}^2 + \frac{3}{2}ml^2\dot{\theta}\dot{\varphi} + \frac{1}{2}ml^2\dot{\varphi}^2 - \frac{3}{4}mgl\theta^2 - mgl\theta\varphi - \frac{1}{2}mgl\varphi^2$$

Korzystając z relacji EL, równania ruchu mają postać:

$$\frac{5}{2}ml^2\ddot{\theta} + \frac{3}{2}ml^2\ddot{\varphi} + \frac{3}{2}mgl\theta + mgl\varphi = 0$$
$$ml^2\ddot{\varphi} + \frac{3}{2}ml^2\ddot{\theta} + mgl\varphi + mgl\theta = 0$$

$$\begin{vmatrix} \left(3\left(\frac{g}{l}\right) - 5\omega^2\right) & \left(2\left(\frac{g}{l}\right) - 3\omega^2\right) \\ \left(2\left(\frac{g}{l}\right) - 3\omega^2\right) & \left(2\left(\frac{g}{l}\right) - 2\omega^2\right) \end{vmatrix} = 0$$

$$\omega^2 = \frac{4\left(\frac{g}{l}\right) \pm \sqrt{\left(4\left(\frac{g}{l}\right)\right)^2 - 4\left(2\left(\frac{g}{l}\right)^2\right)}}{2} = \left(\frac{g}{l}\right)\{2 \pm \sqrt{2}\}$$

i teraz możemy zapisać $\omega^2 = \left(\frac{g}{l}\right)(2 + \sqrt{2})$:

$$(v - \omega^2 m)\rho^{(1)} = \begin{pmatrix} \{3 - 5(2 + \sqrt{2})\}\left(\frac{g}{l}\right) & \{2 - 3(2 + \sqrt{2})\}\left(\frac{g}{l}\right) \\ \{2 - 3(2 + \sqrt{2})\}\left(\frac{g}{l}\right) & \{2 - 2(2 + \sqrt{2})\}\left(\frac{g}{l}\right) \end{pmatrix}\begin{pmatrix} \theta \\ \varphi \end{pmatrix} = 0$$

$$(-7 - 5\sqrt{2})\theta + (-4 - 3\sqrt{2})\theta = 0$$
$$(-4 - 3\sqrt{2})\theta + (-2 - 2\sqrt{2})\theta = 0$$

$$\theta = -\frac{(4+3\sqrt{2})\varphi}{(7+5\sqrt{2})} \simeq -\frac{4.1}{7}\varphi$$

Zatem:

$$\rho^{(1)} \simeq c\begin{pmatrix} 1 \\ -7/4 \end{pmatrix} \quad for \quad \omega^2 = \left(\frac{g}{l}\right)(2+\sqrt{2})$$

Podobnie dla$\omega^2 = \left(\frac{g}{l}\right)(2-\sqrt{2})$

$$(v-\omega^2 m)\rho^{(2)}$$
$$= \begin{pmatrix} \{3-5(2-\sqrt{2})\}\left(\frac{g}{l}\right) & \{2-3(2-\sqrt{2})\}\left(\frac{g}{l}\right) \\ \{2-3(2-\sqrt{2})\}\left(\frac{g}{l}\right) & \{2-2(2-\sqrt{2})\}\left(\frac{g}{l}\right) \end{pmatrix}\begin{pmatrix} \theta \\ \varphi \end{pmatrix} = 0$$

$$\theta = \frac{(-4-3\sqrt{2})\varphi}{(-7-5\sqrt{2})} \simeq 4\varphi$$

$$\rho^{(2)} \simeq c\begin{pmatrix} 1 \\ 1/4 \end{pmatrix} \ for \ \ \omega^2 = \left(\frac{g}{l}\right)(2-\sqrt{2})$$

Znormalizujmy teraz wektory:

$$M = m\begin{pmatrix} \frac{5}{2} & \frac{3}{2} \\ \frac{3}{2} & 1 \end{pmatrix}$$

$$mc^2\begin{pmatrix} 1 & \frac{-7}{4} \end{pmatrix}\begin{pmatrix} \frac{5}{2} & \frac{3}{2} \\ \frac{3}{2} & 1 \end{pmatrix}\begin{pmatrix} 1 \\ -\frac{7}{4} \end{pmatrix} = mc^2\begin{pmatrix} 1 & \frac{-7}{4} \end{pmatrix}\begin{pmatrix} -\frac{1}{8} \\ -\frac{1}{4} \end{pmatrix}$$
$$= mc^2\left(-\frac{1}{8}+\frac{7}{16}\right) = mc^2\left(\frac{5}{16}\right)$$
$$c \simeq \frac{4}{\sqrt{5m}}$$
$$\vec{\rho}^{(1)} = \frac{4}{\sqrt{5m}}\begin{pmatrix} 1 \\ -7/4 \end{pmatrix}$$

Podobnie otrzymujemy dla drugiego trybu:

$$c \simeq \frac{4}{\sqrt{53m}}$$

$$\vec{\rho}^{(2)} = \frac{4}{\sqrt{53m}}\begin{pmatrix} 1 \\ 1/4 \end{pmatrix}$$

W ten sposób tryby normalne łączą się, aby określić pozycję poprzez:

$$\vec{x} = \frac{4}{\sqrt{5m}}\begin{pmatrix} 1 \\ -7/4 \end{pmatrix}\left\{c_1 \cos\left(\sqrt{(2+\sqrt{2})\left(\frac{g}{l}\right)}t\right) + d_1 \sin(\sqrt{(2+\sqrt{2})\left(\frac{g}{l}\right)})t\right\}$$

$$+\frac{4}{\sqrt{53m}}\begin{pmatrix} 1 \\ 1/4 \end{pmatrix}\left\{c_2 \cos\left(\sqrt{(2-\sqrt{2})\left(\frac{g}{l}\right)}t\right) + d_2 \sin(\sqrt{(2-\sqrt{2})\left(\frac{g}{l}\right)})t\right\}$$

Ćwiczenie 3.24. Zamiast litego dysku użyj obręczy (o tej samej masie). Powtórz analizę.

Przykład 3.25. Dwa małe koraliki na okrągłym druciku.
W kolejnym przykładzie rozważmy dwie małe kulki o masie m i ładunku e, które poruszają się bez tarcia po okrągłym drucie o promieniu a. W chwili t=0 kulki znajdują się naprzeciwko siebie. Jeśli kulka 2 początkowo spoczywa, a kulka 1 ma początkową prędkość:

$$v \ll \sqrt{\left(\frac{e^2}{ma}\right)},$$

w przypadku małych oscylacji znajdź położenie koralika 1 w czasie t.

Najpierw zapiszmy Lagrange'a, w którym współrzędne są po prostu położeniem kątowym koralików:

$$L = \frac{1}{2}m\left(a^2\dot{\theta_1}^2 + a^2\dot{\theta_2}^2\right) - U(r).$$

Potencjał wynika z siły Coulomba, więc

$$F = \frac{-e^2}{r^2} \quad \Longrightarrow \quad U = \frac{e^2}{r}.$$

Teraz obliczmy odległość r między ładunkami. Zacznijmy od zdefiniowania odstępu kątowego między koralikami $\alpha = \theta_2 - \theta_1$i rozważmy takie ustawienie osi, aby koralik pierwszy znajdował się na dole drutu i w początku układu współrzędnych, a koralik drugi…

$$x = asin\alpha \quad and \quad y = a(1 - cos\alpha) \quad and \quad r = a\sqrt{2(1 - cos\alpha)} = 2asin\frac{\alpha}{2}.$$

Teraz możemy zapisać Lagrange'a jako:

$$L = \frac{1}{2}ma^2\left(\dot{\theta_1}^2 + \dot{\theta_2}^2\right) - \frac{e^2}{2asin\frac{\alpha}{2}}$$

$$= \frac{1}{2}ma^2\left(\dot{\alpha}^2 + 2\dot{\theta}_1\dot{\alpha} + 2\dot{\theta_1}^2\right) - \frac{e^2}{2asin\frac{\alpha}{2}}$$

Dla małych oscylacji chcemy $\alpha = \pi + \eta$, gdzie ηjest małe (zero przy minimalnym potencjale), a ponieważ mamy, $\sin\left(\frac{\pi}{2} + \frac{\eta}{2}\right) = \cos\left(\frac{\eta}{2}\right)$otrzymujemy:

$$L = \frac{1}{2}ma^2\left(\dot{\eta}^2 + 2\dot{\theta}_1\dot{\eta} + 2\dot{\theta_1}^2\right) - \frac{e^2}{2asin\frac{2}{\eta}}$$

Z zależności EL wynikają równania ruchu, $\frac{d}{dt}\left(\frac{\partial L}{\partial \dot{q}}\right) - \frac{\partial L}{\partial q} = 0$które dają:

$$\frac{1}{2}ma^2(2\ddot{\eta} + 4\ddot{\theta}_1) = 0 \Longrightarrow \ddot{\theta}_1 = -\frac{1}{2}\ddot{\eta}$$

$$\frac{1}{2}ma^2(2\ddot{\eta} + 2\ddot{\theta}_1) + \frac{e^2}{2a}\left(\frac{-\left(-\sin\left(\frac{\eta}{2}\right)\frac{1}{2}\right)}{cos^2\left(\frac{\eta}{2}\right)}\right) = 0$$

A przybliżając dla małych η:

$$\ddot{\eta} + \frac{e^2}{2ma^3}\left(\frac{\eta}{2}\right) = 0,$$

a częstotliwość małych oscylacji dla układu wynosi:

$$\omega^2 = \frac{e^2}{4ma^3}.$$

W chwili t=0 mamy $\alpha = \pi \Longrightarrow \eta = 0$. Zapisując rozwiązanie ogólne dla danej częstotliwości drgań:

$$\eta = B\sin(\omega t).$$

Teraz $t = 0$mamy $v_2 = v,\ v_1 = 0$, więc:

$$v_2 = a\dot{\theta}_2 = v, \qquad and \qquad \dot{\eta} = \dot{\alpha} = \dot{\theta}_2 - \dot{\theta}_1 = \dot{\theta}_2 = \frac{v}{a} \qquad at\ t = 0$$

$$\dot{\eta} = B\omega\cos(\omega t)\Big|_{t=0} = \left(\frac{v}{a}\right) \quad \rightarrow \quad B = \frac{v}{a\omega}$$

Tak więc, $\eta = \frac{v}{a\omega}\sin(\omega t)$i możemy zapisać

$$\ddot{\theta}_1 = -\frac{1}{2}\ddot{\eta} \quad \longrightarrow \quad \frac{d}{dt}\left(\dot{\theta}_1 + \frac{1}{2}\dot{\eta}\right) = 0 \quad \longrightarrow \quad \dot{\theta}_1 + \frac{1}{2}\dot{\eta} = \frac{v}{2a}$$

I

$$\dot{\theta}_1 = \frac{v}{2a} - \frac{1}{2}\dot{\eta} \quad \longrightarrow \quad \theta_1 = \frac{v}{2a}t - \frac{v}{2a\omega}\sin(\omega t) + \theta_0$$

gdzie $\theta_0$jest kątem początkowym dla θ_1. Zatem,

$$\theta_1 = \frac{v}{2a}\left\{t - \frac{\sin(\omega t)}{\omega}\right\} + \theta_0, \quad \omega = \sqrt{\frac{e^2}{4ma^3}}$$

Ćwiczenie 3.25. Ułóż dwa koraliki w spoczynku, w odległości 175 stopni od siebie, i puść. W przypadku małych oscylacji, znajdź położenie koralików w chwili t.

Przykład 3.26. Wahadło w obręczy.

Rozważmy teraz cienką cylindryczną obręcz o promieniu R i masie M, która toczy się bez poślizgu po chropowatej poziomej powierzchni (rys. 3.10). Wahadło fizyczne o masie m jest zamontowane na osi cylindra za pomocą układu szprych o pomijalnej masie zbiegających się w początku układu współrzędnych, tworzących mocowanie wahadła, które może swobodnie obracać się wokół osi cylindra.

Środek masy wahadła znajduje się w odległości h od osi cylindra, a jego promień bezwładności wynosi k. Dla małych drgań wokół położenia równowagi okres drgań obliczamy na podstawie wyżej wymienionych zmiennych.

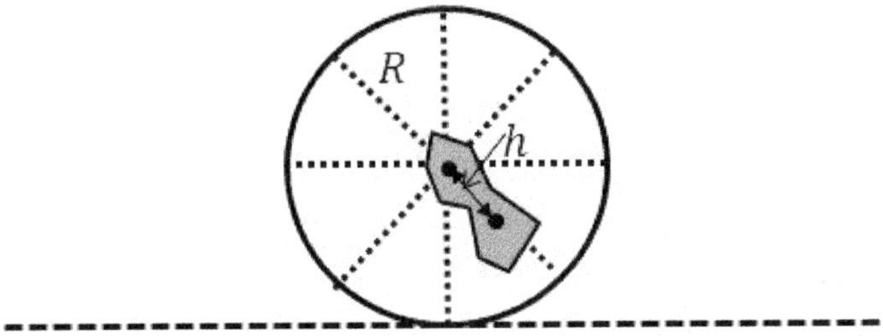

Rysunek 3.10.

Energia kinetyczna obręczy wynosi:

$$T_h = \frac{1}{2} I_h \omega_h{}^2 + \frac{1}{2} M v_h{}^2, \ where \ I_h = MR^2 \ and \ \omega_h = \dot{\theta}, \ v_h = R\dot{\theta}$$

Energia kinetyczna wahadła wynosi:

$$T_p = \frac{1}{2} I_{\rho(cm)} \omega_\rho{}^2 + \frac{1}{2} m v_\rho{}^2$$

Moment bezwładności wahadła podany jest na podstawie twierdzenia o osiach równoległych:

$$I = I_{cm} + mh^2 \quad \rightarrow \quad I_{p(cm)} = mk^2 - mh^2$$

Zapisanie położenia wahadła we współrzędnych kartezjańskich:

$$x = hsin\varphi \quad \text{and} \quad y = -hcos\varphi,$$

z pochodnymi czasowymi:

$$\dot{x} = hcos\varphi\dot{\varphi} \quad \text{and} \quad \dot{y} = hsin\varphi\dot{\varphi}.$$

Dla prędkości możemy zapisać:

$$\omega_p = \dot{\varphi} \quad \text{and} \quad v_T = \left|\vec{v}_h + \vec{v}_p\right| = \sqrt{(v_h + h\dot{\varphi}cos\varphi)^2 + (h\dot{\varphi}sin\varphi)^2}$$

Całkowita prędkość środka masy wahadła wynosi zatem

$$v_T{}^2 = v_h{}^2 + (h\dot{\varphi})^2 + 2v_h(h\dot{\varphi})cos\varphi$$

a energia potencjalna wahadła wynosi:

$$U = -mghcos\varphi.$$

Teraz możemy zapisać Lagrange'a:

$$L = \frac{1}{2}MR^2\dot{\theta}^2 + \frac{1}{2}M(R\dot{\theta})^2 + \frac{1}{2}(mk^2 - mh^2)\dot{\varphi}^2 + \frac{1}{2}m\{v_h{}^2 - (h\dot{\varphi})^2 + 2v_h(h\dot{\varphi})cos\varphi\} + mghcos\varphi$$

a teraz przechodzimy do formalizmu małych oscylacji (pomijając wyrazy trzeciego rzędu i wyższe):

$$L = MR^2\dot{\theta}^2 + \frac{1}{2}(mk^2 - mh^2)\dot{\varphi}^2 + \frac{1}{2}m\{(R\dot{\theta})^2 + (h\dot{\varphi})^2 + 2(R\dot{\theta})(h\dot{\varphi})\} - \frac{1}{2}mgh\varphi^2$$

$$= \left(MR^2 + \frac{1}{2}mR^2\right)\dot{\theta}^2 + \frac{1}{2}mk^2\dot{\varphi}^2 + mRh\dot{\theta}\dot{\varphi} - \frac{1}{2}mgh\varphi^2$$

Teraz możemy uzyskać równania ruchu, korzystając z równań EL:

$$\theta\ equation: \quad 2\left(MR^2 + \frac{1}{2}mR^2\right)\ddot{\theta} + mRh\ddot{\varphi} = 0$$

$$\Longrightarrow \quad \frac{d}{dt}\{(2M + m)R^2\dot{\theta} + mhR\dot{\varphi}\} = 0$$

W ten sposób otrzymujemy $\ddot{\theta} = -\frac{mRh\ddot{\varphi}}{(2M+m)R^2}$, które wykorzystujemy w drugim równaniu:

$$\varphi\ equation: \quad mk^2\ddot{\varphi} + mhR\ddot{\theta} + mgh\varphi = 0$$

przepisanie po podstawieniu:

$$\left\{mk^2 - \frac{m^2h^2}{(2M + m)}\right\}\ddot{\varphi} + mgh\varphi = 0$$

$$\omega^2 = \frac{mgh}{mk^2 - \frac{m^2h^2}{(2M + m)}} \quad \rightarrow \quad \omega = \sqrt{\frac{g}{h}\left\{\left(\frac{k}{h}\right)^2 - \frac{m}{(2M + m)}\right\}^{-1}}$$

A gdy $M \rightarrow \infty$obręcz staje się ignorowalna, a częstotliwość staje się $\omega = \sqrt{\frac{gh}{k^2}}$zgodna z oczekiwaniami, dla okresu otrzymujemy:

$$T = \frac{2\pi}{\omega} = 2\pi\sqrt{\frac{k^2}{gh}}\sqrt{1-\left(\frac{h}{k}\right)^2\frac{m}{(2M+m)}}.$$

Zwróć uwagę, że w rozwiązaniu nie występuje zależność R.

Ćwiczenie 3.26. Zastąp obręcz pełnym krążkiem. (Pomiń wpływ grubości.)

Przykład 3.27. Cząstka w potencjale $V(\vec{r}) = V_0 \log r$.

Cząstka o masie m porusza się z potencjałem $V(\vec{r}) = V_0 \log r$. Niech Ωbędzie częstotliwością orbity kołowej dla r=R, a niech ωbędzie częstotliwością małych oscylacji radialnych wokół tej orbity kołowej. Znajdź ω/Ω.

Zaczynając od Lagrange'a w układzie współrzędnych biegunowych:

$$L = \frac{1}{2}m(\dot{r}^2 + r^2\dot{\theta}^2) - V(\vec{r}) = \frac{1}{2}m(\dot{r}^2 + r^2\dot{\theta}^2) - V_0 \log r$$

Z równań EL dla θwspółrzędnych otrzymujemy:

$$\frac{d}{dt}(mr^2\dot{\theta}) = 0 \rightarrow \quad mr^2\dot{\theta} = l.$$

Dla współrzędnej r otrzymujemy:

$$m\ddot{r} - mr\dot{\theta}^2 + \frac{v_0}{r} = 0 \rightarrow \ddot{r} - \frac{l^2}{m^2r^3} + \frac{v_0}{m}\frac{1}{r} = 0$$

Dla orbit kołowych $r = R$otrzymujemy $R^2 = \frac{l^2}{mv_0}$, lub:

$$R = \frac{l}{\sqrt{mv_0}}.$$

Okres orbity kołowej oblicza się przez całkowanie $mr^2\dot{\theta} = l$w celu uzyskania $mr^2(\frac{2\pi}{T}) = l$jednego cyklu. Zatem okres wynosi $T = mr^2(\frac{2\pi}{l})$. Relacjonując okres z częstotliwością, mamy:

$$\Omega = \frac{l}{mR^2} = \frac{v_0}{l}$$

Rozważmy teraz małe drgania promieniowe:

$$r = R + \eta \longrightarrow \ddot{\eta} - \frac{l^2}{m^2(R+\eta)^3} + \frac{v_0}{m}\frac{1}{(R+\eta)} = 0$$

co upraszcza się do tego, że małe ηjest:

$$\ddot{\eta} + \eta\left(\frac{{v_0}^2}{l^2}\right)2 = 0 \;\Rightarrow\; \omega = \frac{v_0}{l}\sqrt{2}.$$

Zatem stosunek częstotliwości wynosi:

$$\frac{\omega}{\Omega} = \sqrt{2}.$$

Ćwiczenie 3.27. Spróbuj wykonać ćwiczenie jak w ćw. 3.27, ale z$V(\vec{r}) = -V_0/r$

Przykład 3.28. Obręcz bezmasowa z wahadłem.
Nieważka obręcz o promieniu 2l toczy się bez poślizgu po płaskiej podłodze (rysunek 3.11). Do pętli przymocowany jest pręt o długości 2l i masie m, który może swobodnie wahać się w płaszczyźnie obręczy. Znajdź częstotliwość drgań dla małych drgań wokół pokazanego położenia równowagi.

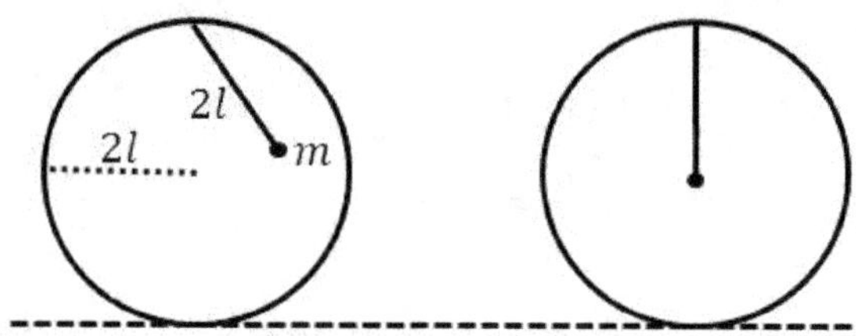

Rysunek 3.11.

Użyjmy kąta θ, aby określić przemieszczenie od położenia równowagi dla punktu podparcia, a następnie $\omega_1 = \dot{\theta}$warunek niepoślizgowy powiążmy go z prędkością poziomą obręczy: $v_h = 2l\omega_1\dot{\theta}$.

Moment bezwładności pręta wynosi:

$$I = \frac{1}{3}mR^2 = \frac{1}{3}(m)(2l)^2 = \frac{4}{3}ml^2$$

Wyraźmy teraz położenie punktu podparcia pręta w układzie współrzędnych kartezjańskich:

$$x_s = (2l)sin\theta \quad and \quad y_s = 2l + (2l)cos\theta,$$

dla których pochodne czasowe współrzędnych wynoszą:

$$\dot{x}_s = 2lcos\theta\dot{\theta} \quad and \quad \dot{y}_s = -2lsin\theta\dot{\theta}.$$

Określmy teraz położenie środka masy pręta względem punktu podparcia za pomocą kąta φ:

$$x = (l)sin\varphi \quad and \quad y = -(l)cos\varphi,$$

dla których pochodne czasowe współrzędnych wynoszą:

$$\dot{x} = lcos\theta\dot{\varphi} \quad and \quad \dot{y} = -lsin\varphi\dot{\varphi}.$$

Teraz możemy zapisać energię kinetyczną:

$$v = |\overrightarrow{v_s} + \overrightarrow{v_{cm}}| = \sqrt{((v_s)_x + \dot{x})^2 + \left((v_s)_y + \dot{y}\right)^2}$$

po zmianach:

$$v^2 = (v_h + (2l)\omega_1 cos\theta)^2 + 2(v_h + (2l)\omega_1 cos\theta)\dot{x} + \dot{x}^2 + (-(2l)\omega_1 sin\theta)^2 - 2\left((2l)\omega_1 sin\theta\right)\dot{y} + \dot{y}^2$$

$$v^2 = 2[(2l)\omega_1]^2 + 2[(2l)\omega_1]cos\theta + 2(2l)\omega_1(1 + cos\theta)\dot{x} - 2(2l)\omega_1 sin\theta\dot{y} + (l\dot{\varphi})^2$$

Zatem,

$$T = \frac{1}{2}I\omega^2 + \frac{1}{2}mV^2$$

$$T = \frac{1}{2}\left(\frac{4}{3}ml^2\right)\dot{\varphi}^2 + \frac{1}{2}m\left\{2\left(2l\dot{\theta}\right)^2(1 + cos\theta) + 2\left(2l\dot{\theta}\right)(1 + cos\theta)\dot{x} - 2\left(2l\dot{\theta}\right)sin\theta\dot{y} + (l\dot{\varphi})^2\right\}$$

Energię potencjalną oblicza się według wzoru:

$$U = -mgy_{cm} = -mg(y_s + y) = -mg\{2l + 2lcos\theta - lcos\varphi\}$$

Łącząc to wszystko, aby uzyskać Lagrange'a i zakładając małe kąty:

$$L = T - U = \frac{2}{3}ml^2\dot{\varphi}^2 + 2m(2l\dot{\theta})^2 + 2m(2l\dot{\theta})(l\dot{\varphi}) + (l\dot{\varphi})^2$$
$$- mgl\theta^2 + mgl\left(\frac{\varphi^2}{2}\right)$$

Teraz możemy obliczyć równania ruchu:

$$\theta: \quad 4m(2l)^2\ddot{\theta} + m(2l)^2\ddot{\varphi} + 2mgl\theta = 0$$
$$\varphi: \quad \frac{1}{3}m(2l)^2\ddot{\varphi} + m(2l)^2\ddot{\theta} - mgl\varphi = 0$$

Po uproszczeniu:

$$\theta: \quad 4\ddot{\theta} + \ddot{\varphi} + \frac{g}{2l}\theta = 0$$
$$\emptyset: \quad \frac{1}{3}\ddot{\varphi} + \ddot{\theta} - \frac{g}{4l}\varphi = 0$$

Rozwiązanie w celu uzyskania częstotliwości trybu normalnego:

$$\begin{vmatrix} \frac{g}{2l} & -\omega^2 \\ -\omega^2 & \frac{g}{4l} - \frac{1}{3}\omega^2 \end{vmatrix} = 0 \quad \rightarrow \quad \omega^2 = \left(\frac{g}{2l}\right)\left\{\frac{-5 \pm \sqrt{25+6}}{2}\right\}$$

a dla trybu oscylacyjnego bierzemy $\omega^2 > 0$pierwiastek:

$$\omega^2{}_{osc} = \left(\frac{g}{2l}\right)\left(\frac{\sqrt{31} - 5}{2}\right).$$

Ćwiczenie 3.28. Spróbuj wykonać zadanie jak w ćw. 3.28, ale z obręczą o masie M.

Przykład 3.29. Problem kulek i sprężyn.

Rozważmy trzy kule B, C i D, połączone linią BCD dwiema sprężynami. Załóżmy, że cały ruch odbywa się wzdłuż osi x. Rozważmy kulę A nadlatującą z lewej strony na kursie kolizyjnym z kulą B. Przyjmijmy, że masy wszystkich czterech kul wynoszą m. Przyjmijmy, że stałe sprężystości dwóch kul wynoszą k. Początkowe zgrupowanie trzech kul jest w spoczynku, podczas gdy zbliżająca się kula A ma prędkość v. Niech zderzenie nastąpi w czasie = 0 i załóżmy, że czas zderzenia jest krótki w porównaniu z czasem $\sqrt{(m/k)}$. Znajdź położenie kuli D jako funkcję czasu.

Lagrange'a dla układu BCD jest po prostu:

$$L = \frac{1}{2}m\left(\dot{x_B}^2 + \dot{x}_C^2 + \dot{x}_D^2\right) - \frac{1}{2}k([x_C - x_B]^2 + [x_D - x_C]^2)$$

$$\tilde{v} = k\begin{vmatrix} 1 & -1 & 0 \\ -1 & 2 & -1 \\ 0 & -1 & 1 \end{vmatrix} \; and \; \tilde{m} = m\begin{vmatrix} 1 & 0 & 0 \\ 0 & 1 & 0 \\ 0 & 0 & 1 \end{vmatrix} \; and \; |\tilde{v} - \omega^2\tilde{m}| = 0$$

Następnie podaj wyznacznik:

$$\begin{vmatrix} k - \omega^2 m & -k & 0 \\ -k & 2k - \omega^2 m & -k \\ 0 & -k & k - \omega^2 m \end{vmatrix} = 0$$

zatem

$$m\omega^2(k - \omega^2 m)(3k - \omega^2 m) = 0$$

A częstotliwości są następujące: $\omega = 0$; $\omega = \sqrt{k/m}$; i $\omega = \sqrt{3k/m}$, gdzie $\omega = 0$odpowiada translacji. Dla trybu$\omega_1 = 0$:

$$(\tilde{v} - \omega^2\tilde{m})\rho^{(1)} = \begin{pmatrix} 1 & -1 & 0 \\ -1 & 2 & -1 \\ 0 & -1 & 1 \end{pmatrix}\begin{pmatrix} x_B \\ x_C \\ x_D \end{pmatrix} = 0 \quad \rightarrow \quad \rho^{(1)} = c\begin{pmatrix} 1 \\ 1 \\ 1 \end{pmatrix}$$

Teraz czas na normalizację:

$$\rho^{(1)}m\rho^{(1)} = mc^2(1 \quad 1 \quad 1)\begin{pmatrix} 1 & & \\ & 1 & \\ & & 1 \end{pmatrix}\begin{pmatrix} 1 \\ 1 \\ 1 \end{pmatrix} = c^2(3)m = 1$$

Zatem

$$\rho^{(1)} = \frac{1}{\sqrt{3m}}\begin{pmatrix} 1 \\ 1 \\ 1 \end{pmatrix}$$

Dla trybu$\omega_2 = \sqrt{\frac{k}{m}}$:

$$\begin{pmatrix} 0 & -k & 0 \\ -k & k & -k \\ 0 & -k & 0 \end{pmatrix}\begin{pmatrix} x_B \\ x_C \\ x_D \end{pmatrix} = 0 \quad \rightarrow \quad \rho^{(2)} = c\begin{pmatrix} 1 \\ 0 \\ -1 \end{pmatrix} \quad \rightarrow \quad \rho^{(2)} = \frac{1}{\sqrt{2m}}\begin{pmatrix} 1 \\ 0 \\ -1 \end{pmatrix}$$

I dla trybu$\omega_3 = \sqrt{\frac{3k}{m}}$:

$$\begin{pmatrix} -2k & -k & 0 \\ -k & k & -k \\ 0 & -k & -2k \end{pmatrix}\begin{pmatrix} x_B \\ x_C \\ x_D \end{pmatrix} = 0 \quad \rightarrow \quad \rho^{(3)} = c\begin{pmatrix} 1 \\ -2 \\ 1 \end{pmatrix} \quad \rightarrow \quad \rho^{(2)} = \frac{1}{\sqrt{6m}}\begin{pmatrix} 1 \\ -2 \\ 1 \end{pmatrix}$$

Ogólna postać rozwiązania z tymi trzema trybami jest następująca:

$$\vec{x}(t) = \vec{\rho}^{(1)}(c_1 + d_1 t) + \vec{\rho}^{(2)}(c_2 \cos \omega_2 t + d_2 \sin \omega_2 t) + \vec{\rho}^{(3)}(c_3 \cos \omega_3 t + d_3 \sin \omega_3 t)$$

$$\vec{x}(0) = \begin{pmatrix} 0 \\ 0 \\ 0 \end{pmatrix} \quad \Longrightarrow \quad c_1 = 0, c_2 = 0, c_3 = 0$$

Dla prędkości, od których zaczynamy

$$\dot{\vec{x}}(0) = \begin{pmatrix} v \\ 0 \\ 0 \end{pmatrix} = \vec{v}$$

Następnie,

$$\dot{\vec{x}}(0)\widetilde{m}\rho^{(1)} = d_1 = (v\ 0\ 0)\frac{m}{\sqrt{3m}}\begin{pmatrix} 1 \\ 1 \\ 1 \end{pmatrix} = \frac{mv}{\sqrt{3m}} \quad \rightarrow \quad d_1 = \frac{mv}{\sqrt{3m}}$$

$$\dot{\vec{x}}(0)\widetilde{m}\rho^{(2)} = \omega_2 d_2 = (v\ 0\ 0)\frac{m}{\sqrt{2m}}\begin{pmatrix} 1 \\ 0 \\ -1 \end{pmatrix} = \frac{mv}{\sqrt{2m}} \rightarrow \quad d_2 = \frac{mv}{\sqrt{2k}}$$

$$\dot{\vec{x}}(0)\widetilde{m}\rho^{(3)} = \omega_3 d_3 = (v\ 0\ 0)\frac{m}{\sqrt{6m}}\begin{pmatrix} 1 \\ -2 \\ 1 \end{pmatrix} = \frac{mv}{\sqrt{6m}} \rightarrow \quad d_3 = \frac{mv}{3\sqrt{2k}}$$

Zatem,

$$\vec{x}(t) = \frac{v}{3}\begin{pmatrix} 1 \\ 1 \\ 1 \end{pmatrix} t + \frac{v}{2\omega_2}\begin{pmatrix} 1 \\ 0 \\ -1 \end{pmatrix} sin\omega_2 t + \frac{v}{6\omega_2}\begin{pmatrix} 1 \\ -2 \\ 1 \end{pmatrix} sin\omega_3 t$$

Szczególnie w przypadku piłki D:

$$x_D(t) = \frac{v}{3}t - \frac{v}{2\omega_2}sin\omega_2 t + \frac{v}{6\omega_2}sin\omega_3 t.$$

Ćwiczenie 3.29. Spróbuj wykonać zadanie jak w zad. 3.29, ale z masą piłki C równą 2m, a nie m.

Przykład 3.30. Pręty ze sprężynami skrętnymi.
Dwa jednorodne, cienkie pręty, każdy o masie m i długości l, są połączone sprężyną skrętną, a jeden z nich ma drugi koniec przymocowany sprężyną skrętną do punktu stałego. Sprężyny skrętne mają moment obrotowy = k θ. Swobodny koniec zewnętrznego pręta jest popychany siłą F. (a) Jakie są równania Eulera-Lagrange'a; (b) Jakie są częstotliwości drgań w przybliżeniu małych drgań?

Rozwiązanie
(a) Energia potencjalna sprężyn skrętnych wynosi:

$$U = \frac{1}{2}k\left[{\theta_1}^2 + (\theta_2 - \theta_1)^2\right]$$

Należy pamiętać, że moment bezwładności obu prętów należy traktować inaczej, ponieważ jeden pręt ma nieruchomy koniec, a zatem będzie wykonywał obroty wokół tego nieruchomego punktu, dla którego odpowiedni moment bezwładności wynosi

$$I_1 = \frac{1}{3}ml^2,$$

podczas gdy drugi pręt nie jest zamocowany, rozważymy jego ruch w układzie współrzędnych środka masy, gdzie odpowiedni moment bezwładności znajduje się względem środka:

$$I_2 = \frac{1}{12}ml^2.$$

Teraz możemy zapisać Lagrange'a:

$$L = \frac{1}{2}I_1{\omega_1}^2 + \frac{1}{2}I_2{\omega_2}^2 + \frac{1}{2}M_2{v_2}^2 - U.$$

Teraz, aby uzyskać prędkość środka masy pręta z wolnymi końcami:

$$x = l\left(sin\theta_1 + \frac{1}{2}sin\theta_2\right) \quad and \quad y = l\left(cos\theta_1 + \frac{1}{2}cos\theta_2\right),$$

a prędkości wynoszą:

$$\dot{x} = l\left(cos\theta_1\dot{\theta}_1 + \frac{1}{2}cos\theta_2\dot{\theta}_2\right) \quad and \quad \dot{y} = -l\left(sin\theta_1\dot{\theta}_1 + \frac{1}{2}sin\theta_2\dot{\theta}_2\right)$$

Tak więc prędkości wynoszą:

$$v_2{}^2 = (l\dot{\theta}_1)^2 + \left(\frac{l}{2}\dot{\theta}_2\right)^2 + l^2\dot{\theta}_1\dot{\theta}_2\{cos\theta_1 cos\theta_2 + sin\theta_1 sin\theta_2\}$$

i według wyboru kątów:

$$\omega_1 = \dot{\theta}_1 \quad and \quad \omega_2 = -\dot{\theta}_2$$

Lagrange'a jest zatem:

$$L = \frac{1}{2}\left(\frac{1}{3}ml^2\right)\dot{\theta}_1{}^2 + \frac{1}{2}\left(\frac{1}{12}ml^2\right)\dot{\theta}_2{}^2 + \frac{1}{2}m\left\{(l\dot{\theta}_1)^2 + (\frac{l}{2}\dot{\theta}_2)^2 + l^2\dot{\theta}_1\dot{\theta}_2\cos(\theta_2 - \theta_1))\right\} - U$$

Dla których równania ruchu mają postać:

$$\theta_1: \left(ml^2 + \frac{ml^2}{3}\right)\ddot{\theta}_1 + \frac{d}{dt}\left\{\frac{1}{2}ml^2\dot{\theta}_2 cos(\theta_2 - \theta_1)\right\} - \frac{1}{2}ml^2\dot{\theta}_1\dot{\theta}_2\sin(\theta_2 - \theta_1)) + \{k\theta_1 + k(\theta_2 - \theta_1)(-1)\} = F_1$$

$$\frac{4ml^2}{3}\ddot{\theta}_1 + \frac{ml^2}{2}\left\{\ddot{\theta}_2 cos(\theta_2 - \theta_1) - (\dot{\theta}_2)^2 sin(\theta_2 - \theta_1)\right\} + k\{2\theta_1 - \theta_2\} = F_1$$

I

$$\theta_2: \frac{ml^2}{3}\ddot{\theta}_2 + \frac{ml^2}{2}\left\{\ddot{\theta}_1 cos(\theta_2 - \theta_1) + (\dot{\theta}_1)^2 sin(\theta_2 - \theta_1)\right\} + k(\theta_2 - \theta_1) = F_2$$

Gdzie

$$F_{\theta_2} = F_y\frac{\partial y}{\partial \theta_1} = (-F)(-lsin\theta_2) = Flsin\theta_2 \quad and \quad F_{\theta_1} = (-F)\frac{\partial y}{\partial \theta_1} = Flsin\theta_1$$

Zatem,

$$\theta_1: \frac{4}{3}ml^2\ddot{\theta}_1 + \frac{ml^2}{2}\left\{\ddot{\theta}_2 cos(\theta_2 - \theta_1) - \dot{\theta}_2{}^2 sin(\theta_2 - \theta_1)\right\} + k\{2\theta_1 - \theta_2\} = Flsin\theta_1$$

I

$$\theta_2 : \frac{1}{3} m l^2 \ddot{\theta_2} + \frac{m l^2}{2} \left\{ \ddot{\theta}_1 cos(\theta_2 - \theta_1) - \dot{\theta_1}^2 sin(\theta_2 - \theta_1) \right\} + k\{\theta_2 - \theta_1\} = Flsin\theta_2$$

(b) Przechodząc teraz do małych oscylacji:

$$\frac{4}{3} m l^2 \ddot{\theta_1} + \frac{m l^2}{2} \{\ddot{\theta_2}\} + k\{2\theta_2 - \theta_1\} - Fl\theta_1 = 0$$

I

$$\frac{1}{3} m l^2 \ddot{\theta_2} + \frac{m l^2}{2} \{\ddot{\theta_1}\} + k\{\theta_2 - \theta_1\} - Fl\theta_2 = 0$$

Teraz, aby uzyskać częstotliwości trybu normalnego na podstawie oceny wyznacznika:

$$\begin{vmatrix} -[2k + Fl] - \frac{4}{3} m l^2 \omega^2 & -k - \frac{1}{2} m l^2 \omega^2 \\ -k - \frac{1}{2} m l^2 \omega^2 & -[-k + Fl] - \frac{1}{3} m l^2 \omega^2 \end{vmatrix} = 0$$

$$\left([-2k + Fl] + \frac{4}{3} m l^2 \omega^2 \right) \left([-k + Fl] + \frac{1}{3} m l^2 \omega^2 \right) - \left(-k - \frac{1}{2} m l^2 \omega^2 \right) = 0$$

Gdy $Fl \gg k$:

$$\left(Fl + \frac{4}{3} m l^2 \omega^2 \right) \left(Fl + \frac{1}{3} m l^2 \omega^2 \right) \cong 0 \rightarrow \omega_1{}^2 = -\frac{3F}{4ml} \quad and \quad \omega_2{}^2 = -\frac{3F}{ml}$$

Gdy $Fl \ll k$:

$$\left(-2k + \frac{4}{3} m l^2 \omega^2 \right) \left(-k + \frac{1}{3} m l^2 \omega^2 \right) - (k + \frac{1}{2} m l^2 \omega^2)^2 = 0$$

gdzie częstotliwości są następujące:

$$\omega^2 = \frac{3kml^2 \pm \sqrt{9 - \frac{28}{36}(kml^2)}}{2 * \frac{7}{36}(ml^2)^2} \quad (both\ positive).$$

Ćwiczenie 3.30. Spróbuj wykonać ćwiczenie jak w ćw. 3.30, ale z ustalonym końcem, teraz wolnym.

3.8.3 Tłumienie

Teraz, gdy omówiliśmy drgania swobodne i wymuszone, kolejnym kluczowym efektem fenomenologicznym jest tłumienie (tarcie), co ostatecznie daje nam pierwszy rząd pochodnej czasowej w równaniach ruchu, np. mamy teraz przeciwną siłę tarcia liniową względem prędkości ($F = -\alpha\dot{x}$):

$$m\ddot{x} + kx = -\alpha\dot{x} \quad \rightarrow \quad \ddot{x} + 2\lambda\dot{x} + \omega^2 x = 0, where\ \omega^2 = \frac{k}{m}\ and\ 2\lambda = \frac{\alpha}{m}.$$

Aby rozwiązać, wypróbuj postać $x = \exp(rt)$, która ma pierwiastki równania charakterystycznego: $r_{1,2} = -\lambda \pm \sqrt{\lambda^2 - \omega^2}$. Zatem $x(t) = c_1 \exp(r_1 t) + c_2 \exp(r_2 t)$ w rozwiązaniu ogólnym i mamy następujące przypadki:

Przypadek $<\omega$: oscylacje tłumione wykładniczo

$$x(t) = a\exp(-\lambda t)\cos(\omega' t + \alpha), \qquad \omega' = \sqrt{\omega^2 - \lambda^2}.$$

Należy zauważyć, że częstotliwość spada, ponieważ tarcie opóźnia ruch.

Przypadek $=\omega$: tłumiony wykładniczo, bez oscylacji

$$x(t) = (c_1 + c_2 t)\exp(-\lambda t).$$

Przypadek $>\omega$: tłumienie aperiodyczne

$$x(t) = c_1 \exp(r_1 t) + c_2 \exp(r_2 t), with\ r_{1,2}\ roots\ real\ and\ negative.$$

3.8.4 Pierwsze spotkanie z funkcją rozpraszającą

Rozważmy tarcie w przypadku wielowymiarowym z N>1 stopniami swobody $F_i = -\sum_k \alpha_{ik}\dot{x}_k$. Aby uniknąć niestabilności obrotowej lub innych patologii mechaniki statystycznej, wymagana α_{ik}jest symetria, co pozwala na wprowadzenie funkcji dyssypacji $\mathcal{F}$:

$$\mathcal{F} = \frac{1}{2}\sum_{i,k} \alpha_{ik}\dot{x}_i\dot{x}_k, \qquad F_i = -\frac{\partial\mathcal{F}}{\partial x_i} \tag{3-55}$$

Rozważmy szybkość rozpraszania energii w układzie:

$$\frac{dE}{dt} = \frac{d}{dt}\left(\sum_i \dot{x}_i \frac{\partial L}{\partial \dot{x}_i} - L\right) = -\sum_i \dot{x}_i \frac{\partial \mathcal{F}}{\partial \dot{x}_i} = -2\mathcal{F}.$$

(3-56)

Zatem, $\mathcal{F}$jak sama nazwa wskazuje, szybkość rozpraszania energii jest proporcjonalna do jej tempa.

2.8.5 Drgania wymuszone pod wpływem tarcia

W tej sekcji łączymy siłę tarcia i siłę napędową. Ogólna postać równania różniczkowego opisującego wymuszone drgania z tłumieniem (postać zespolona) to:

$$\ddot{x} + 2\lambda\dot{x} + \omega^2 x = \left(\frac{F}{m}\right) \exp i\gamma t.$$

(3-57)

Spróbuj $x(t) = B\exp(i\gamma t)$znaleźć konkretne rozwiązanie, a równanie charakterystyczne da nam:

$$B = \frac{F}{m(\omega^2 - \gamma^2 + 2i\lambda\gamma)} = b\exp(i\delta),$$

(3-58)

Gdzie

$$b = \frac{F}{m\sqrt{(\omega^2 - \gamma^2)^2 + (2\lambda\gamma)^2}}, \qquad \tan\delta = \frac{(2\lambda\gamma)}{(\omega^2 - \gamma^2)}.$$

(3-59)

Dodając rozwiązanie szczególne do rozwiązania ogólnego równania jednorodnego (i przyjmując je $\omega > \lambda$za określone w dalszej części) i biorąc część rzeczywistą za rozwiązanie, otrzymujemy:

$$x(t) = a\exp(-\lambda t)\cos(\omega t + \alpha) + b\cos(\gamma t + \delta),$$

(3-60)

i po upływie odpowiedniego czasu jest po prostu $x(t) \cong b\cos(\gamma t + \delta)$.

W pobliżu rezonansu, $\gamma = \omega + \epsilon$załóżmy również, że $\lambda \ll \omega$, wtedy

$$b = \frac{F}{2m\omega\sqrt{\epsilon^2 + \lambda^2}}, \qquad \tan\delta = \frac{\lambda}{\epsilon}.$$

(3-61)

Różnica faz δmiędzy drganiami a siłą zewnętrzną jest zawsze ujemna. W przypadku braku rezonansu $\gamma < \omega$: $\delta \to 0$;i $\gamma > \omega$: $\delta \to -\pi$.podczas przechodzenia przez rezonans $\gamma = \omega$: $\delta \to -\frac{1}{2}\pi$, faza wymuszonego drgania zmienia się nieciągle o π≤ $\gamma = \omega$...

Po osiągnięciu ruchu ustalonego, $x(t) \cong b\cos(\gamma t + \delta)$energia pochłonięta przez siłę zewnętrzną odpowiada energii rozproszonej w wyniku tarcia. Wcześniej szybkość rozproszenia energii w wyniku tarcia wynosiła $-2\mathcal{F}$, gdzie $\mathcal{F} = \frac{1}{2}\alpha\dot{x}^2 = \lambda mb^2\gamma^2\sin^2(\gamma t + \delta)$, ze średnią czasową: $2\bar{\mathcal{F}} = \lambda mb^2\gamma^2$. Zatem energia pochłonięta w jednostce czasu wynosi $\lambda mb^2\gamma^2$. Jeśli chcemy obliczyć całkę energii pochłoniętej dla wszystkich częstotliwości napędowych, absorpcja będzie zdominowana przez częstotliwości bliskie rezonansowi, dla których całka przybliża się do $\pi F^2/4m$.

Należy zauważyć, że w tej analizie rozważamy sprężynę lub wahadło z jedynie liniową siłą przywracającą. Jednak w przypadku wahadła w przybliżeniu małego kąta, taki przypadek występuje, gdzie siła grawitacyjna wynosi $-mgsin(\theta) \cong -mg\theta$. Powracając później do tłumionego oscylatora napędzanego bez tego przybliżenia, zobaczymy, że ruch chaotyczny staje się wszechobecny wśród możliwych ruchów wywołanych.

Zanim przejdziemy do tematu rozpraszania i aby rzucić okiem na reprezentację diagramu fazowego wykorzystywaną w podejściu hamiltonowskim, które omówimy dalej, przyjrzyjmy się następującemu układowi:

$$m\ddot{x} + \gamma\dot{x} + \frac{dU}{dx} = 0,$$

(3-62)

gdy potencjał jest podwójną studnią. Na rysunku 3.12 przedstawiono szkic potencjału, diagramu fazowego układu, gdy $\gamma = 0$(bez dyssypacji) oraz diagramu fazowego układu, gdy $\gamma \neq 0$. W przypadku układu z dyssypacją widzimy, że istnieje zanikająca spirala, która wybiera studnię do lokalizacji, gdy energia rozprasza się do poziomu separatrycy.

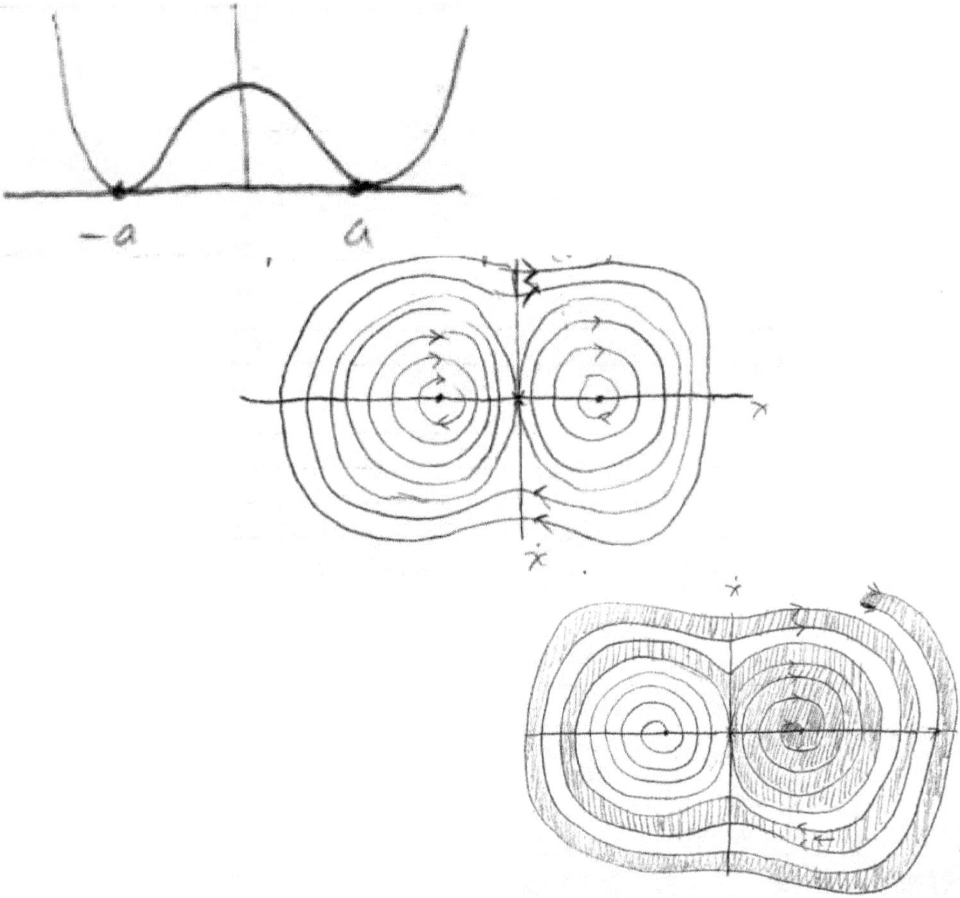

Rysunek 3.12. Po lewej: szkic potencjału podwójnej studni; Pośrodku: szkic diagramu fazowego bez rozproszenia; Diagram fazowy z rozproszeniem (i ostatecznym ustabilizowaniem się w prawej studni).

2.8.6 Rezonans parametryczny

Zamiast siły zewnętrznej rozważmy teraz modulacje samych parametrów układu (układ nie jest zamknięty). Dla siły zewnętrznej napędzającej układ w rezonansie zaobserwowaliśmy liniowy wzrost przemieszczenia układu od stanu równowagi w czasie. W przypadku rezonansu parametrycznego zobaczymy, że ten wzrost w rezonansie jest *wykładniczy* , gdzie wzrost jest multiplikatywny, ale oznacza to również, że to zjawisko wzrostu rezonansowego nie występuje, jeśli przemieszczenie (lub układ) jest w stanie równowagi na początku (ponieważ wzrost jest mnożony przez zero). Przykładem do zapamiętania jest znane huśtanie. Po wprawieniu w ruch (z początkiem niezerowym), ruch huśtania jest podtrzymywany przez odpowiedni (dopasowanie rezonansowe) czas ruchu huśtania z cyklem huśtania, rezonans parametryczny. Aby uchwycić to zjawisko, rozważmy jednowymiarowy układ sprężynowy o masie i stałej sprężystości k:

$$\frac{d}{dt}(m\dot{x}) + kx = 0. \tag{3-63}$$

Zmieńmy skalę czasu, aby umożliwić oddzielenie domniemanego zależnego od czasu m(t):

$$d\tau = \frac{dt}{m(t)} \rightarrow \frac{d^2x}{d\tau^2} + mkx = 0.$$

W ten sposób, bez utraty ogólności (wlog), możemy rozważyć problem w postaci

$$\frac{d^2x}{dt^2} + \omega^2(t)x = 0, \tag{3-64}$$

do którego moglibyśmy dojść od początku, przyjmując m=stałą, ale dochodząc do formy z zależną od czasu częstotliwością systemu $\omega(t)$.

Rozważmy przypadek, w którym $\omega(t)$α jest okresowy z częstotliwością γi okresem $T = 2\pi/\gamma$. Jeśli $\omega(t) = \omega(t + T)$, to rozwiązanie ogólne jest niezmienne względem $t \rightarrow t + T$. Oznacza to z kolei, że dwa niezależne rozwiązania dla przemieszczeń α $x_1(t)$i α $x_2(t)$muszą być również niezmienne względem $t \rightarrow t + T$, jak widać przez podstawienie w powyższym równaniu różniczkowym drugiego rzędu, poza stałym czynnikiem niezależnym od czasu, zatem rozwiązania ogólne muszą spełniać:

$$x_1(t+T) = c_1 x_1(t) \; and \; x_2(t+T) = c_2 x_2(t).$$

Najbardziej ogólne rozwiązanie jest takie:

$$x_1(t) = (c_1)^{t/T} P_1(t;T) \; and \; x_2(t) = (c_2)^{t/T} P_2(t;T), \tag{3-65}$$

gdzie $P_1(t;T)$i $P_2(t;T)$są funkcjami czysto okresowymi o okresie T. Okazuje się jednak, że stałe c_1i c_2(wykładane) w rozwiązaniach mają zależność, która wymusza, aby jedna z nich zawsze była odwrotnością drugiej, a zatem zawsze będzie istniał wyraz wzrostu wykładniczego. Rozważmy:

$$x_2(\ddot{x}_1 + \omega^2(t)x_1) = 0 \; and \; x_1(\ddot{x}_2 + \omega^2(t)x_2) = 0$$

$$\rightarrow \frac{d}{dt}(\dot{x}_1 x_2 - x_1 \dot{x}_2) = 0$$

Jeśli $\dot{x}_1 x_2 - x_1 \dot{x}_2 = constant$, to po dodaniu $t \rightarrow t + T$dodatkowego czynnika ogólnego $c_1 c_2$wynik musi być równy jeden, tj. jeden $c$jest odwrotnością drugiego. Nazywa się to rezonansem parametrycznym, ale należy zauważyć, że występuje on dla dowolnej parametrycznej częstotliwości napędowej – praktycznie rzecz biorąc, dostępny obszar dla tego typu rezonansu jest bardziej ograniczony, jak wynika z poniższego wyprowadzenia. (Uwaga: warunki brzegowe mogą być takie, że funkcje czysto okresowe są po prostu równe zeru, co stanowi szczególny przypadek, w którym wzrost wykładniczy nie występuje, ponieważ jest on równy zero od samego początku).

Skoro rezonans parametryczny jest zjawiskiem ogólnym występującym podczas modulacji parametru układu, czy istnieje optymalna częstotliwość do tego celu? Odpowiedź brzmi: tak, i jest to po prostu dwukrotność naturalnej częstotliwości rezonansowej układu. W rzeczywistych zastosowaniach z oporem, ta zoptymalizowana częstotliwość napędowa często może nadal działać w rezonansie parametrycznym (wzrost wykładniczy). Aby pokazać rezonans specjalistyczny w przypadku bez oporu, zacznijmy od podzielenia parametru częstotliwości na niezależny od czasu człon rezonansowy ${\omega_0}^2$i zależny od czasu człon mnożnika offsetu:

$$\omega^2(t) = {\omega_0}^2(1 + h\cos(\gamma t)),$$

(3-66)

gdzie $h \ll 1$, i wybieramy $\gamma = 2\omega_0 + \epsilon$, gdzie $\epsilon \ll \omega_0$. Spróbujmy rozwiązania w postaci bez modulacji parametrycznej, a następnie uwzględnijmy tę modulację poprzez przesunięcie częstotliwości własnej, która odpowiada częstotliwości sterownika parametrycznego:

$$x(t) = x_1(t) + x_2(t)$$
$$= a(t)\cos\left(\left[\omega_0 + \frac{1}{2}\epsilon\right]t\right) + b(t)\sin(\left[\omega_0 + \frac{1}{2}\epsilon\right]t)$$

Podstawiając powyższe rozwiązanie i rozszerzając do pierwszego rzędu w h i pierwszego rzędu w ϵ, gdzie a(t) i b(t) zmieniają się powoli w porównaniu z ω_0, i zakładając $\dot{a}\sim\epsilon a$i $\dot{b}\sim\epsilon b$(co później zostanie zweryfikowane w wyniku), najpierw rozważ wyrażenia trygonometryczne krzyżowe:

$$\cos\left(\left[\omega_0 + \frac{1}{2}\epsilon\right]t\right)\cos([2\omega_0 + \epsilon]t)$$
$$= \frac{1}{2}\cos\left(3\left[\omega_0 + \frac{1}{2}\epsilon\right]t\right) + \frac{1}{2}\cos\left(\left[\omega_0 + \frac{1}{2}\epsilon\right]t\right).$$

Należy zwrócić uwagę na wyższą częstotliwość wielokrotną w pierwszym członie, co skutkuje wyższą częstotliwością wielokrotną. Wyższe częstotliwości wielokrotne będą przyczyniać się do wyższego rzędu małości w stosunku do h, zatem podobnie jak h wyższego rzędu, może zostać pominięte w analizie pierwszego rzędu. Wynikowe równanie wygląda następująco:

$$-(2\dot{a} + \mathrm{b}\epsilon + \frac{1}{2}\mathrm{h}\omega_0\mathrm{b})\omega_0\sin\left(\left[\omega_0 + \frac{1}{2}\epsilon\right]t\right)$$
$$+(2\dot{b} - \mathrm{a}\epsilon + \frac{1}{2}\mathrm{h}\omega_0\mathrm{a})\omega_0\cos\left(\left[\omega_0 + \frac{1}{2}\epsilon\right]t\right) = 0$$

Współczynniki członów trygonometrycznych muszą niezależnie wynosić zero. Spróbujmy $a(t)\sim\exp(st)$i $b(t)\sim\exp(st)$, co prowadzi do równań charakterystycznych:

$$\mathrm{sa} + \frac{1}{2}\left(\epsilon + \frac{1}{2}\mathrm{h}\omega_0\right)\mathrm{b} = 0 \; and \; \frac{1}{2}\left(\epsilon - \frac{1}{2}\mathrm{h}\omega_0\right)\mathrm{a} - \mathrm{sb} = 0 \rightarrow s^2 = \frac{1}{4}\left[\left(\frac{1}{2}h\omega_0\right)^2 - \epsilon^2\right].$$

Należy zauważyć, że zakres rozwiązań dla wzrostu wykładniczego to tam, gdzie sjest rzeczywiste, stąd mamy ograniczenie:

$$-\frac{1}{2}\mathrm{h}\omega_0 < \epsilon < \frac{1}{2}\mathrm{h}\omega_0.$$

3.8.7 Oscylacje anharmoniczne

Rozważmy teraz lagranżjan z wyrazami trzeciego rzędu, ale z planem pracy z rozwinięciami w modułach zaburzeń. W efekcie rozwiązujemy równania różniczkowe, stosując klasyczną metodę kolejnych przybliżeń. W tym podejściu oscylator anharmoniczny jest przekształcany w szereg problemów z napędzanym oscylatorem harmonicznym. Zacznijmy od ogólnego lagranżjanu trzeciego rzędu:

$$L = \frac{1}{2}\sum_{\alpha}(\dot{\theta}_\alpha{}^2 - \omega_\alpha{}^2\theta_\alpha{}^2) + \sum_{\alpha,\beta,\gamma} C_{\alpha\beta\gamma}\dot{\theta}_\alpha\dot{\theta}_\beta\theta_\gamma - \sum_{\alpha,\beta,\gamma} D_{\alpha\beta\gamma}\theta_\alpha\theta_\beta\theta_\gamma \tag{3-67}$$

co prowadzi do równania EL drugiego rzędu w postaci:

$$\ddot{\theta}_\alpha + \omega_\alpha{}^2\theta_\alpha = f_\alpha(\theta_\alpha, \dot{\theta}_\alpha, \ddot{\theta}_\alpha). \tag{3-68}$$

Następnie rozwiązuje się to metodą kolejnych przybliżeń, czyli analizą zaburzeń:

$$\theta_\alpha = \theta_\alpha^{(1)} + \theta_\alpha^{(2)}, where \; \theta_\alpha^{(2)} \ll \theta_\alpha^{(1)}, and \theta_\alpha^{(1)} + \omega_\alpha{}^2\theta_\alpha^{(1)} = 0.$$

Pozostaje zaburzenie w kategoriach siły efektywnej, ale w analizie zaburzeń możemy przybliżyć zależność uogólnionej siły od współrzędnych za pomocą poprzedniego poziomu przybliżenia, tutaj:

$$\ddot{\theta}_\alpha^{(2)} + \omega_\alpha{}^2\theta_\alpha^{(2)} = f_\alpha\left(\theta_\alpha^{(1)}, \dot{\theta}_\alpha^{(1)}, \ddot{\theta}_\alpha^{(1)}\right). \tag{3-69}$$

W drugim przybliżeniu mamy częstotliwość własną układu modyfikowaną przez różne częstotliwości łączone, takie jak $\omega_\alpha \pm \omega_\beta$, w tym $2\omega_\alpha$i $\omega_\alpha = 0$. Proces ten można powtarzać, przechodząc do wyższych poziomów przybliżenia, ale częstotliwości podstawowe ω_αw wyższych przybliżeniach nie są równe ich poziomom niezakłóconym. Aby to skorygować, wprowadza się modyfikację w taki sposób, aby czynniki okresowe w rozwiązaniu zawierały dokładne częstotliwości. Mówiąc dokładniej, rozważmy przykład następującego jednowymiarowego oscylatora anharmonicznego [27]:

$$L = \frac{1}{2}m\dot{x}^2 - \frac{1}{2}m\omega_0^2 x^2 + xF(t),$$

$$where\ F(t) = -\frac{1}{3}m\alpha x^2 - \frac{1}{4}m\beta x^3 \tag{3-70}$$

za co otrzymujemy:

$$\ddot{x} + \omega_0^2 x = -\alpha x^2 - \beta x^3. \tag{3-71}$$

Stosując metodę kolejnych przybliżeń opisaną powyżej (więcej szczegółów na ten temat można znaleźć w Załączniku A), otrzymujemy:

$$x = x^{(1)} + x^{(2)} + x^{(3)} + \cdots, \tag{3-72}$$

gdzie zaczynamy od rozwiązania równania jednorodnego, tj . gdzie $x^{(1)} = a\cos\omega t$z dokładną wartością ωgdzie:

$$\omega = \omega_0 + \omega^{(1)} + \omega^{(2)} + \omega^{(3)} + \cdots, \tag{3-73}$$

i otrzymujemy:

$$\frac{\omega_0^2}{\omega^2}\ddot{x} + \omega_0^2 x = -\alpha x^2 - \beta x^3 - \left(1 - \frac{\omega_0^2}{\omega^2}\right)\ddot{x}. \tag{3-74}$$

Aby przejść do następnego poziomu przybliżenia, rozważmy $x = x^{(1)} + x^{(2)}$i $\omega = \omega_0 + \omega^{(1)}$, pomijając wyrazy powyżej drugiego rzędu małości:

$$\ddot{x}^{(2)} + \omega_0^2 x^{(2)} = -\alpha a^2\cos^2\omega t + 2\omega_0\omega^{(1)}a\cos\omega t \tag{3-75}$$

teraz wybieramy $\omega^{(1)} = 0$proste rozwiązanie (wybieramy ωmodyfikacje przy kolejnych przybliżeniach w celu podobnego rozdzielenia lub uproszczenia):

$$x^{(2)} = -\frac{\alpha a^2}{2\omega_0^2} + \frac{\alpha a^2}{6\omega_0^2}\cos 2\omega t \tag{3-76}$$

Przechodząc do następnego poziomu przybliżenia za pomocą $x = x^{(1)} + x^{(2)} + x^{(3)}$i $\omega = \omega_0 + \omega^{(2)}$, otrzymujemy:

$$\ddot{x}^{(3)} + \omega_0^2 x^{(3)} = -2\alpha x^{(1)} x^{(2)} - \beta\left(x^{(1)}\right)^3 + 2\omega_0 \omega^{(2)} x^{(1)} \tag{3-77}$$

$$\ddot{x}^{(3)} + \omega_0^2 x^{(3)} = a^3\left[\frac{\beta}{4} - \frac{\alpha^2}{6\omega_0^2}\right]\cos 3\omega t + a\left[2\omega_0\omega^{(2)} + \frac{5a^2\alpha^2}{6\omega_0^2} - \frac{3}{4}a^2\beta\right]\cos\omega t \tag{3-78}$$

gdzie ponownie wybieramy $\omega^{(2)}$tak, aby wyraz po prawej stronie był zerem dla prostego rozwiązania:

$$\omega^{(2)} = -\frac{5a^2\alpha^2}{12\omega_0^3} + \frac{3\beta a^2}{8\omega_0} \tag{3-79}$$

I,

$$x^{(3)} = \frac{a^3}{16\omega_0^2}\left[\frac{\alpha^2}{3\omega_0^2} - \frac{\beta}{2}\right]\cos 3\omega t. \tag{3-80}$$

Rezonans parametryczny jest widoczny głównie w badaniach układów działających przy małych drganiach i obejmuje zmienność parametrów układu w czasie – takich jak punkt podparcia wahadła (opisany w następnym rozdziale). Drgania wymuszone, z tłumieniem lub bez, charakteryzują się dyspersyjną zależnością częstotliwości od absorpcji energii przez przetwornik. Rezonans występuje przy częstotliwości drgań własnych układu. W przypadku ruchów silnie wzbudzonych wchodzimy w nieliniowy zakres członów energii kinetycznej i potencjalnej w równaniu Lagrange'a. Drgania anharmoniczne, czyli nieliniowe (jak w poprzednim rozdziale), ulegają mieszaniu z powodu nieliniowości, które skutkują częstotliwościami kombinowanymi, które same w sobie mogą wydawać się rezonansowe. W związku z tym metodę kolejnych przybliżeń należy stosować ostrożnie, w sposób zgodny z brakiem występowania członów samorezonansowych poprzez mieszanie.

3.8.8 Ruch w polu o szybkich oscylacjach (znany również jako analiza dwutaktowa)

Rozważ ruch w potencjale Uo okresie T, w którym przyłożona jest szybko oscylująca siła,

$$m\ddot{x} = -\frac{dU}{dx} + f, \ f = f_1 \cos \omega t + f_2 \sin \omega t, \ \omega \gg \frac{1}{T} \tag{3-81}$$

Nie zakładamy tego $f \ll U$, ani nawet tego $f < U$, raczej zakładamy wynik z małymi oscylacjami na gładkiej ścieżce, którą cząstka przebyłaby, gdyby tylko znajdowała się pod potencjałem U:

$$x(t) = X(t) + \varepsilon(t), \qquad \overline{\varepsilon(t)} = 0. \tag{3-82}$$

Czasami określa się to jako analizę dwutorową [30]. Podstawiając, otrzymujemy pierwszy rząd rozwinięć Taylora:

$$m\ddot{X} + m\ddot{\varepsilon} = -\frac{dU}{dx} - \varepsilon\frac{d^2U}{dx^2} + f(X,t) + \varepsilon\frac{\partial f}{\partial X}. \tag{3-83}$$

Teraz wszystkie człony pierwszego rzędu w elemencie εsą pomijalne w porównaniu z pozostałymi członami, z wyjątkiem członu $\ddot{\varepsilon}$, ponieważ zakłada się bardzo duże współczynniki częstotliwości (ponieważ oscylują szybko). Rozdzielając gładką trajektorię ($X(t)$trajektorię z $f = 0$) i część oscylującą szybko, otrzymujemy dla tej drugiej:

$$m\ddot{\varepsilon} = f(X,t) \rightarrow \varepsilon = -\frac{f}{m\omega^2} \tag{3-84}$$

Teraz rozważmy średnią względem czasu w równaniu pierwszego rzędu, wszystkie samodzielne potęgi pierwszego εi fbędą równe zero:

$$m\ddot{X} = -\frac{dU}{dx} + \varepsilon\overline{\frac{\partial f}{\partial X}} = -\frac{dU}{dx} - \frac{1}{m\omega^2}\overline{f\frac{\partial f}{\partial X}} = -\frac{dU_{eff}}{dx},$$

Gdzie,

$$U_{eff} = U + \frac{\overline{f^2}}{2m\omega^2}, \quad U_{eff} = U + \frac{(f_1^2 + f_2^2)}{4m\omega^2} = U + \frac{1}{2}m\overline{\dot{\varepsilon}^2} \tag{3-85}$$

Aby zobaczyć, jak to wygląda w praktyce, rozważmy wahadło, którego punkt podparcia podlega szybkim *drganiom poziomym* :

$x = l\sin\varphi + a\cos\gamma t\mathrm{I}\dot{x} = l\dot{\varphi}\cos\varphi - a\gamma\sin\gamma t$

$y = l\cos\varphi\mathrm{I}\dot{y} = -l\dot{\varphi}\sin\varphi$

$U = -mgl\cos\varphi$

$$L = T - U = \frac{1}{2}m(l\dot{\varphi})^2 - ml\dot{\varphi}a\gamma\cos\varphi\sin\gamma t + mgl\cos\varphi$$

korzystając ze swobody dodawania całkowitej pochodnej czasowej, $\frac{d}{dt}(mla\gamma\sin\varphi\sin\gamma t)$, aby uzyskać:

$$L = T - U = \frac{1}{2}m(l\dot{\varphi})^2 + mla\gamma^2\sin\varphi\cos\gamma t + mgl\cos\varphi$$

Stosując równanie Eulera-Lagrange'a otrzymujemy:

$$ml^2\ddot{\varphi} = mla\gamma^2\cos\varphi\cos\gamma t - mgl\sin\varphi = -\frac{dU}{dx} + f_\varphi,$$

Gdzie,

$$f_\varphi = mla\gamma^2\cos\varphi\cos\gamma t$$

Korzystając z relacji z poprzedniej dyskusji:

$$U_{eff} = U + \frac{\overline{f_\varphi^{\ 2}}}{2m\gamma^2} = mgl\left[-\cos\varphi + \frac{a^2\gamma^2}{4gl}\cos^2\varphi\right].$$

Rozwiązując dla $\frac{dU_{eff}}{d\varphi} = 0$otrzymujemy rozwiązania dla $\sin\varphi = 0$i $\cos\varphi = 2gl/a^2\gamma^2$, gdzie istnienie tego drugiego rozwiązania wymaga $2gl < a^2\gamma^2$.

Podobnie moglibyśmy rozważyć wahadło, którego punkt podparcia podlega szybkim *drganiom pionowym* :

$x = l\sin\varphi\mathrm{I}\dot{x} = l\dot{\varphi}\cos\varphi$

$y = l\cos\varphi + a\cos\gamma tI\dot{y} = -l\dot{\varphi}\sin\varphi - a\gamma\sin\gamma t$
$U = -mgl\cos\varphi + mga\cos\gamma t$

$$L = T - U = \frac{1}{2}m(l\dot{\varphi})^2 + ml\dot{\varphi}a\gamma\sin\varphi\sin\gamma t + \frac{1}{2}ma^2\gamma^2\sin^2\gamma t + mgl\cos\varphi - mga\cos\gamma t$$

Pomijając czyste funkcje zależne od czasu i wykorzystując swobodę dodawania całkowitej pochodnej czasowej, $\frac{d}{dt}(mla\gamma\cos\varphi\sin\gamma t)$, otrzymujemy:

$$L = T - U = \frac{1}{2}m(l\dot{\varphi})^2 + mla\gamma^2\cos\varphi\cos\gamma t + mgl\cos\varphi$$

Stosując równanie Eulera-Lagrange'a otrzymujemy:

$$ml^2\ddot{\varphi} = -mla\gamma^2\sin\varphi\cos\gamma t - mgl\sin\varphi = -\frac{dU}{dx} + f_\varphi,$$

Gdzie,

$$f_\varphi = -mla\gamma^2\sin\varphi\cos\gamma t$$

Ponownie wykorzystując relację z poprzedniej dyskusji:

$$U_{eff} = U + \frac{\overline{f_\varphi^{\ 2}}}{2m\gamma^2} = mgl\left[-\cos\varphi + \frac{a^2\gamma^2}{4gl}\sin^2\varphi\right].$$

Rozwiązując dla $\frac{dU_{eff}}{d\varphi} = 0$otrzymujemy rozwiązania dla $\varphi = 0$i $\varphi = \pi$, gdzie istnienie tego drugiego rozwiązania wymaga $2gl < a^2\gamma^2$.

Rozdział 4. Pomiar klasyczny

4.1 Rejestrowanie małych pomiarów w układach całkowalnych w czasie

Pomiar o najwyższej czułości występuje tam, gdzie zdarzenie pomiarowe jest powtarzane, często w układach, w których kluczowa wartość jest sumowana w czasie. Dlatego naturalne jest traktowanie układów całkowalnych w czasie jako kluczowego elementu czułego detektora. Oscylator jest przykładem takiego układu, którego krótkie podsumowanie przedstawiono poniżej. Następnie przeprowadzamy ostatnie uogólnienie, dodając fluktuacje szumu (fundamentalnie obecne ze względu na źródła szumu cieplnego), aby uzyskać opis rzeczywistych ograniczeń eksperymentalnych. Początkowo, aby rozwinąć wyniki mechaniki klasycznej przedstawione w rozdziale 3, opracujemy tłumiony oscylator napędzany z szumem i sprawdzimy, jaka minimalna wykrywalna siła działająca na oscylator (masę) jest możliwa. Opisuje to „kontaktową" metodę detekcji siły.

Metody bezpośredniego kontaktu do rzeczywistej detekcji są zazwyczaj oparte na tensometrach lub elementach piezoelektrycznych, które mogą bezpośrednio sprzęgać się z obwodami elektrycznymi (rezonansowymi) (zauważ konwersję sygnału do postaci elektronicznej, która będzie normą). Metody pośredniego kontaktu oparte na miernikach pojemności sprawdzają się najlepiej w tej kategorii, gdzie pomiar przemieszczenia bezpośrednio zmienia pojemność (poprzez separację okładek bezpośrednio związaną z przemieszczeniem). Pojemność spoczynkowa jest wybierana w obwodzie pracującym w rezonansie (lub na stromej części krzywej rezonansowej) [51] tak, że przesunięcia częstotliwości obwodu są najbardziej zauważalne przez urządzenie pomiarowe obwodu wtórnego (pośredni kontakt). Przykłady mierników pojemności trafiają do opisów obwodów, które, chociaż proste [52], są poza zakresem tego opisu, więc nie będą dalej omawiane.

Optyczne metody bezkontaktowe oferują największą czułość i zostaną one pokrótce omówione po uzyskaniu bardziej szczegółowych wyników dla metod kontaktowych (ponieważ prezentacja detektora bezpośredniego kontaktu z oscylatorem demonstruje wiele kluczowych koncepcji i czynników ograniczających). Należy zauważyć, że najbardziej ekstremalną metodą detekcji „bezkontaktowej" jest kwantowa nierozbiórka, ale nie będzie ona omawiana. Notatki z projektu LIGO pochodzą z kursu Ph118 prof. Drevera z ok. 1988 r. (w Załączniku B, ~1988, lista kontaktów LIGO zawiera mniej niż 30 osób zaangażowanych w projekt, wliczając mnie, wówczas studenta studiów podyplomowych; obecnie w projekcie uczestniczy ponad 3000 osób na całym świecie).

4.1.1 Podsumowanie oscylatora napędzanego tłumionego

Dla tłumionego oscylatora napędzanego mamy równanie różniczkowe zwyczajne:

$$\ddot{x} + 2\lambda\dot{x} + \omega^2 x = \left(\frac{F}{m}\right) \exp i\gamma t, \tag{4-1}$$

z roztworem:

$$x(t) = a\exp(-\lambda t)\cos(\omega t + \alpha) + b\cos(\gamma t + \delta) \cong b\cos(\gamma t + \delta), \tag{4-2}$$

Gdzie

$$b = \frac{F}{m\sqrt{(\omega^2 - \gamma^2)^2 + (2\lambda\gamma)^2}} \quad \tan\delta = \frac{(2\lambda\gamma)}{(\omega^2 - \gamma^2)}. \tag{4-3}$$

Po osiągnięciu ruchu ustalonego, $x(t) \cong b\cos(\gamma t + \delta)$energia pochłonięta przez siłę zewnętrzną odpowiada energii rozproszonej w wyniku tarcia. Wcześniej szybkość rozproszenia energii w wyniku tarcia wynosiła $-2\mathcal{F}$, gdzie $\mathcal{F} = \frac{1}{2}\alpha\dot{x}^2 = \lambda m b^2\gamma^2 \sin^2(\gamma t + \delta)$, ze średnią czasową: $2\bar{\mathcal{F}} = \lambda m b^2\gamma^2$. Zatem energia pochłonięta w jednostce czasu wynosi $\lambda m b^2\gamma^2$. Jeśli chcemy obliczyć całkę energii pochłoniętej dla wszystkich częstotliwości napędowych, absorpcja będzie zdominowana przez częstotliwości bliskie rezonansowi, dla których całka przybliża się do $\pi F^2/4m$.

4.1.2 Tłumiony oscylator napędzany z fluktuacjami szumu

Rozważmy teraz tłumiony oscylator napędzany z fluktuacjami szumu i określmy minimalną wykrywalną siłę, jaką system może zapewnić. Jest to scenariusz, z realistycznymi fluktuacjami szumu, który zapewnia dokładną granicę czułości pomiaru . Zacznijmy od nowego równania różniczkowego zwyczajnego z dodanym członem fluktuacji szumu F_{fl}:

$$\ddot{x} + 2\lambda\dot{x} + \omega^2 x = F(t) + F_{fl}, \tag{4-4}$$

gdzie wynik stanu ustalonego z poprzedniego, bez sił szumu fluktuacyjnego, wynosił $x(t) \cong b\cos(\gamma t + \delta)$. Czy nadal istnieje stan ustalony, ale o nieco bardziej ogólnej postaci? Najpierw rozważmy, że zależność amplitudy od czasu jest dana przez $\tau_m = 1/\lambda$i zakładamy, że intencją jest wykonanie precyzyjnych pomiarów, więc szukamy minimalnego tłumienia, a zatem maksymalnego czasu relaksacji τ_m, a zatem efektywnie stanu ustalonego w porównaniu z czasem pomiaru i czasem efektu, $F(t)$który ma być wykryty. W ten sposób otrzymamy postać stanu ustalonego wskazaną z możliwą zależnością czasową stałych w przypuszczeniu. Wypróbowanie przypuszczenia i jego sprawdzenie dowodzi jego poprawności [53] i [54]. Przechodząc teraz do notacji Braginsky'ego [51], podsumujemy wyprowadzenie Braginsky'ego pokazane w dodatku do [51] zatytułowanym „Kryteria statystyczne określania wzbudzenia oscylatora siłą zewnętrzną”:

$$x(\tau) \cong A(\tau)\sin\big(\omega_0\tau + \varphi(\tau)\big) \qquad \overline{A(\tau)} \gg \frac{1}{\omega_0}\frac{dA(\tau)}{d\tau}. \tag{4-5}$$

Nasze stwierdzenie zdarzenia detekcji będzie probabilistyczne, zwłaszcza biorąc pod uwagę dodanie procesu stochastycznego (fluktuacje szumu). Chcemy rozważyć prawdopodobieństwo, że zdarzenie siły $F(t)$wystąpi w czasie $\hat{\tau}$, który mieści się w przedziale czasowym pomiaru. Wykrywalność takiego zdarzenia wymaga odróżnienia go od fałszywych sygnałów z szumu fluktuacji F_{fl}. Z kolei charakter wykrywalności musi zostać zbadany dla obu. W obu przypadkach szukamy zmiany amplitudy oscylacji zgodnie z różnicą $A(\tau) - A(0)$, a w przypadku szumu fluktuacji ta granica musi zostać uznana za ważną z prawdopodobieństwem „ $1-\alpha$”. To podejście jest motywowane wyrażeniem z [54] dla gęstości prawdopodobieństwa dowolnego rozkładu amplitud oscylacji po czasie zdarzenia $\hat{\tau}$:

$$P[A(\hat{\tau})|A(0)] = \frac{A(\hat{\tau})}{\sigma^2(1-\varepsilon^2)} I_0\left(\frac{\varepsilon A(0)A(\hat{\tau})}{\sigma^2(1-\varepsilon^2)}\right) \exp\left(-\frac{\left(A(\hat{\tau})\right)^2 + \varepsilon\left(A(0)\right)^2}{2\sigma^2(1-\varepsilon^2)}\right), \tag{4-6}$$

Gdzie,

$$\varepsilon = e^{(-\hat{\tau}/\tau_m)} \quad and \quad \sigma^2 = \overline{A(\tau)^2}.$$

Błąd statystyczny formalizmu pierwszego rodzaju (z „ $1-\alpha$”) przyjmuje teraz postać:

$$1-\alpha = \int_{A(0)}^{A(\hat{\tau})} P[A(\hat{\tau})|A(0)]dA(\hat{\tau}). \tag{4-7}$$

Postępując zgodnie z analizą Braginsky'ego, rozważymy teraz rozwiązanie całki dla dwóch przypadków: $A(0) = 0$i $A(0) = \sigma$. Stwierdzimy, że ocena minimalnej wykrywalnej siły jest mniej więcej taka sama, niezależnie od początkowej wartości amplitudy, podczas gdy wymiana energii z oscylatorem jest znacząco zależna od początkowej amplitudy. Ponadto, idąc za Braginsky'm, założymy, że nasze źródło szumu jest czysto termicznym źródłem szumu. Jest to najlepszy scenariusz, ponieważ źródła szumu termicznego są fundamentalne w układach fizycznych na wiele sposobów (patrz [24], aby uzyskać wyprowadzenie tych źródeł szumu w obwodach, na przykład). Jeśli założymy „tylko” szum termiczny, wówczas, zgodnie z temperaturą termalizacji, mamy Tnastępujące:

$$\sigma^2 = \frac{k_B T}{k}, \quad where\, \omega_0 = \sqrt{k/m}. \tag{4-8}$$

Rozwiązując całkę i podstawiając otrzymujemy:

$$[A(\hat{\tau})]_{1-\alpha} = 2\sigma\sqrt{(\hat{\tau}/\tau_m)\ln(1/\alpha)}. \tag{4-9}$$

Zatem, jeśli rozpoczniemy zdarzenie detekcji od $A(0) \cong 0$i zobaczymy, że amplituda rośnie w czasie $\hat{\tau}$tak, że $A(\hat{\tau}) > [A(\hat{\tau})]_{1-\alpha}$, to z prawdopodobieństwem, czyli „niezawodnością”, , mamy do $(1-\alpha)$czynienia z zdarzeniem. Jak zauważył Braginsky, mamy jedynie warunek progowy opisujący, co zrobić, jeśli próg zostanie osiągnięty. Jeśli próg zostanie osiągnięty, mówimy o braku zdarzenia detekcji, np. że $F(t) = 0$, ale może to być spowodowane jedynie niefortunnym zniesieniem siły zdarzenia i sił fluktuacji. Aby ocenić błąd, który można z tego wprowadzić, Braginsky wprowadza miarę błędu statystycznego drugiego rodzaju odpowiadającą prawdopodobieństwu wystąpienia, $F(t) \neq 0$przy jednoczesnym zajściu zdarzenia poniżej progu $A(\hat{\tau}) < [A(\hat{\tau})]_{1-\alpha}$. Dokładniej, rozważmy siłę, $F(t)$gdy nie ma siły fluktuacji i taką, że zmiana amplitudy w czasie $\hat{\tau}$jest większa Γniż próg, tak że mamy

$$\gamma = \Gamma/[A(\hat{\tau}) - A(0)]_{1-\alpha} \tag{4-10}$$

z $\gamma \geq 1$. Stanowi to podstawę do oceny błędu drugiego rodzaju (więcej szczegółów można znaleźć w [51]). Wniosek jest taki, że prosty stały współczynnik, ~ 1, to wszystko, co mogłoby zmodyfikować warunek progowy dla zdarzenia detekcji.

Powiążmy teraz minimalną wykrywalną zmianę amplitudy z energią przekazaną lub wyodrębnioną z oscylatora, korzystając z γpowyższego wzoru:

$$\Delta E = k\gamma^2[A(\hat{\tau})]^2_{1-\alpha} = 2\ln(1/\alpha)\,(2\hat{\tau}/\tau_m)\gamma^2 k_B T. \tag{4-11}$$

Wracając do prostego przypadku $F(t) = F_0 \sin(\omega\tau)$w przedziale czasowym od 0 do $\hat{\tau}$(i zerowej siły poza tym przedziałem czasu), mamy liniowy wzrost amplitudy zgodnie z równaniem:

$$\Gamma = \frac{F_0\hat{\tau}}{2m\omega}, \qquad where \quad \omega = \sqrt{k/m} \tag{4-12}$$

i wymagając tego, $\Gamma > [A(\hat{\tau}) - A(0)]_{1-\alpha}$daje to minimalną wykrywalność F_0:

$$[F_0]_{min} = \rho\sqrt{4k_B T m/(\hat{\tau}\tau_m)},$$

(4-13)

gdzie ρjest bezwymiarowym współczynnikiem niezawodności mieszczącym się w zakresie od 2,45 do 4,29 dla typowych wartości niezawodności α(patrz tabela A1 w [51]). Podobną analizę dla przypadku, gdy $A(0) \cong \sigma$na początku zdarzenia detekcji redukuje się do tego samego wzoru ze współczynnikami niezawodności mieszczącymi się w zakresie od 1,96 do 3,88. Zatem minimalna wykrywalna siła jest mniej więcej taka sama niezależnie od początkowej wartości amplitudy i ma postać:

$$[F_0]_{min} \propto \sqrt{\frac{4k_B T m}{(\hat{\tau}\tau_m)}}.$$

(4-14)

4.1.3 Metody optyczne bezkontaktowe

Istnieją dwa rodzaje pomiarów optycznych, na których się tutaj skupimy: (i) nożowa krawędź; i (ii) samointerferencja. Metody nożowej krawędzi obejmują w pewnym zakresie dźwignię optyczną. Jeśli skierujemy wiązkę lasera na lustro i zmierzymy jego fluktuacje na ekranie oddalonym o D, to rzutowany sygnał będzie dwukrotnie większy, jeśli po prostu podwoimy odległość projekcji do 2D. Bardziej powszechne i będące połączeniem typu (i) i (ii) jest użycie siatki dyfrakcyjnej, gdzie efekt wzmocnienia jest mnożony zgodnie z separacją w ruchomej siatce dyfrakcyjnej, która jest częścią pomiaru transmisji wiązki (obejmującego drugą, nieruchomą siatkę dyfrakcyjną). Najbardziej czuły z optycznych typów zdarzeń detekcji samointerferencji obejmuje jednak zazwyczaj interferometr Michelsona-Morleya. Podstawową ideą jest to, że wiązka jest dzielona i może interferować sama ze sobą, tak że idealna eliminacja jest dostrojona w transmitowanej części dzielnika wiązki. Gdy następuje przesunięcie lustra (lub odległość między lustrem a wnęką), obserwujemy przesunięcie ze stanu kasowanego i błysk światła, zależny od stopnia braku kasowania, który jest powiązany z siłą sygnału. Podobnie jak w przypadku wielu metod detekcji, ocena czułości często wygląda obiecująco, ale w rzeczywistości uzyskanie wymaganych parametrów fizycznych urządzenia jest często niemożliwe. Jednak w przypadku metod interferometrycznych to, co jest potrzebne, jest często w zasięgu ręki, na przykład przy użyciu bardzo mocnych laserów, silnie odblaskowych zwierciadeł, doskonale stabilizowanych zwierciadeł i zwierciadła z dzielnikiem wiązki. Okazuje się, że można to osiągnąć, ale to kwestia skali.

Prace, w których brałem udział w latach 80., dotyczące prototypowego detektora LIGO, były okazją do wykazania się niezwykłą skutecznością metod interferometrycznych. Jednak ramiona prototypowego interferometru miały długość 20 m, a nie 2 km, jak miało to być ostatecznie konieczne. Skala próżni była więc zupełnie inna (wnęki interferometru laserowego są utrzymywane w wysokiej próżni, aby wyeliminować szum, a co ważniejsze, uniknąć destrukcyjnego procesu na (bardzo drogich) wysoce odblaskowych lustrach (efekt EM omówiony w [40] powoduje, że nienaładowany „kurz" przyjmuje efektywny ładunek, a w niejednorodnym polu elektrycznym wnęki, w rezultacie kurz jest wpychany do luster, powodując ich stałą degradację). To i inne problemy ze skalowaniem wymagały kolejnych 30 lat rozwoju, aż projekt LIGO w końcu został uruchomiony wraz z pierwszym obserwatorium fal grawitacyjnych (Nagroda Nobla dla Kip Thorne i in.). W latach 80., kiedy uczestniczyłem przez kilka lat (zanim przeszedłem do bardziej teoretycznych zagadnień, które zostaną opisane w [45,46]), grupa LIGO była dość mała (około 30, patrz stary katalog na rysunku B.1). Skalowanie o 100x w rozmiarze urządzenia zostało częściowo spełnione przez Stukrotne zwiększenie skali wysiłków grupowych do roku 2020.

Prawidłowy opis metodologii detekcji LIGO zaprowadziłby nas daleko w głąb właściwości szumu laserowego i właściwości wnęki optycznej, ale nadal podano opis na wysokim poziomie. Po pierwsze, interferometr w kształcie litery „L" ma podwójne znaczenie dla poszukiwanego typu zdarzenia detekcji, którym w przypadku LIGO była fala grawitacyjna. Fala taka byłaby mierzalna jedynie poprzez efekt kwadrupolowy (z ortogonalnymi ramionami detektora, szczegóły w Księdze 3), w którym jedno ramię interferometru jest wydłużane, a drugie skracane, co powoduje zmianę sygnału interferencyjnego (dotyczy to fali kwadrupolowej padającej na detektor idealnie poprzecznie i ustawionej na ramionach detektora).

Po drugie, szum lasera (multimodalność) jest bezpośrednio związany z przesunięciami głównego modu, który jest „blokowany", co stanowi problem szumowy i wymaga zatem czegoś do „oczyszczenia" szumu lasera. W czasie, gdy pracowałem w LIGO, wnęka rezonansowa używana do tego zadania została nazwana przez Rona Drevera „dewiggler ". Tak więc, jest tam wnęka laserowa (wysokiej mocy), która zasila oczyszczacz trybów (dewiggler), który następnie zasila interferometr „w kształcie litery L". I po trzecie, jest kwestia stabilizacji długości ramion przeciwko fluktuacjom położenia w paśmie częstotliwości interesującym do detekcji. W istocie lustra końcowe i lustro rozdzielacza wiązki muszą być wszystkie serwomechanizmami do stałej pozycji względem siebie (cały system unosi się względem otaczającej komory próżniowej, będąc jednocześnie względnie „zablokowanym"). Ostatecznie, specjalistyczne przetwarzanie sygnału jest potrzebne do wykrycia znanego profilu sygnału (lub grupy profili). W istocie, specjalistyczny filtr oparty na dopasowaniu do poszukiwanego sygnału jest stosowany w celu uzyskania optymalnej zdolności detekcji.

4.2 Teoria pomiaru – zmienne losowe i procesy

Wiele eksperymentów opisuje się w sytuacjach, w których przewidywana jest częstotliwość lub inna mierzalna cecha. Chcielibyśmy uzyskać „dokładny pomiar", ale co to właściwie oznacza? Na początek rozważmy zbiór pomiarów dla pewnych okoliczności, być może tak prostych, jak powtarzany pomiar czegoś. W teorii pomiaru zbiór takich pomiarów, w najprostszych przypadkach niezmiennych w czasie, jest postrzegany jako próbka z jednego typu rozkładu tła. Wykonując powtarzane pomiary (x_N), intuicyjnie wiemy, że uzyskujemy lepszy, czyli „bezpieczniejszy", pomiar, ale dlaczego tak jest? Okazuje się, że łatwo jest wyprowadzić wniosek, że wariancja próbki maleje wraz z liczbą wykonanych pomiarów. Liczba wykonanych pomiarów przekłada się następnie na to, jak ciasno chcemy zakreślić „słupki błędów" (obszar ograniczony od jednego odchylenia standardowego, czyli σsigma, poniżej średniej do jednego odchylenia standardowego powyżej). Zobaczymy, że $Var(\overline{x}_N) = \sigma^2/N$, gdzie σjest odchyleniem standardowym pojedynczego pomiaru zmiennej losowej (X), a Varjest wariancją (odchyleniem standardowym kwadratowym) powtarzanego pomiaru. To obliczenie jest znane jako obliczenie sigma średniej i otrzymujemy $\sigma_\mu = \sigma/\sqrt{N}$, co pozwala nam poprawić dokładność pomiaru (zmniejszenie sigma na średniej) w zależności od liczby wykonanych pomiarów (N). Powyższy główny wynik (uzasadnienie powtarzania pomiarów w procesie eksperymentalnym), a także inne, zostaną teraz omówione bardziej szczegółowo. W powyższej dyskusji pojawiło się już wiele terminów technicznych, dlatego najpierw przedstawimy krótki przegląd podstawowej terminologii i definicji.

Definicje

Większość definicji podanych w tej sekcji jest szczegółowo opisana w [55].

Zmienna losowa

Zmienna losowa X to przypisanie liczby x(θ) każdemu wynikowi θX.

Proces stochastyczny

Proces stochastyczny to przypisanie θkażdemu wynikowi θX liczby zależnej od parametru czasowego, x(,t).

Patrząc na to jako na indeks, jeśli parametr czasowy t jest ciągły, to mamy do czynienia z procesem ciągłym, w przeciwnym razie jest to proces dyskretny. Zajmijmy się teraz procesami dyskretnymi i podajmy więcej definicji – kładąc podwaliny pod scenariusz z powtarzanymi pomiarami eksperymentalnymi:

Oczekiwanie E(X) zmiennej losowej X

Oczekiwanie E(X) zmiennej losowej X jest zdefiniowane jako:

$$BYŁY) \equiv \sum_{i=1}^{L} x_i \, p(x_i) Jeśli \; x_i \in \Re. \tag{4-15}$$

Podobnie, oczekiwanie E(g(X)) funkcji g(X) zmiennej losowej X wynosi:

$$E(g(X)) \equiv \sum_{i=1}^{L} g(x_i) \, p(x_i) Jeśli \; x_i \in \Re.$$

Rozważmy teraz szczególny przypadek, w którym $g(x_i) = -log(p(x_i))$, co daje początek entropii Shannona:

$H(X) \equiv E[g(X)] = - \sum_{i=1}^{L} p(x_i)\ log(p(x_i))$ *jeśli* $p(x_i) \in \Re^+$,
W przypadku informacji wzajemnej należy użyć $g(X,Y) = log(p(x_i, y_i)/p(x_i)p(y_i))$ w celu uzyskania:

$$I(X;Y) \equiv E[g(X,Y)] \equiv \sum_{i=1}^{L} p(x_i, y_i)\ log(p(x_i, y_i)/p(x_i)p(y_i)),$$

a jeśli $p(x_i)$, $p(y_i)$, $p(x_i, y_i)$ są wszystkie $\in \Re^+$, to jest to równoważne entropii względnej pomiędzy rozkładem wspólnym a tym samym rozkładem, jeśli zmienne losowe są niezależne, czyli jest to dywergencja Kullbacka -Leiblera: $D($, $p(x_i, y_i) \,||\, p(x_i)p(y_i)$)która jest powszechna w teorii informacji [24] .

Nierówność Jensena

Położono podwaliny pod prosty dowód nierówności Jensena, który przedstawiono poniżej. Nierówność ta jest kluczowym manewrem stosowanym w kolejnych definicjach (Hoeffding).

Niech φ(·) będzie funkcją wypukłą na wypukłym podzbiorze prostej rzeczywistej: $\varphi: \chi \rightarrow \Re$. Wypukłość z definicji: $\varphi(\lambda_1 x_1 + ... y_n x_n) \leq \lambda_1 \varphi(x_1) + ... + \lambda_n \varphi(x_n)$, gdzie $\lambda_i \geq 0$ i$\Sigma\, \lambda_i = 1$. Zatem, jeśli $\lambda_1 = p(x_1)$, spełniamy zależności dla interpolacji liniowej, jak i dla dyskretnych rozkładów prawdopodobieństwa, więc możemy zapisać to w oparciu o definicję oczekiwania:

$$\varphi(E(X)) \leq E(\varphi(X)).$$

Zastosujmy to, aby uzyskać relację obejmującą entropię Shannona, wybierając φ(x) = -log(x), która jest funkcją wypukłą, zatem mamy:

$$log(E(X)) \geq E(log(X)) = -H(X).$$

Zmienność

$$Var(X) \equiv E([X - E(X)]^2) = \sum_{i=1}^{L} (x_i - E(X))^2 p(x_i) = E(X^2) - (E(X))^2$$

(4-16)

Wariancja próbki

$$Var_N(X) = \frac{1}{N-1} \sum (x_i - E(x))^2$$

(4-17)

Nierówność Czebyszewa

$$Dla\ k>0,\ P(|X-E(X)|>k)\ \leq Var(X)/k^2 \tag{4-18}$$

Dowód: $Var(X) = \sum_{i=1}^{L}(x_i - E(X))^2 p(x_i)$

$= \sum_{\{x_i|\ |x_i - E(X)|>k\}}(x_i - E(X))^2 p(x_i)$

$+ \sum_{\{x_i|\ |x_i - E(X)|\leq k\}}(x_i - E(X))^2 p(x_i)$

$\geq k^2 P(|X - E(X)|>k)$

Powtarzany pomiar i sigma średniej

Niech X_k będą niezależnymi, identycznie rozłożonymi (iid) kopiami X, a X niech będzie liczbą rzeczywistą „alfabetu". Niech μ=E(X), σ^2 =Var(X) i oznaczmy

$$\bar{x}_N = \frac{1}{N}\sum_{k=1}^{N} X_k$$

$$E(\bar{x}_N) = \mu$$

$$\text{Zmienna}(\bar{x}_N) = \frac{1}{N^2}\sum_{k=1}^{N} Var(X_k) = \frac{1}{N}\sigma^2$$

W przypadku pomiarów powtarzanych sigma średniej wynosi zatem $\sigma_\mu = \sigma/\sqrt{N}$, jak wspomniano wcześniej. Zauważ, że jeśli kontynuujemy analizę tego scenariusza, otrzymamy dla relacji Czebyszewa:

$$P(|\bar{x}_N - \mu|>k) \leq Var(\bar{x}_N)/k^2 = \frac{1}{Nk^2}\sigma^2. \tag{4-19}$$

z którego można wyprowadzić Prawo Wielkich Liczb.

Prawo wielkich liczb, forma słaba (Weak-LLN)

Teraz wyprowadzimy LLN w klasycznej, „słabej" formie. (Forma „silna" zostanie wyprowadzona we współczesnym kontekście matematycznym Martingalesa w dalszej części). Jako N $\rightarrow\infty$otrzymujemy to, co nazywamy prawem wielkich liczb (słabe), gdzie $P(|\bar{x}_N - \mu| > k) \rightarrow 0$, dla dowolnego k>0. Zatem średnia arytmetyczna ciągu iid rvs spełnia ich wspólne oczekiwania. Słaba forma ma zbieżność „z prawdopodobieństwem", natomiast silna forma będzie miała zbieżność „z prawdopodobieństwem jeden".

4.3 Zderzenia i rozpraszanie

Przejdźmy teraz do rozważenia kolizji i rozpraszania. Jest to zastosowanie analizy Lagrange'a, która jest zwykle prosta, zwłaszcza gdy rozważamy klasyczne rozpraszanie, na które zawsze jest odpowiedź [56]. Zrobimy to w sformułowaniu opartym na Lagrange'u, z energią jako wielkością zachowaną, i rozważymy nieograniczone trajektorie (przychodzące i wychodzące). Bardzo krótki, ale formalny opis klasycznego rozpraszania w duchu Reeda i Simona [56] zostanie podany później, który może następnie bezpośrednio przejść do opisu rozpraszania kwantowego (jak pokazano w [56]). Zanim przejdziemy do formalnego opisu, najpierw zapoznajmy się z podstawami, ponownie badając rozpraszanie Rutherforda (1911) [57] i rozpraszanie Comptona (1923) [73], przy czym to pierwsze przenosi nas od modelu atomu „ciasta z rodzynkami" do współczesnego ze zwartym jądrem i chmurą elektronową, i ujawnia centralną rolę alfa; Ten ostatni dostarcza bezpośredniego dowodu na istnienie matematyki 4-wektorowej (dowód na istnienie szczególnej teorii względności). (Gdyby rozpraszanie Comptona zaobserwowano przed 1905 rokiem, stanowiłoby ono kolejny element fizyki, dostępny za pomocą klasycznych przyrządów eksperymentalnych tamtych czasów, wskazując na istnienie szczególnej teorii względności).

Dotychczas mechanika klasyczna koncentrowała się na teorii matematycznej, a nie na obserwowanych parametrach obserwowanych cząstek elementarnych lub fenomenologicznym opisie „ośrodków ważkich" (omówionych w kontekście mechaniki klasycznej w rozdziale 5.1 dotyczącym ciał sztywnych i rozdziale 5.2 dotyczącym ciał materialnych). Uczyniono to w celu wyraźnego oddzielenia podstawowych parametrów cząstek i parametrów fenomenologicznych od struktury matematycznej, w tym od fundamentalnych parametrów matematycznych. W rozdziale 4.3 dotyczącym rozpraszania i rozdziale 5 dotyczącym ruchu zbiorowego (wczesnym badaniu właściwości materiałów) parametry fizyczne są jednak nieuniknione i odnoszą się również do kluczowych eksperymentów demonstrujących siłę niektórych modeli eksperymentalnych, więc zaczną pojawiać się w prezentacji.

Zaczynamy od rozpraszania Rutherforda [57], które jest po prostu rozpraszaniem Coulomba przy niskiej prędkości (nierelatywistycznym). Otrzymujemy wzór, który niezwykle dobrze pasuje do eksperymentu, jeśli przyjmiemy współczesny model atomu (dodatnie, zwarte jądro z ujemną chmurą elektronową). W formule występuje tylko jeden „parametr dopasowania" i jest to bezwymiarowy parametr alfa. Tak więc alfa pojawia się po raz pierwszy w dyskusji mechaniki klasycznej (zgrupowane jako $\alpha\hbar$) i bezpośrednio odnosi się do właściwości atomowych (ładunek), właściwości elektromagnetycznych (przenikalność przestrzeni swobodnej), szczególnych właściwości relatywistycznych (prędkość światła) i właściwości kwantowych (stała Plancka). (Należy zauważyć, że alfa pojawiła się już we wczesnych pracach mechaniki kwantowej jako stała struktury subtelnej w analizie spektrograficznej Sommerfelda [58], co zostanie omówione w Księdze 4.) Przed omówieniem kilku przykładów pokazano również rozpraszanie Comptona. Eksperyment rozpraszania Comptona został faktycznie przeprowadzony, a opis opiera się na notatkach laboratoryjnych Caltech Ph 7, gdzie eksperyment Comptona został przeprowadzony w ramach standardowych wymagań laboratoryjnych dla studentów fizyki. Wykorzystanie możliwości wykrywania koincydencji pozwala na uzyskanie doskonałych danych. Z kolei sprawdzenie wzoru rozpraszania Comptona służy wykazaniu, że: (i) światła nie można wyjaśnić wyłącznie jako zjawiska falowego (dalsza dyskusja na temat kwantów zostanie odłożona do Księgi 4 [42]); oraz (ii) spójność wymaga zastosowania relatywistycznej 4-wektorowej relacji energii i pędu (szczególna teoria względności jest omówiona w Księdze 2 [40]).

W rozpraszaniu często staramy się zbadać wielkość rozproszenia (lub prawdopodobieństwo rozproszenia) pod danym kątem (jak w przypadku metody Rutherforda). Miara prawdopodobieństwa danego procesu sprowadza się zatem do oceny odpowiedniego „przekroju czynnego". Więcej szczegółów na temat tych definicji i konwencji zostanie przedstawionych w toku analizy rozpraszania Rutherforda, omówionej poniżej.

4.3.1. Rozpraszanie Rutherforda

Rozważmy dwie naładowane cząstki punktowe oddziałujące pod wpływem centralnego potencjału Coulomba. Klasyczny potencjał centralny pozwala na rozdzielenie ruchu środka masy od ruchu względnego, dlatego wybieramy dogodny „układ odniesienia" z cząstką 1 w ruchu (padającą na cząstkę 2) o parametrach: m_1, $q_1 = Z_1 e$(gdzie $e$to ładunek podstawowy, a Z_1jest dodatnią liczbą całkowitą) i niezerową prędkością $v_1$mierzoną z bardzo dużej odległości.

W rozdziale 3.7 opisano ruch w centralnym polu Coulomba (z dwiema cząstkami punktowymi o przeciwnych ładunkach), dla którego otrzymaliśmy rozwiązanie:

$$p = r(1 + e\cos\theta). \tag{4-20}$$

Rozwiązanie ogólne (obejmujące ruch nieograniczony) jest ściśle powiązane i jest podane wzorem:

$$u = u_0\cos(\theta - \theta_0) - C, \qquad u = \frac{1}{r}. \tag{4-21}$$

Jeśli teraz rozważymy warunki brzegowe, asymptotycznie, dla interesującego nas rozpraszania przychodzącego/wychodzącego, musimy mieć rozwiązania spełniające:

$$u \to 0\ and\ r\sin\theta \to b\ \ as\ \theta \to \pi,$$

gdzie $b$jest parametrem uderzenia. Po rozwiązaniu, aby zapewnić relację między ba kątem ugięcia, otrzymujemy:

$$b = \frac{Z_1 Z_2 e^2}{4\pi\epsilon_0 m v_1^2}\cot\frac{\theta}{2}. \tag{4-22}$$

Otrzymaliśmy teraz zależność, $b(\theta)$z której można łatwo wyznaczyć przekrój poprzeczny, korzystając ze standardowego wzoru:

$$\frac{d\sigma}{d\Omega} = \frac{b}{\sin\theta}\left|\frac{db}{d\theta}\right|. \tag{4-23}$$

Zanim jednak przejdziemy dalej, wyprowadźmy ten wzór na nowo i przy okazji dowiedzmy się dokładnie, co oznacza „przekrój czynny rozpraszania". Formalna definicja brzmi:

$$\frac{d\sigma}{d\Omega}d\Omega = \frac{number\ scattered\ into\ d\Omega\ per\ unit\ time}{incident\ intensity}.$$

(liczba rozproszonych w kącie bryłowym na jednostkę czasu i natężenie padające)

(4-24)

Rozważmy wpadającą (osiową) wiązkę cząstek o jednorodnym natężeniu i parametrze uderzenia pomiędzy $ba\ b + db$, liczba padających cząstek o pożądanym parametrze uderzenia wynosi wówczas:

$$2\pi Ib|db| = I\frac{d\sigma}{d\Omega}d\Omega,$$

(4-25)

gdzie wykorzystano definicję liczby cząstek rozproszonych w kącie bryłowym $d\Omega$. Ponieważ potencjał rozpraszania jest radialnie symetryczny, mamy $d\Omega = 2\pi \sin\theta\, d\theta$, zatem:

$$\frac{d\sigma}{d\Omega} = \frac{b}{\sin\theta}\left|\frac{db}{d\theta}\right|.$$

Zastosowanie wzoru:

$$\frac{d\sigma}{d\Omega} = \left(\frac{Z_1 Z_2 e^2}{8\pi\epsilon_0 m v_1^2 \sin^2\frac{\theta}{2}}\right)^2 = \left(\frac{Z_1 Z_2(\alpha\hbar c)}{2mv_1^2 \sin^2\frac{\theta}{2}}\right)^2, \quad \alpha = \frac{e^2}{4\pi\epsilon_0\hbar c}.$$

(4-26)

4.3.2. Rozpraszanie Comptona

Rozważmy teraz rozpraszanie promieni rentgenowskich. Promienie rentgenowskie są nie tylko rozpraszane pod różnymi kątami w sposób cząsteczkowy, ale sama „cząstka" wydaje się zmieniać, ponieważ długość fali promieniowania rentgenowskiego zmienia się w zależności od wielkości (kąta) rozproszenia. Compton rozważy fotony w formalizmie korpuskularno-falowym, wykorzystując wzór efektu fotowoltaicznego Einsteina. Compton rozważy również fotony w ujęciu relatywistycznym, tak aby energia-pęd szczególnej teorii względności był reprezentacją energii całkowitej. Eksperyment z rozpraszaniem będzie polegał na tym, że padająca (skolimowana) wiązka promieni rentgenowskich uderza w nieruchomy elektron, powodując rozproszenie promieniowania rentgenowskiego i odrzut elektronu. Zatem z zasady zachowania energii (relatywistycznej) otrzymujemy:

$$hf + mc^2 = hf' + \sqrt{(pc)^2 + (mc^2)^2}, \tag{4-27}$$

gdzie f jest częstotliwością padającego promieniowania rentgenowskiego (zgodnie z równaniem Einsteina i stałą Plancka h), m jest masą (spoczynkową) elektronu, c jest prędkością światła, mc^2 a zatem jest energią spoczynkową elektronu zgodnie ze szczególną teorią względności Einsteina. Po prawej stronie mamy nową częstotliwość promieniowania rentgenowskiego f', niezerowy pęd odrzutu elektronu p, taki, że relatywistyczna energia-pęd odrzutu elektronu wynosi $\sqrt{(pc)^2 + (mc^2)^2}$. Dla zachowania 4-pędu mamy:

$$\boldsymbol{p} = \boldsymbol{p}_{\gamma} - \boldsymbol{p}_{\gamma'} \tag{4-28}$$

co można zapisać jako:

$$(pc)^2 = \left(p_{\gamma}c\right)^2 + \left(p_{\gamma'}c\right)^2 - 2\left(p_{\gamma}c\right)\left(p_{\gamma'}c\right)\cos\theta, \tag{4-29}$$

a gdy połączymy to z zasadą zachowania energii, otrzymamy słynne równanie Comptona:

$$\frac{c}{f'} - \frac{c}{f} = \frac{h}{mc}(1 - \cos\theta). \tag{4-30}$$

Rozkład kątowy rozproszonych fotonów opisuje wzór Kleina-Nishiny:

$$\frac{d\sigma}{d\Omega} = \frac{\left(\frac{1}{2r_0}\right)[1 + \cos^2\theta]}{\left[1 + 2\varepsilon\sin^2(\frac{\theta}{2})\right]}\left\{1 + \frac{4\varepsilon^2\sin^4(\frac{\theta}{2})}{[1 + \cos^2\theta]\left[1 + 2\varepsilon\sin^2(\frac{\theta}{2})\right]}\right\} \tag{4-31}$$

Ćwiczenie. Wyprowadź wzór Kleina-Nishiny.

4.3.3. Dyskusja teoretyczna i przykłady

Dotychczas opisy rozpraszania dotyczyły potencjałów z siłami przyciągającymi, takimi jak grawitacja czy Coulomb z przeciwnymi ładunkami. Mogły one również obejmować siły odpychające z praktycznie tym samym rezultatem, o ile były z natury Coulombowskie (a zatem sferycznie symetryczne, między innymi), z analizą jak poprzednio. Można rozważyć szereg bardziej złożonych potencjałów, ale ich istotną cechą jest to, że istnieją stany asymptotyczne i, być może, stany związane. Możemy w dużej mierze określić potencjał z przychodzących stanów asymptotycznych, które ulegają „rozproszeniu" na wychodzące stany asymptotyczne (przez niezerowy potencjał oddziaływania), lub z kolei zweryfikować nasze teoretyczne przewidywania dotyczące tego, jaki byłby ten potencjał. To właśnie tutaj „teoretyczne zderzenie z praktyką" fizyki teoretycznej łączy się z fizyką eksperymentalną.

Należy zauważyć, że mówiąc o niezwiązanych stanach asymptotycznych, czyli stanach swobodnych i stanach związanych, mamy na myśli dwa wyniki dynamiczne istniejące w tym samym układzie dynamicznym. Widzieliśmy to już wcześniej w kontekście analizy dwuwymiarowej i analizy perturbacyjnej w ogólności (analiza perturbacyjna zakłada dynamikę układu odniesienia, a następnie rozważa drugi układ, układ zaburzony). Stany asymptotyczne, które są „wolne" od interesującej nas interakcji, możemy „zobaczyć" asymptotycznie, rejestrując je w naszym aparacie detekcyjnym. Tego samego nie można powiedzieć o stanach związanych, które identyfikujemy pośrednio.

Podsumujmy kluczowe pytania, na które – według Reeda i Simona [56] – teoria rozpraszania stara się odpowiedzieć (więcej szczegółów w [56]). Na początek przyjmijmy ich notację dla stanów swobodnych i związanych:
ρ_+jest asymptotycznie wolny w przyszłości ($t \to \infty$), ρ_-jest asymptotycznie wolny w przeszłości ($t \to -\infty$) i ρjest stanem związanym. Ze sformułowania hamiltonianu wiemy, że możemy mówić o „operatorze transformacji czasu" działającym na wspomniane stany względem wyboru hamiltonianu, tutaj z

interakcją/bez interakcji: $\{ T_t, T_t^{(0)} \}$. Zatem możliwe jest rozważenie granic asymptotycznych:

$$\lim_{t\to-\infty}\left(T_t\rho - T_t^{(0)}\rho_-\right) = 0 \qquad \lim_{t\to\infty}\left(T_t\rho - T_t^{(0)}\rho_+\right) = 0\,. \tag{4-32}$$

Te granice są dobrze zdefiniowane tylko wtedy, gdy rozwiązania występują dla par $\{ \rho_-, \rho \}$, gdzie dla każdej pary ρistnieje tylko jedno odpowiadające ρ_-, podobnie jak dla $\{ \rho_+, \rho \}$. Kluczowe pytania:

(1) Jakie są stany wolne? Czy wszystkie można przygotować eksperymentalnie (kompletność przygotowania)?
(2) Czy istnieje jednoznaczność w korespondencji $\{ \rho_-, \rho \}$ i $\{ \rho_+, \rho \}$?
(3) Czy istnieje (słaba) zupełność rozpraszania? np. mapowanie wszystkiego ρ_-na $\rho \in \Sigma$, nazywanie tego podzbioru Σ, Σ_{in}; powtarzanie dla , ρ_+aby uzyskać Σ_{out}, powoduje $\Sigma_{in} = \Sigma_{out}$? Zjawisko to jest znane jako słaba zupełność asymptotyczna [56].
(4) Biorąc pod uwagę powyższe, możemy zdefiniować bijekcję funkcji Σna siebie, tak aby następujące przekształcenia stały się dobrze zdefiniowane: $\rho_- = \Omega^-\rho$i $\rho_+ = \Omega^+\rho$, gdzie Ω^-i Ω^+są odwzorowaniami bijekcyjnymi. Możemy zatem opisać rozpraszanie za pomocą bijekcji:

$$S = (\Omega^-)^{-1}\Omega^+.$$

W mechanice klasycznej zawsze będzie to istniało jako bijekcja w przestrzeni fazowej. W mechanice kwantowej S będzie liniową transformacją unitarną, znaną jako macierz S.
(5) Czy istnieją symetrie? Czasami S można określić na podstawie symetrii, co zostanie zbadane szerzej w kontekście mechaniki kwantowej w [42].
(6) Czym jest kontynuacja analityczna? Częstym udoskonaleniem teorii rzeczywistej, mającym na celu uwzględnienie zjawisk falowych (np. w przejściu do teorii kwantowej), jest przejście do teorii złożonej poprzez traktowanie teorii rzeczywistej jako wartości brzegowej funkcji analitycznej. Analityczność transformacji S, w zależności od wyboru, nadaje również przyczynowość (jak w przypadku wyboru Feynmana definicji całek konturowych dla propagatorów w [43]).
(7) Czy jest asymptotycznie zupełne $\Sigma_{bound} + \Sigma_{in} = \Sigma_{bound} + \Sigma_{out}$? W mechanice klasycznej operacje „+" są teoriomnogościowe, więc

sprowadza się to do pytania, czy $\Sigma_{in} = \Sigma_{out}$(słaba zupełność asymptotyczna) poza możliwym zbiorem miary zerowej (tj. istnieją problemy ze zbiorem miary zerowej – zbiór stanów związanych może być miary zerowej względem nadzbióru). W teorii kwantów „+" jest sumą prostą przestrzeni Hilberta, co jest bardziej skomplikowane i nie jest tutaj omawiane.

Przykład 4.1. Rozpad klasyczny.

Rozważmy klasyczny rozpad, A→ 3B, w którym pierwsza cząstka rozpada się na trzy identyczne cząstki o masie m . Załóżmy, że każda ostatnia cząstka ma taką samą energię w układzie odniesienia środka masy , że pierwotna cząstka porusza się z prędkością V wzdłuż osi z laboratorium, a energia rozpadu wynosi ϵ. Jeśli jedna z cząstek wyłania się wzdłuż dodatniej osi z, pod jakim kątem do osi z wyłaniają się pozostałe dwie cząstki?

Rozwiązanie

Mamy tę samą energię w układzie środka masy , czyli ten sam pęd. Zatem w układzie środka masy

$$\frac{1}{2}(3m)V^2 = 3\frac{1}{2}(m)V'^2 + \epsilon \rightarrow (mV') = \sqrt{m^2V^2 - \frac{2}{3}m\epsilon}$$

I

$$\tan\phi = \frac{|(m\vec{V}')|\sin(60°)}{|(3m\vec{V})| - |(m\vec{V}')|\cos(60°)} \qquad \sin 60° = \frac{\sqrt{3}}{2} \quad \cos 60° = \frac{1}{2}$$

Zatem,

$$\phi = \tan^{-1}\left\{\frac{\sqrt{m^2V^2 - \frac{2}{3}m\epsilon}\frac{\sqrt{3}}{2}}{3mV - \sqrt{m^2V^2 - \frac{2}{3}m\epsilon}\frac{1}{2}}\right\}$$

$$= \tan^{-1}\left\{\frac{\sqrt{3m^2V^2 - 2m\epsilon}}{6mV - \sqrt{m^2V^2 - \frac{2}{3}m\epsilon}}\right\}$$

Ćwiczenie 4.1. Rozpad klasyczny.

Przykład 4.2. (F&W 1.14)
Rozważmy rozpraszanie Rutherforda na powierzchni jądra, gdy przekrój czynny na uderzenie w powierzchnię jądra wynosi $\sigma_r = \pi b^2$dla parametru zderzenia minimum r: $r_{min} = b$. Przypomnijmy, że energia układu asymptotycznie, z prędkością wlotową V_∞, wynosi po prostu

$$E = \frac{1}{2}mV_\infty^2 \quad \rightarrow \quad V_\infty = \sqrt{\frac{2E}{m}}.$$

Dla (zachowanego) momentu pędu mamy również:

$$M_\theta = mV_\infty b = \sqrt{m2E}b.$$

Zatem efektywny potencjał ze wskazaniem M_θi potencjałem Coulomba $V_c = \frac{zZe^2}{R}$wynosi:

$$U_{eff} = \frac{M_\theta^2}{2mR^2} + V_c = E \rightarrow \frac{m2Eb^2}{2mR^2} + V_c = E \rightarrow b^2 = R^2\frac{(E - V_c)}{E}$$

Zatem,

$$\sigma_r = \pi b^2 = \pi R^2(1 - V_c/E).$$

Powiązane ćwiczenia: patrz Fetter&Walecka [29].

Przykład 4.3. (F&W 1.17)
Rozważ rozproszenie potencjału

$$V(r) = \begin{cases} 0 & r > a \\ -V_0 & r < a \end{cases}$$

(1) Pokaż, że orbita jest identyczna z promieniem światła załamanym przez kulę o promieniu a i $= \sqrt{(E + V_0)/E}$.
(2) Znajdź różniczkowy przekrój sprężysty.

Rozwiązanie
(1) Przypomnij sobie$F 2\pi b db = F d\sigma_d(\theta)$ and $d\Omega = 2\pi \sin\theta \, d\theta \Rightarrow$
$\frac{d\sigma}{d\Omega} = \frac{b}{\sin\theta}\left|\left(\frac{db}{d\theta}\right)\right|$

Mieć: $mV_1 \sin\theta_1 = mV_2 \sin\theta_2$i $E = \frac{P_1^2}{2m} + U_1 = \frac{P_2^2}{2m} + U_2$. Zatem:

$$\sin\theta_1 = \sin\theta_2 \sqrt{1 + \frac{2}{mV_1^2} V_0} \quad \rightarrow \quad \sin\theta_1 = \sqrt{(E + V_0)/E} \sin\theta_2$$

Zatem orbita jest identyczna z promieniem światła załamanym przez kulę o promieniu a $in = \sqrt{(E + V_0)/E}$

$$\sin\theta_2 = \frac{\sin\theta_1}{\sqrt{(E + V_0)/E}}$$

Kąt odchylenia odpowiadający θ_1i $\theta_2$wynosi $\theta = (\theta_1 - \theta_2)$. Zatem
$\theta_1 = \frac{\theta}{2} + \theta_2$, i ponieważ
$b = a \sin\theta_1$mamy:
$\sin\theta_1 = \sin\left\{\frac{\theta}{2} + \theta_2\right\} = \sin\left(\frac{\theta}{2}\right)\sin\theta_2 + \cos\left(\frac{\theta}{2}\right)\cos\theta_2 =$
$\frac{\sin\left(\frac{\theta}{2}\right)\sin\theta_1}{n} + \cos\left(\frac{\theta}{2}\right)\sqrt{1 - \sin^2\theta_1^2}$

$$\sin^2\theta_1 = \frac{\sin^2\left(\frac{\theta}{2}\right)}{\left(\frac{1}{n} - \cos\left(\frac{\theta}{2}\right)\right)^2 + \sin^2\left(\frac{\theta}{2}\right)}$$

$$b^2 = a^2 \sin^2\theta_1 = \frac{a^2 n^2 \sin^2\left(\frac{\theta}{2}\right)}{+n^2 \sin^2\left(\frac{\theta}{2}\right) + \left(1 - 2n\cos\left(\frac{\theta}{2}\right) + n^2\cos^2\left(\frac{\theta}{2}\right)\right)} = \frac{a^2 n^2 \sin^2\left(\frac{\theta}{2}\right)}{1 + n^2 - 2n\cos\left(\frac{\theta}{2}\right)}$$

$$2bdb = a^2n^2\left\{\frac{2\sin\left(\frac{\theta}{2}\right)\cdot\frac{1}{2}\cos\left(\frac{\theta}{2}\right)}{1+n^2-2n\cos\left(\frac{\theta}{2}\right)}\right.$$
$$\left.+\frac{(-1)a^2n^2\sin^2\left(\frac{\theta}{2}\right)\left[-2n\left(-\frac{1}{2}\sin\frac{\theta}{2}\right)\right]}{(\quad)^2}\right\}$$

$$=\frac{a^2n^2}{\left(1+n^2-2n\cos\left(\frac{\theta}{2}\right)\right)^2}\left\{\sin\left(\frac{\theta}{2}\right)\cos\left(\frac{\theta}{2}\right)\left(1+n^2-2n\cos\frac{\theta}{2}\right)-\right.$$
$$\left.n\sin^3\left(\frac{\theta}{2}\right)\right\}$$

Zatem,

$$\frac{d\sigma}{d\Omega}=\frac{b}{\sin\theta}\left|\frac{db}{d\theta}\right|$$
$$=\frac{a^2n^2}{4\cos\left(\frac{\theta}{2}\right)}\frac{1}{\left(1+n^2-2n\cos\left(\frac{\theta}{2}\right)^2\right)}\left\{\cos\left(\frac{\theta}{2}\right)(1\right.$$
$$\left.+n^2)-2n+n\left(1-\cos^2\left(\frac{\theta}{2}\right)\right)\right\}$$

$$\frac{d\sigma}{d\Omega}=\frac{a^2n^2}{4\cos\left(\frac{\theta}{2}\right)}\frac{1}{\left(1+n^2-2n\cos\left(\frac{\theta}{2}\right)\right)^2}\left\{\left(n\cos\left(\frac{\theta}{2}\right)-1\right)\left(n\right.\right.$$
$$\left.\left.-\cos\left(\frac{\theta}{2}\right)\right)\right\}$$

Powiązane ćwiczenia: patrz Fetter&Walecka [29].

Przykład 4.4. (F&W 1.18)

Rozważmy małą cząstkę o dużym parametrze zderzenia b z centralnym potencjałem V(r) z jedynie niewielkim odchyleniem występującym podczas rozproszenia.

(a) Użyj przybliżenia impulsowego, aby wyznaczyć mały kąt ugięcia.

(b) Rozważ przypadek $V(r) = \gamma r^{-n}$, w którym zarówno γi n są dodatnie.
(c) Zbadaj sprawę $V(r) = \gamma e^{-\lambda r}$.
(d) W mechanice kwantowej mała część kątowa przekroju poprzecznego jest inna niż w mechanice klasycznej, omów.

Rozwiązanie

(a) W przybliżeniu impulsowym mamy $\theta_1 \approx \frac{P'_{1y}}{m_1 v_\infty}iP'_{1y} = \int_{-\infty}^{\infty} F_y\, dt = \int_{-\infty}^{\infty} -\frac{dU}{dr}\frac{y}{r} dt$

Załóżmy małe ugięcie $y = b, dt = \frac{dx}{v_\infty}$:

$$\theta = \frac{b}{m_1 v_\infty^2} \int_{-\infty}^{\infty} -\frac{dU}{dr}\frac{dx}{r} = \frac{2b}{m_1 v_\infty^2} \left| \int_b^{\infty} \frac{dU}{dr} \frac{dr}{\sqrt{r^2 - b^2}} \right|$$

(B)$V(r) = \gamma r^{-n} \qquad r > 0, n > 0$

$$\theta = \frac{2b}{m_1 v_\infty^2} \left| \int_b^{\infty} \gamma(-n) r^{-n-1} \frac{dr}{\sqrt{r^2 - b^2}} \right| = \frac{2b}{m_1 v_\infty^2} n\gamma \left| \int_b^{\infty} \frac{r^{-(n-1)} dr}{\sqrt{r^2 - b^2}} \right|$$

$$\theta = \frac{2b}{m v_\infty^2} \int_b^{\infty} \frac{dr}{\sqrt{r^2 - b^2}} \gamma n r^{-n-1} = \frac{2b}{m v_\infty^2} \int_1^{\infty} \frac{\gamma n b dx b^{-(n+1)} x^{-(n+1)}}{b\sqrt{x^2 - 1}}$$
$$= \frac{2b}{m v_\infty^2 b^n} \int_1^{\infty} \frac{x^{-(n+1)}}{\sqrt{x^2 - 1}} dx$$

Zatem, $\theta = \frac{C}{b^n} \qquad C = \frac{2}{m v_\infty^2} \int_1^{\infty} \frac{x^{-(n+1)}}{\sqrt{x^2 - 1}} dx.$

Więc,

Zatem,

$$\frac{d\theta}{db} = \frac{-nC}{b^{n+1}} \quad and \quad \frac{d\sigma}{d\Omega} = \frac{1}{nC}\frac{b^{n+2}}{\sin\theta} \cong \frac{1}{nC}\frac{b^{n+2}}{\theta}$$

$$b^{n+2} = \left(\frac{C}{\theta}\right)^{\left(\frac{n+2}{n}\right)} \quad and \quad \frac{d\sigma}{d\Omega} = C'\theta^{-\left(2+\frac{2}{n}\right)}.$$

Dla $n = 1,\quad \frac{d\sigma}{d\Omega} \simeq C'\theta^{-4} \leftarrow$ Rutherford: $\left(\frac{d\sigma}{d\Omega}\right)_{el} = \left(\frac{zZe^3}{4E\sin^2\frac{1}{2}\theta}\right)^2$

$n = 2,\quad \frac{d\sigma}{d\Omega} \simeq C'\theta^{-3} \leftarrow \left(\frac{d\sigma}{d\Omega}\right)_{el} = \frac{\gamma\pi^2}{E\sin\theta}\frac{\pi-\theta}{\theta^2(2\pi-\theta)^2}$

Aby $\sigma_\tau$dobrze zdefiniować: $\int \frac{d\sigma}{d\Omega} d\Omega < \infty$Oto mamy:

$$\int_0^\theta C'\theta^{-\left(2+\frac{2}{n}\right)} d\Omega \sim \int_0^\theta C'\theta^{-\left(2+\frac{2}{n}\right)}\theta d\theta \sim \theta^{-\frac{2}{n}}\Big|_0^\theta = \infty \text{ for } n > 0$$

Tak więc przekrój poprzeczny jest dobrze określony tylko wtedy, gdy n<0.

(c) Mieć:$V(r) = \gamma e^{-\lambda r} \qquad r = bx$

$$\theta = \frac{2b}{m_1 v_\infty^2}\left|\int_b^\infty -\frac{\gamma\lambda e^{-\lambda r} dr}{\sqrt{r^2-b^2}}\right| = b^2\left(\frac{\lambda 2\lambda}{m_1 v_\infty^2}\right)\int_1^\infty \frac{xe^{-\lambda bx} dx}{\sqrt{x^2-1}}$$

Weź pod uwagę $b\lambda \gg 1$tylko $x \approx 1$wkład

$$\theta = \gamma b\lambda\left(\frac{2}{m_1 v_\infty^2}\right)\int_1^\infty \frac{e^{-\lambda b}\, e^{-\lambda b\epsilon}}{\sqrt{2}\sqrt{\epsilon}} d\epsilon = \gamma b e^{-\lambda b} K \qquad K$$

$$= \left(\frac{\sqrt{2}\lambda}{m_1 v_\infty^2}\right)\int_1^\infty \frac{e^{-\lambda b\epsilon}}{\sqrt{\epsilon}} d\epsilon$$

Zatem,

$$\theta = \gamma\sqrt{\frac{\pi b}{\lambda}} e^{-\lambda b}\left(\frac{\lambda}{m_1 v_\infty^2}\right).$$

Od

$$\log\theta \approx -\lambda b \;\rightarrow\; b \sim \lambda^{-1}\log\left(\frac{1}{\theta}\right) \;\rightarrow\; \frac{d\sigma}{d\Omega} \sim \frac{b}{\theta}\frac{db}{d\theta}$$

Dlatego σ_τ nie jest dobrze zdefiniowane, ponieważ $\int_0^x \frac{dx}{x\log x} = \log(\log x)_{x\to\infty} \rightarrow \infty$

(d) Klasycznie: brak rozpraszania pod zerowym kątem dla skończonego b; podczas gdy mechanika kwantowa ma skończoną gęstość prawdopodobieństwa dla rozpraszania pod zerowym kątem.

Powiązane ćwiczenia: patrz Fetter&Walecka [29].

Rozdział 5. Ruch zbiorowy

Teraz krótko omówimy ruch zbiorowy w przypadkach idealizowanych, takich jak ciała sztywne i proste ciała materialne, a fenomenologiczną dyskusję dotyczącą ciał materialnych częściowo pozostawimy w rozdziale 8 „Fenomenologia i analiza wymiarowa". Ten krótki przegląd rozpoczyna się od ruchu ciała sztywnego.

5.1 Ruch ciała sztywnego

W przypadku ciała sztywnego wszystkie obciążenia wewnętrzne są zerowe. Jeśli geometria ciała sztywnego jest statyczna, siły przyłożone muszą być zrównoważone i przenoszone przez ciało sztywne, tak aby wypadkowe siły i momenty skręcające były zerowe. W dowolnym położeniu ciała możemy obliczyć wypadkowe siły i momenty siły zgodnie z sześcioma skalarnymi równaniami równowagi:

$$\sum F_x = 0, \sum F_y = 0, \sum F_z = 0, \sum M_x = 0, \sum M_y = 0, \sum M_z = 0. \tag{5-1}$$

Mówiąc o jednorodnym materiale, z którego zbudowane jest ciało sztywne, można mówić o średnim naprężeniu normalnym działającym na powierzchnię przekroju ($\sigma = N/A$, gdzie Njest wewnętrznym obciążeniem osiowym, a Ajest powierzchnią przekroju) oraz średnim naprężeniu ścinającym działającym na powierzchnię przekroju ($\tau_{avg} = S/A$, gdzie Sjest siłą ścinającą działającą na przekrój A). Rozważmy kilka klasycznych problemów Hibbelera [59,60], aby omówić niektóre z tych zagadnień statyki i zobaczyć ich zastosowanie.

Przykład 5.1. (Hibbeler 1-12)

Belka jest trzymana poziomo, jej lewy koniec jest przytwierdzony do kołka ściennego (punkt A). Przechodząc od lewej do prawej wzdłuż belki, mamy punkty oznaczone w następujący sposób: 1 stopę na prawo od A znajduje się punkt D, kolejne 2 stopy i punkt B, kolejne 1 stopę i punkt E, kolejne 2 stopy i punkt G i kolejne 1 stopę, aby dotrzeć do końca, na którym wskazane jest obciążenie z powodu połączenia kablowego pod kątem 30 stopni na zewnątrz (w prawo) od pionu. W punkcie B znajduje się belka nośna, skierowana w górę do ściany, tworząca trójkąt 3-4-5 ze ścianą (górne mocowanie kołka oznaczone jako C), gdzie 3 odpowiada 3 stopom od A do B. Obciążenie kabla wynosi 150 funtów. Występuje również równomierne rozłożone obciążenie między punktem B a końcem belki 75 lb/ft. Wzdłuż przekątnej belki nośnej, 1 stopę w dół od kołka podporowego w punkcie C, znajduje się wewnętrzny punkt belki oznaczony jako F.

„Określ wypadkowe obciążenia wewnętrzne na przekrojach poprzecznych w punktach F i G na zespole."
Rozważmy swobodny diagram belki poziomej, który pozwoli nam obliczyć siłę osiową belki, F_{CB}z której można w prosty sposób wyznaczyć obciążenie wewnętrzne w punkcie F. Przekrój (przekrój) bryły swobodnej w przekroju poprzecznym G jest wykonywany po prawej stronie, co umożliwia przeprowadzenie kolejnej prostej analizy bryły swobodnej, aby wyznaczyć obciążenie wewnętrzne w punkcie G. Najpierw dla F_{CB}:

$$\sum M_A = 0 \rightarrow 3(0.8)F_{BC} - 5(300) - 7(150)(0.5)\sqrt{3} = 0$$

$$\rightarrow F_{BC} = 1{,}003.9\ lb.$$

Stąd mamy obciążenie wewnętrzne przy F:

$$N_F = F_{BC} = 1{,}003.9\ lb, \quad S_F = 0, \quad and \quad M_F = 0.$$

Rozważmy teraz obciążenie wewnętrzne w punkcie G za pomocą przekroju ciała swobodnego (szczegóły w [59,60]), składającego się z ciała po prawej stronie rozcięcia:

$$\sum M_G = 0 \rightarrow M_G - (0.5)(75) - (1)(150)(0.5)\sqrt{3} = 0 \rightarrow M_G = 167.4 ft\ lb.$$

$$\sum F_x = 0 \rightarrow N_G + 150(0.5) = 0 \rightarrow N_G = -75 lb.$$

$$\sum F_y = 0 \rightarrow V_G - 75 - 150(0.5)\sqrt{3} = 0 \rightarrow N_G = 205 lb$$

Ćwiczenie 5.1. *Powtórz z obciążeniem 150 funtów →250 funtów.*

Przykład 5.2. Hibbeler (1-66)

„Rama” jest utworzona przez pionową ścianę i dwie belki stykające się, tworząc trójkąt 3-4-5 (przeciwprostokątna skierowana ku górze, więc belka jest rozciągana, a nie ściskana). Mocowania ścienne są sworzniami zawiasowymi, podobnie jak połączenie między belkami. Odległość między mocowaniami ściennymi (długość pionowa) wynosi 2 m, a belka pozioma ma długość 1,5 m. Dolne mocowanie ścienne jest oznaczone jako punkt A, górne jako B, a punkt połączenia belek to punkt C. Zatem przeciwprostokątna ma długość BC. W punkcie C zaznaczono obciążenie P skierowane pionowo w dół. Przecięcie belki BC w pionie oznaczono jako przekrój poprzeczny oznaczony jako „aa”.

Określ największe obciążenie **P** , jakie można przyłożyć do ramy, nie powodując przekroczenia odpowiednio średniego naprężenia normalnego lub średniego naprężenia ścinającego w przekroju aa $\sigma = 150 MPa$i $\tau = 60 MPa$. Element CB ma kwadratowy przekrój poprzeczny o boku 25 mm.

Zacznijmy od rozważenia belki poziomej jako ciała swobodnego, aby uzyskać F_{BC}w kategoriach **P** :

$$\sum M_A = 0 \rightarrow \quad 0.8F_{BC} = P. \tag{5-2}$$

Rozważany przekrój nie jest prostopadły do osi belki, dlatego należy odpowiednio skorygować siłę normalną i (niezerową) siłę ścinającą:

$$N_{aa} = 0.6F_{BC} = 0.75P \quad and \quad S_{aa} = 0.8F_{BC} = P.$$

Pole przekroju poprzecznego wynosi: $A_{aa} = A/\cos\theta = (5/3)A$.
Zatem naprężenie normalne w wskazanym przekroju poprzecznym jest maksymalne, gdy znajduje się przy wskazanej granicy naprężeń:

$$\sigma = \frac{N_{aa}}{A_{aa}} = 150MPa \rightarrow P_{max} = 208kN. \tag{5-3}$$

Maksymalne obciążenie P, jakie można osiągnąć przy naprężeniu normalnym, jest ograniczone do $P_{max} = 208kN$.
Naprężenie ścinające oznaczone jako aa może wynosić maksymalnie 60 MPa, z czego obliczamy:

$$\tau = \frac{S_{aa}}{A_{aa}} = 60MPa \rightarrow \; P_{max} = 22.5kN. \tag{5-4}$$

Maksymalne obciążenie P, jakie można osiągnąć przy naprężeniu ścinającym, jest ograniczone do $P_{max} = 22.5kN$, a ponieważ ta granica jest osiągana wcześniej, maksymalne obciążenie możliwe przy P wynosi 22,5 kN (aby uniknąć zniszczenia wskutek ścinania).

Rozważmy kilka sytuacji dynamicznych z ciałami sztywnymi (kilka z nich zostało już wspomnianych, ale z idealizowanymi, bezmasowymi prętami).

Ćwiczenie 5.2. *Powtórz za pomocą* $\sigma = 250MPa$.

Przykład 5.3. Deska oparta o ścianę .
Rozważmy problem deski opartej o ścianę. Jeśli deska $\theta_0$początkowo tworzy kąt z podłogą i może się swobodnie ślizgać po podłodze (bez tarcia), jaki jest jej ruch? Kiedy, jeśli w ogóle, deska przestaje stykać się ze ścianą? Kiedy, jeśli w ogóle, deska przestaje stykać się z podłogą? Jest to podobne do problemu 3.18 na stronie 85 [29], z deską o długości Li masie M.

Na początek przypomnijmy, że moment bezwładności (jednolitej) deski względem jej środka masy wynosi $I = \frac{1}{12}ML^2$. Energię kinetyczną można zatem wyrazić w odniesieniu do ruchu liniowego środka masy i obrotu wokół tego środka:

$$T = \frac{1}{2}M(\dot{x}^2 + \dot{y}^2) + \frac{1}{2}I\dot{\theta}^2,$$

gdzie współrzędne (x, y) środka masy są powiązane przez θi $x = \frac{L}{2}\cos\theta$($y = \frac{L}{2}\sin\theta$przy zachowaniu kontaktu ze ścianą). Energia potencjalna wynosi po prostu: $V = Mgy$. Lagrange'a wynosi zatem:

$$L = \frac{1}{2}M(\dot{x}^2 + \dot{y}^2) + \frac{1}{2}I\dot{\theta}^2 - Mgy \rightarrow \quad L$$
$$= \frac{1}{2}M\left(\frac{L}{2}\right)^2 \dot{\theta}^2 + \frac{1}{2}I\dot{\theta}^2 - Mg\frac{L}{2}\sin\theta$$

Równanie Eulera-Lagrange'a (EL) dla tego ostatniego (forma ograniczona) daje:

$$\dot{\theta}^2 = \frac{3g}{l}(\sin\theta_0 - \sin\theta).$$

Ponieważ interesują nas ograniczenia kontaktowe (i sytuacje, w których zawodzą), wróćmy do pierwotnej formy i dodajmy mnożniki Lagrange'a dla ograniczeń:

$$L(\lambda,\tau) = \frac{1}{2}M(\dot{x}^2 + \dot{y}^2) + \frac{1}{2}I\dot{\theta}^2 - Mgy + \tau\left(x - \frac{L}{2}\cos\theta\right)$$
$$+ \lambda\left(y - \frac{L}{2}\sin\theta\right).$$

Równania ruchu dla współrzędnych (x, y) środka masy i (λ,τ)mnożników Lagrange'a dla ograniczenia x są następujące:

$$M\ddot{x} - \tau = 0 \quad \rightarrow \quad \tau = -\frac{ML}{2}\left(\cos\theta\,\dot{\theta}^2 + \sin\theta\,\ddot{\theta}\right)$$
$$= \frac{3gM}{2}\cos\theta\left(\frac{3}{2}\sin\theta - \sin\theta_0\right)$$

gdzie τmnożnik zmierza do zera, gdy:

$$\frac{3}{2}\sin\theta_C - \sin\theta_0 = 0\,.$$

W ten sposób deska opuszcza ścianę, gdy punkt styku znajduje się na wysokości:

$$Y = 2y = 2\left(\frac{L}{2}\right)\sin\theta_C = \frac{2}{3}L\sin\theta_0.$$

W chwili, gdy drabina opuszcza ścianę, współrzędna x jest wolna i ma:

$$x = \frac{L}{2}\sqrt{1 - \left(\frac{2}{3}\right)^2 \sin^2\theta_0} \quad and \quad \dot{x} = -\frac{\sqrt{gL}}{3}(\sin\theta_0)^{\frac{3}{2}} \quad and \quad \ddot{x} = 0$$

Przyjrzyjmy się teraz ograniczeniu y przed i po opuszczeniu deski przez ścianę:

$$M\ddot{y} + Mg - \lambda = 0 \quad \rightarrow \quad \lambda = \frac{ML}{2}\left(-\sin\theta\,\dot{\theta}^2 + \cos\theta\,\ddot{\theta}\right) + Mg$$

Zanim deska opuści ścianę, mamy $\dot{\theta}^2 = \frac{3g}{L}(\sin\theta_0 - \sin\theta)$i $\ddot{\theta} = -\frac{3g}{2L}\cos\theta$, dla którego $\lambda > 0$zawsze. Po opuszczeniu ściany przez deskę mamy $\dot{\theta}^2 = \frac{g}{L}\sin\theta_0$i $\ddot{\theta} = 0$, dla którego $\lambda > 0$zawsze. Zatem λnigdy nie znika, a deska nigdy nie opuszcza podłogi, z ruchem y wyrażonym podobnie jak ruch x powyżej.

Ćwiczenie 5.3. Załóżmy, że na drabinie w punkcie środkowym znajduje się pracownik o masie M. Powtórz analizę.

Przykład 5.4. Obracająca się pod stałym kątem rura z kulką w środku.

Rozważ rurę obracającą się ze stałą prędkością kątową ωwokół osi pionowej, tworzącej z nią stały kąt α. Wewnątrz rury znajduje się kula o masie m, która przesuwa się swobodnie bez tarcia. Używając współrzędnych sferycznych, niech w chwili t=0 położenie kuli będzie równe $r = a$i $\frac{dr}{dt} = 0$. Dla wszystkich interesujących nas momentów kula pozostaje w górnej części rury. (a) Znajdź równanie Lagrange'a; (b) Znajdź równania ruchu; (c) Znajdź stałe ruchu; (d) Znajdź t jako funkcję r w postaci całki.

Rozwiązanie

(a) Lagrange'a dla ruchu piłki podaje się wzorem

$$L = \frac{1}{2}m\left(\frac{ds}{dt}\right)^2 - mgrcos\alpha$$

gdzie dla współrzędnych sferycznych: $ds^2 = dr^2 + r^2(d\theta^2 + sin^2\theta d\varphi^2)$.Tak więc,

$$L = \frac{1}{2}m\left(\dot{r}^2 + r^2(\dot{\theta}^2 + sin^2\theta\dot{\varphi}^2)\right) - mgrcos\alpha, \quad with \quad \theta = \alpha, \ \dot{\varphi} = \omega$$

i otrzymujemy:

$$L = \frac{1}{2}m(\dot{r}^2 + r^2 sin^2\alpha\omega^2) - mgrcos\alpha$$

(b) Równanie ruchu dla r przy stałej częstotliwości obrotów i określonym kącie deklinacji:

$$m\ddot{r} - mrsin^2\alpha\omega^2 + mgcos\alpha = 0$$

$$\rightarrow \quad \frac{d}{dt}\left\{\frac{1}{2}\dot{r}^2 - \frac{1}{2}r^2 sin^2\alpha\omega^2 + rgcos\alpha\right\} = 0.$$

(c) Stała ruchu wynosi zatem

$$\dot{r}^2 - r^2 sin^2\alpha\omega^2 + r2gcos\alpha = const$$

Z r=a i $\frac{dr}{dt} = 0$inicjalizacji mamy

$$const = 2\alpha gcos\alpha - (a\omega sin\alpha)^2.$$

(d) Możemy napisać

$$\left(\frac{dr}{dt}\right)^2 = \dot{r}^2 = 2gcos\alpha(a - r) + (\omega sin\alpha)^2(r^2 - a^2)$$

lub przechodząc do formy całkowej:

$$dt = \frac{dr}{\sqrt{2gcos\alpha(a - r) + (\omega sin\alpha)^2(r^2 - a^2)}}$$

Zatem,

$$t = \int \frac{dr}{\sqrt{2gcos\alpha(a - r) + (\omega sin\alpha)^2(r^2 - a^2)}}.$$

Ćwiczenie 5.4. *Powtórz analizę dla obracającej się rury parabolicznej z kulą w środku.*

5.2 Ciała materialne

Do tej pory widzieliśmy, jak obliczyć naprężenie jako siłę działającą na powierzchnię ($\sigma = F/A$). W przypadku ciał niewyidealizowanych (takich jak ciała sztywne), tj. ciał materialnych, na to naprężenie będzie reagować odkształcenie. Aby określić ilościowo to odkształcenie, zdefiniujmy odkształcenie:

$$\epsilon = \frac{\Delta L}{L}. \tag{5-5}$$

Związek między przyłożonym naprężeniem normalnym a wynikającym z niego odkształceniem jest podany przez prawo Hooke'a:

$$\sigma = Y\epsilon, \tag{5-6}$$

gdzie Y jest stałą odpowiednią dla rozpatrywanego materiału, znaną jako moduł Younga. Na tej podstawie możemy obliczyć gęstość energii odkształcenia: $u = \sigma\epsilon/2$. Podobne zależności istnieją dla naprężenia ścinającego. Jeśli weźmiemy pod uwagę stałe obciążenie i pole przekroju poprzecznego, możemy pogrupować równania , aby uzyskać zależność na zmianę długości dla danej siły przyłożonej (normalnej):

$$\delta = \frac{FL}{AY}. \tag{5-7}$$

Jeżeli istnieją połączone sekcje o różnych przekrojach powierzchniowych itd., ich δwartości są sumowalne.

Na koniec, w tym krótkim przeglądzie ciał materialnych, należy uwzględnić naprężenia cieplne (większość efektów cieplnych omówiono dopiero w [44]). Powszechnie wiadomo, że ciała materialne rozszerzają się lub kurczą pod wpływem zmian temperatury. Opisuje to następujący mechanizm:

$$\delta_T = \alpha \Delta T L, \tag{5-8}$$

gdzie αjest liniowym współczynnikiem rozszerzalności cieplnej.

Przykład 5.5. Hibbeler (3-8)
Belka jest początkowo utrzymywana poziomo o długości , $10ft$a obciążenie rozłożone jest na całej jej długości w. Jeden jej koniec jest utrzymywany za pomocą sworznia zawiasowego (zamontowanego na ścianie), a drugi koniec za pomocą odciągu pod kątem 30 stopni do poziomu.

„Sztywna belka jest podparta sworzniem w punkcie C i odciągiem A-36 AB. Jeśli lina ma średnicę 0,2 cala, określ obciążenie rozłożone w, jeśli koniec B zostanie przesunięty o 0,75 cala w dół."

Najpierw musimy obliczyć naprężenie odciągu i na tej podstawie określić występujące obciążenie. Pierwotna długość AB wynosi 11,547 stopy. Rozciągnięta długość odciągu wynosi 11,578 stopy, zatem naprężenie wynosi $\epsilon = 0.00269$. Moduł Younga dla odciągu A-36 wynosi $29x10^3 ksi$, zatem mamy:

$$\frac{F}{A} = Y\epsilon \;\rightarrow\; F = 2.45kip \;\rightarrow\; w = \frac{0.245kip}{ft}.$$

Ćwiczenie 5.5. Powtórz dla średnicy drutu 0,3 cala i przemieszczenia końca B wynoszącego 1,0 cala wzdłuż długości AB.

Przykład 5.6. Hibbeler (4-70)
Pręt montuje się poziomo pomiędzy dwiema ścianami za pomocą dwóch (identycznych) sprężyn na każdym końcu, pomiędzy ścianą i końcami pręta.

„Pręt wykonany jest ze stali A992 [$\alpha = 6.6x10^{-6}/°\text{F}$] i ma średnicę 0,25 cala. Jeżeli pręt ma długość 4 stóp, gdy sprężyny [$k = 1000lb/in$] są ściśnięte o 0,5 cala, a temperatura pręta wynosi $T = 40°\text{F}$, określ siłę w pręcie, gdy jego temperatura wynosi $T = 160°\text{F}$."

Z $\delta_T = \alpha\Delta TL \rightarrow \delta_T = 3.168 \times 10^{-3}ft$. Przy działaniu dwóch sprężyn razem mamy siłę działającą do wewnątrz po obu stronach:

$$F = k\left(\frac{\delta_T}{2}\right) = 19\ lb.$$

Ćwiczenie 5.6. Powtórz dla T = 360°Fściśnięcia sprężyny 0,75 cala.

5.3 Hydrostatyka i stacjonarny przepływ cieczy

Wskazówki dotyczące szczególnej teorii względności: Fizeau, relatywistyczny efekt Dopplera i rachunek K Bondiego

Szczególna teoria względności ujawnia się, gdy teoria pola przechodzi do opisu elektromagnetyzmu. Wskazówki dotyczące istnienia szczególnej teorii względności, ze względu na spójność, można znaleźć we wczesnych, prymitywnych eksperymentach ze światłem, ale ich znaczenie nie było wówczas rozumiane.

Fizeau 1851 [22] odkrył, że prędkość światła w wodzie poruszającej się z prędkością v(względem laboratorium) można wyrazić jako:

$$u = \frac{c}{n} + kv, \tag{5-9}$$

gdzie zmierzono „współczynnik oporu" wynoszący $k = 0.44$. Wartość k przewidywana przez zależność prędkości Lorentza:

$$x = \frac{x' + vt'}{\sqrt{1 - \frac{v^2}{c^2}}} \rightarrow \quad u_x = \frac{dx' + vdt'}{dt' + \frac{v}{c^2}dx'} = \frac{u_x{}' + v}{1 + \frac{v}{c^2}u_x{}'} \tag{5-10}$$

Jeśli potraktujemy światło jako cząstkę, obserwator laboratoryjny obliczy jego prędkość jako:

$$u_x = \frac{c/n + v}{1 + \frac{v}{c^2}\frac{c}{n}} \cong \frac{c}{n} + \left(1 - \frac{1}{n^2}\right)v.$$

Woda ma $n \cong 4/3$zatem:

$$u_x \cong \frac{c}{n} + (0.44)v,$$

co jest zgodne z wynikami eksperymentu przeprowadzonego w 1851 r.

Rozdział 6. Transformacja Legendre'a i hamiltonian

Zacznijmy od Lagrange'a i wykonajmy transformację Legendre'a, aby uzyskać formułę hamiltonianu:

$$dL = \sum_i \frac{\partial L}{\partial q_i} dq_i + \frac{\partial L}{\partial \dot{q}_i} d\dot{q}_i$$

Podstawiając zależność dla uogólnionych pędów, $p_i = \frac{\partial L}{\partial \dot{q}_i}$, i równań Lagrange'a: $F_i = \dot{p}_i = \frac{\partial L}{\partial q_i}$,

$$dL = \sum_i \dot{p}_i dq_i + p_i d\dot{q}_i.$$

Przegrupowując, dochodzimy do hamiltonianu układu (widzianego wcześniej jako energia, jeśli układ jest zachowany):

$$dH = d\left(\sum_i p_i \dot{q}_i - L\right) = -\sum_i \dot{p}_i dq_i + \dot{q}_i dp_i, \tag{6-1}$$

co oznacza, że $\dot{p}_i = -\frac{\partial H}{\partial q_i}$, i $\dot{q}_i = \frac{\partial H}{\partial p_i}$.

Rozważmy teraz całkowitą pochodną czasową hamiltonianu:

$$\frac{dH}{dt} = \frac{\partial H}{\partial t} + \sum_i \frac{\partial H}{\partial q_i} \dot{q}_i + \frac{\partial H}{\partial p_i} \dot{p}_i = \frac{\partial H}{\partial t} \tag{6-2}$$

a jeśli H nie jest jawnie zależne od czasu, otrzymujemy $\frac{dH}{dt} = 0$, zatem $H = E$, dla stałej E, zachowaną energię układu.

6.1 Mapowania uwzględniające ochronę powierzchni

Rozważmy nieskończenie mały ruch obiektu w odniesieniu do uogólnionych współrzędnych od (q_0, p_0)do (q_1, p_1)w przestrzeni fazowej:

$$q_1 = q_0 + \delta t \dot{q}|_{q=q_0} + O(\delta t^2) = q_0 + \delta t \frac{\partial H(q_0, p_0, t)}{\partial p_0} + O(\delta t^2)$$

$$p_1 = p_0 + \delta t \dot{p}|_{p=p_0} + O(\delta t^2) = p_0 - \delta t \frac{\partial H(q_0, p_0, t)}{\partial q_0} + O(\delta t^2)$$

Jakobian, postrzegany jako transformacja współrzędnych, wygląda następująco:

$$\frac{\partial(q_1, p_1)}{\partial(q_0, p_0)} = \begin{vmatrix} \frac{\partial q_1}{\partial q_0} & \frac{\partial p_1}{\partial q_0} \\ \frac{\partial q_1}{\partial p_0} & \frac{\partial p_1}{\partial p_0} \end{vmatrix} = 1 + O(\delta t^2).$$

(6-3)

Gdy nieskończenie małe sprowadzamy do zera, widzimy, że każdy przepływ spełniający równania Hamiltona zachowuje pole (Jacobian = 1). Odwrotna sytuacja jest również prawdziwa – jeśli przepływ w obszarze zamkniętym pod odwzorowaniem przestrzeni fazowej lub przepływ zachowuje pole, to przepływ spełnia równania Hamiltona.

6.2 Hamiltoniany i mapy fazowe

Ponieważ hamiltonian jest zachowany, obejmuje on ruch w przestrzeni fazowej wzdłuż krzywych o stałej wartości $H = E$. Diagram fazowy układu hamiltonowskiego składa się zatem z konturów o stałej wartości H, niczym mapa konturowa. Wcześniej,

$$L = \frac{1}{2} m \dot{q}^2 - U(q) \longrightarrow E = \frac{1}{2} m \dot{q}^2 + U(q)$$

(6-4)

używając,

$$H = \sum_i p_i \dot{q}_i - L, with\, p_i = \frac{\partial L}{\partial \dot{q}_i}$$

(6-5)

Teraz masz:

$$H(p, q) = \frac{p^2}{2m} + U(q).$$

(6-6)

Kontury, czyli krzywe poziome hamiltonianu, są zbiorami niezmiennymi, podobnie jak punkty stałe. Punkty stałe w przestrzeni fazowej występują, gdy gradient hamiltonianu wynosi zero: $\nabla H = 0$, $i.e.\ \partial H/\partial q = 0$,i $\partial H/\partial p = 0$. Układ znajduje się w stanie równowagi, gdy znajduje się w punkcie stałym, dlatego identyfikacja tych punktów oraz powiązanych z nimi atraktorów i cykli granicznych będzie interesująca dla zrozumienia dynamiki układu i zachowania asymptotycznego (wszystkie te zagadnienia zostaną omówione).

Przypadki 1–4 w dalszej części opisują przypadki równań różniczkowych zwyczajnych, charakteryzujących się wskazaną stabilnością. Pełna analiza w tym kierunku, lokalnie, ujawnia różne typy stabilności i ogólne kryteria [31], co jest omówione w kolejnej sekcji. Jeśli można uzyskać w pełni globalną separowalność, jest ona najwyraźniejsza w formalizmie hamiltonowskim-Jacobiego (omówionym również w dalszej części).

Zacznijmy od analizy układów autonomicznych drugiego rzędu zgodnie z [28]. Obejmuje to wiele interesujących układów, a także zlinearyzowaną (lokalną) aproksymację dowolnego układu. Zaczynamy od opisu układu za pomocą wektora rzeczywistego $\boldsymbol{r}(t)$o 2N składowych, jeśli istnieje N stopni swobody, z powiązaną „prędkością fazową" $\dot{\boldsymbol{r}}(t) = \boldsymbol{v}(t)$, która jest równaniem różniczkowym wektorowym pierwszego rzędu. Rząd jest zdefiniowany jako minimalna liczba sprzężonych równań pierwszego rzędu, w tym przypadku 2N.

Ruchy układu drugiego rzędu można opisać za pomocą linii przepływu i punktów stałych (jeśli takie istnieją) w powiązanym z nimi $\{\boldsymbol{r}(t), \boldsymbol{v}(t)\}$„portrecie fazowym" lub „diagramie fazowym". Pozwala to na jakościową analizę właściwości układu, gdzie szczególne przypadki analizowane w przypadkach I-VI pozwalają zrozumieć elementy składowe takiej analizy jakościowej.

Zgodnie z [28], rozważmy najpierw mapy przestrzeni fazowej dla szczególnych przypadków najniższego rzędu q, $U(q)$a następnie opiszmy ogólną klasę potencjałów uzyskaną w wyniku konstrukcji tych szczególnych przypadków. Na początek rozważmy $U(q) = aq$:

Przykład 6.1. Przypadek 1 . $U(q) = aq$. Jednorodne pole siłowe $aq = E - \frac{p^2}{2m}$.

Przypomnijmy, że $\dot{p}_i = -\frac{\partial H}{\partial q_i}$, i $\dot{q}_i = \frac{\partial H}{\partial p_i}$i załóżmy $p = 0$, że t_0i q_0:

$$H(p,q) = \frac{p^2}{2m} + aq \rightarrow \ \dot{p} \ = -a \quad \dot{q} \ = \frac{p}{m}$$

Całkowanie równań pierwszego rzędu:

$$p = -a(t - t_0) \quad q = q_0 - \frac{a}{2m}(t - t_0)^2.$$

Ćwiczenie 6.1. Przedstaw mapę przestrzeni fazowej dla hamiltonianu z potencjałem $U(q) = aq$(i wykres potencjału). Wykaż, że nie ma punktów stałych.

Przykład 6.2. Przypadek 2 . $U(q) = +\frac{1}{2}aq^2$. Oscylator liniowy. $\frac{1}{2}aq^2 + \frac{p^2}{2m} = E$(okręgi/elipsy w przestrzeni fazowej):

$$H(p,q) = \frac{p^2}{2m} + \frac{1}{2}aq^2 \rightarrow \ \dot{p} \ = -aq \ \ and \ \ \dot{q} \ = \frac{p}{m}$$

Wynikające z tego równanie ruchu drugiego rzędu ma postać:

$$\ddot{q} = -\frac{a}{m}q = \ -\omega^2 q \rightarrow q = Acos(\omega t + \delta) \rightarrow p$$
$$= -m\omega A \sin(\omega t + \delta).$$

To klasyczny, prosty ruch harmoniczny z okresem $T = 2\pi/\omega$i $E = \frac{1}{2}mA^2\omega^2$.

Ćwiczenie 6.2. Przedstaw mapę przestrzeni fazowej dla hamiltonianu z potencjałem $U(q) = +\frac{1}{2}aq^2$(wraz z wykresem potencjału). Wykaż, że krzywe poziomów są elipsami i że istnieje eliptyczny punkt stały dla q=0, p=0.

Przykład 6.3. Przypadek 3 . $U(q) = -\frac{1}{2}aq^2$. Liniowa siła odpychająca (kwadratowa bariera potencjału).

$$H(p,q) = \frac{p^2}{2m} - \frac{1}{2}aq^2 \rightarrow \dot{p} \ = aq \quad \dot{q} \ = \frac{p}{m}$$

Wynikające z tego równanie ruchu drugiego rzędu ma postać:

$$\ddot{q} = \frac{a}{m}q = \gamma^2 q \rightarrow q = Ae^{\gamma t} + Be^{-\gamma t} \rightarrow p$$
$$= m\gamma Ae^{\gamma t} - m\gamma Be^{-\gamma t}, and\ E = -2m\gamma^2 AB.$$

Do tej pory widzieliśmy przypadek bez punktu stałego, eliptyczny punkt stały i hiperboliczny punkt stały. To tylko niektóre z głównych interesujących kategorii, ale dla uzupełnienia, rozważmy układ opisany funkcją wektorową czasu, $r(t) = (q(t), p(t))$która spełnia równanie ruchu różniczkowego wektorowego pierwszego rzędu:

$$\frac{dr(t)}{dt} = \left(\dot{q}(t), \dot{p}(t)\right) = v(q, p, t)$$

Punkt, (q, p)w którym $v(q, p, t) = 0$α jest znany jako punkt stały, reprezentuje układ w równowadze. Jeśli, jak $t \rightarrow \infty$mamy $r(t) \rightarrow r_0$, α, to $r_0$nazywa się atraktorem. Silny atraktor występuje, gdy trajektoria fazowa w dowolnym miejscu w otoczeniu punktu atraktora $r_0$powoduje trajektorię łączącą (asymptotyczną) z atraktorem.

Separacja zmiennych jest generalnie możliwa dzięki teorii równań różniczkowych zwyczajnych [32] i stabilności [31], a w dalszej części tej sekcji (zgodnie z [28]) zostanie wykorzystana do kategoryzacji typów przepływów (z punktami stabilnymi lub bez nich). Dalsza dyskusja na temat separowalności zostanie przeprowadzona w dalszej części, w której omówiono równanie Hamiltona-Jacobiego [27].

Ćwiczenie 6.3. Pokaż mapę przestrzeni fazowej dla hamiltonianu z potencjałem $U(q) = -\frac{1}{2}aq^2$. Pokaż, że krzywe poziome są hiperbolami lub liniami prostymi w przypadku zdegenerowanym (pokaż separatrycę). Pokaż, że istnieje punkt stały przy p=0, q=0 (hiperboliczny i wyraźnie niestabilny).

Przykład 6.4. Przypadek 4. $U(q) = cubic$Bariera potencjału sześciennego, rozwiązanie przestrzeni fazowej zbudowane z przypadków 1-3:

Ćwiczenie 6.4. Pokaż mapę przestrzeni fazowej dla hamiltonianu z potencjałem $U(q) = cubic$(wraz z wykresem potencjału).

Przykład 6.5. Rozważ hamiltonian: $H = a|p| + b|q|$, opisz wszystkie spójne rozwiązania.

1 przypadek, $a > 0, b > 0$

Kwadranty: I:$H_I = ap + bq$
II:$H_{II} = ap - bq$
III:$H_{III} = ap - bq$
IV:$H_{IV} = ap + bq$

Aby uzyskać dynamikę, należy skorzystać z równań Hamiltona:

Rozważmy Kwadrant I: $\dot{q} = a, \dot{p} = -b$, zatem $q = at + a_0, p = -bt + b_0$. $q = at, p = -bt + \frac{H}{a}$To daje przepływ.

2. przypadek, $a < 0, b < 0$

Kwadranty: $H_I = -ap - bq$
$H_{II} = -ap + bq$
$H_{III} = ap + bq$
$H_{IV} = ap - bq$

H $\leq$0 jest jedynym spójnym rozwiązaniem $a < 0, b < 0$.

3. przypadek, $a > 0, b < 0$

$H_I = ap - bq$ $\qquad \frac{dp}{dq} = {}^{b}/_{a}, q = 0, p = \frac{H}{a}$

$H_{II} = ap + bq$ $\qquad \dot{q} = a, \dot{p} = b$

$H_{III} = -ap + bq$ $\qquad q = at, p = bt + \frac{H}{a}$

$H_{IV} = ap + bq$ $\qquad \dot{q} = -a, \dot{p} = -b \;\rightarrow$

$q = -at, p = -bt - \frac{H}{a}$

4. przypadek ,$a < 0, b > 0$

$H_I = -ap + bq$ $\qquad p = 0, q = \frac{H}{b}$

$H_{II} = -ap - bq$ $\qquad \dot{q} = a, \dot{p} = -b$

$H_{III} = ap - bq$ $\qquad q = at + a_0, p = bt +$

b_0Gdzie$a_0 = 0$ $\qquad b_0 = \frac{H}{b}$

$H_{IV} = ap + bq$ $\qquad$ podobny

Ćwiczenie 6.5. Co się dzieje w punkcie (0, 0)?

Przykład 6.6. Rozważmy potencjał ruchu 1D z $V = -Ax^4,\ A > 0.$

$$H(x, P_x) = \frac{P_x^2}{2m} + V(x)$$

$$2mE = P_x^2 - 2mAx^4 = \left(P_x - \sqrt{2mA}x^2\right)\left(P_x + \sqrt{2mA}x^2\right)$$

W początku układu współrzędnych znajduje się jeden punkt stały $x = P_x = 0$, a kontury energii składają się z parabol $P_x = \pm\sqrt{2mA}x^2$przechodzących przez ten punkt stały. Separacja to niestabilna trajektoria przechodząca przez niestabilny punkt stały. Mamy:

$$\dot{x} = \frac{\partial H}{\partial P_x} = \frac{P_x}{m} = \frac{\sqrt{2mA}x^2}{m} = \sqrt{\frac{2A}{m}}x^2$$

$$t = \frac{1}{x\sqrt{\frac{2A}{m}}} \text{ as } x \rightarrow 0 \ and \ t \rightarrow \infty \ motion \ terminates.$$

W związku z tym wniosek zostaje zamknięty.

Ćwiczenie 6.6. Co się dzieje, gdy$sqn(P_0X_0) = 1$? Pokaż wykresy potencjału i fazy.

6.3 Przegląd równań różniczkowych zwyczajnych i klasyfikacja punktów stałych na poziomie lokalnym, zliniowanym (rozłącznym)

Zacznijmy od przesunięcia początku diagramu fazowego tak, aby znalazł się w ustalonym punkcie zainteresowania, i jawnie zapiszmy funkcję prędkości w kategoriach rozwinięcia funkcji położenia:

$$\boldsymbol{v}(\boldsymbol{r}) = A\boldsymbol{r} + O(|\boldsymbol{r}|^2), \tag{6-7}$$

ponieważ $\boldsymbol{v}(\boldsymbol{0}) = 0$w punkcie stałym, gdzie A jest niesingularną macierzą rzeczywistą. Zgodnie z oznaczeniem Percivala [28], niech

$$A = \begin{pmatrix} a & b \\ c & d \end{pmatrix}. \tag{6-8}$$

Dla wystarczająco małych wartości $\boldsymbol{r}(\boldsymbol{x}, \boldsymbol{y})$otrzymujemy jedynie człon liniowy i $\dot{\boldsymbol{r}} = A\boldsymbol{r}$. Chcemy diagonalizować macierz Ai na tej podstawie uzyskać standaryzowaną ocenę zachowania punktu stałego. Aby to osiągnąć, rozważmy transformację do nowych współrzędnych.$\boldsymbol{R}(\boldsymbol{X}, \boldsymbol{Y}) = M\boldsymbol{r} \rightarrow \dot{\boldsymbol{R}} = B\boldsymbol{R}$, gdzie $B = MAM^{-1}$. Wynikają z tego trzy przypadki:

Przypadek (1) wartości własne Bsą rzeczywiste i różne, w takim przypadku $\dot{\boldsymbol{X}} = \lambda_1 \boldsymbol{X}, \ \dot{\boldsymbol{Y}} = \lambda_2 \boldsymbol{Y}$, więc

$$\left(\frac{\boldsymbol{X}}{\boldsymbol{X_0}}\right)^{\lambda_2} = \left(\frac{\boldsymbol{Y}}{\boldsymbol{Y_0}}\right)^{\lambda_1}. \tag{6-9}$$

Jeśli mamy , $\lambda_1 < \lambda_2 < 0$to mamy węzeł stabilny, podobnie jak $\lambda_2 < \lambda_1 < 0$. Jeśli mamy $\lambda_1 > \lambda_2 > 0$, to mamy węzeł niestabilny, podobnie dla $\lambda_2 > \lambda_1 > 0$. Jeśli mamy , $\lambda_1 < 0 < \lambda_2$to mamy węzeł niestabilny (punkt hiperboliczny); i podobnie, ale ze strzałkami odwróconymi, jeśli $\lambda_2 < 0 < \lambda_1$.

Przypadek (2) wartości własne Bsą rzeczywiste i równe. Istnieją dwa podprzypadki: załóżmy $b = c = 0$, że , wówczas musi być$\lambda_1 = \lambda_2 < 0$ $(b = c = 0)$znana jako gwiazda stabilna. Podobnie$\lambda_1 = \lambda_2 > 0$

$(b = c = 0)$W tym przypadku chodzi o gwiazdę niestabilną. Z drugiej strony, jeśli $c \neq 0$, to mamy

$$B = \begin{pmatrix} \lambda & 0 \\ c & \lambda \end{pmatrix}, \tag{6-10}$$

z roztworem:

$$\frac{Y}{X} = \frac{c}{\lambda}\ln(\frac{X}{X_0}) \tag{6-11}$$

Krzywe fazowe dla tego przypadku opisują węzeł niewłaściwy, który jest stabilny, jeśli$\lambda_1 = \lambda_2 < 0$ $(b \neq 0\ c \neq 0)$lub niestabilny, nieprawidłowy węzeł, jeśli$\lambda_1 = \lambda_2 > 0$ $(b \neq 0\ c \neq 0)$.

Przypadek (3), wartości własne funkcji Bsą zespolone i sprzężone ze sobą $\lambda_1 = \alpha + i\omega = \lambda_2 *$. Załóżmy, że wartości własne są czysto urojone ($\alpha = 0$), co daje punkt eliptyczny, obracający się zgodnie z ruchem wskazówek zegara lub przeciwnie do ruchu wskazówek zegara zgodnie ze znakiem funkcji ω. Załóżmy $\alpha < 0$, że mamy stabilny punkt spiralny, obracający się zgodnie ze znakiem funkcji ω. Podobnie, jeśli $\alpha > 0$, mamy niestabilny punkt spiralny, obracający się zgodnie ze znakiem funkcji ω.

Do tej pory zidentyfikowaliśmy różne zachowania punktów stałych. W układach pierwszego rzędu każdy ruch dąży albo do punktu stałego, albo do nieskończoności, więc mamy pełną „taksonomię" tego, co zostało opisane do tej pory. W przypadku układów drugiego rzędu i wyższych niekoniecznie tak jest. Dokładny przykład cyklu granicznego zostanie podany poniżej, a dziwne atraktory pozostawimy na późniejszą sekcję, gdzie omówimy przejście do chaosu.

W naszej identyfikacji zachowania punktu stałego pominęliśmy możliwość istnienia stałego podzbioru, który nie jest po prostu punktem. Takie sytuacje mogą wystąpić nawet w układach drugiego rzędu, prowadząc do klasycznego zjawiska „cyklu granicznego". Rozważmy następujący, jawny przypadek podany w [28] w tym kontekście. Załóżmy, że mamy układ separowalny we współrzędnych biegunowych zgodnie z:

$$\dot{r} = \alpha r(r - R), \quad R > 0, and \quad \dot{\theta} = \omega.$$

Okrąg $r = R$jest niezmienny i w ruchu w otoczeniu cyklu jest albo silnym atraktorem (stabilny), albo odwrotnym (np. niestabilny, z odwróconymi liniami przepływu).

$$\dot{x} = x^2 \longrightarrow \frac{dx}{dt} = x^2 \longrightarrow -x^{-1} + x_0{}^{-1} = t$$
$$\dot{y} = -y \longrightarrow \frac{dy}{dt} = y \longrightarrow y = y_0 e^{-t}$$

Przykład 6.7. Niestabilny cykl spiralny i stabilny cykl graniczny.

Dla małych $x_1, \ x_2$systemów:

$$\dot{x_1} = -x_2 + x_1 r(1 - r)$$
$$\dot{x_2} = x_1 + x_2 r(1 - r)$$
$$r^2 = x_1{}^2 + x_2{}^2$$

redukuje się do układu liniowego o środku w punkcie (0,0). Wykaż, że układ nieliniowy ma niestabilną spiralę w punkcie (0,0) i stabilny cykl graniczny przy r=1.

Rozwiązanie

$\dot{x_1} = -x_2 + x_1 r(1 - r)$
$\dot{x_2} = x_1 + x_2 r(1 - r)$
$r^2 = x_1{}^2 + x_2{}^2$
dla (x_1, x_2)małych, jak i małych r ($\sim x$), mają

$$\begin{matrix} \dot{x_1} = -x_2 \\ \dot{x_2} = x_1 \end{matrix} \longrightarrow \begin{pmatrix} \dot{x_1} \\ \dot{x_2} \end{pmatrix} = \begin{pmatrix} 0 & -1 \\ 1 & 0 \end{pmatrix} \begin{pmatrix} x_1 \\ x_2 \end{pmatrix}$$
$$\lambda^2 + 1 = 0 \quad \rightarrow \quad \lambda = \pm i.$$

Ten ostatni wynik wskazuje, że jest to punkt elipsoidalny {Percival] o środku w punkcie (0,0). Przyjrzyjmy się teraz zachowaniu r. Zacznijmy od grupowania:

$$x_1 \dot{x_1} + x_2 \dot{x_2} = (x_1{}^2 + x_2{}^2)\gamma(1 - r) = r^2(1 - r).$$

Można to zapisać tak:

$$\frac{1}{2}\frac{d}{dt}(x_1{}^2 + x_2{}^2) = \frac{1}{2}\frac{d}{dt}\dot{r}^{\,2} = r^3\,(1 - r) \rightarrow \quad \frac{dr}{dt} = r^2(1 - r).$$

Cykl graniczny jest oznaczony jako $r = 1$. Aby potwierdzić,

$$dt = \frac{dr}{r^2(1-r)}, and\ as\ r \longrightarrow 1\ we\ get\ dt = \frac{dr}{1-r}.$$

W okolicy $r = 1$:

$$t = -\ln|1-r| \rightarrow \quad r = 1 \pm \exp(-t), and\ as\ t \longrightarrow \infty, r \longrightarrow 1, a\ limit\ cycle.$$

Rozważmy teraz sytuację, gdy r jest bliskie zeru. Dla r bliskiego zeru mamy $\dot{r} \cong r^2$, a ponieważ zaczynamy od, $r > 0$wyraźnie mamy, $\dot{r} > 0$zatem rozchodzi się spiralnie na zewnątrz.

Przykład 6.8. Punkt stały eliptyczny (patrz Percival [28], s. 41)

Wykaż, że początek układu jest eliptycznym punktem stałym:

$$\dot{x}_1 = -x_2 + x_1 r^2 \sin\left(\frac{\pi}{r}\right)$$
$$\dot{x}_2 = x_1 + x_2 r^2 \sin\left(\frac{\pi}{r}\right).$$

Ponadto wykaż, że:

(a) okręgi r=1/n, n=1,2,…, są krzywymi fazowymi.

(b) trajektorie między dwoma kolejnymi okręgami skręcają w kierunku przeciwnym do początku układu współrzędnych lub w kierunku przeciwnym do początku układu współrzędnych

(c) krzywe fazowe poza r=1 są nieograniczone

Rozwiązanie

Mamy punkt eliptyczny o środku (0,0) wtedy $\dot{x}_1 = -x_2$i $\dot{x}_2 = x_1$dokładnie wtedy, gdy r dąży do zera.

(a) Gdy podstawimy r=1/n, te krzywe fazowe identyfikujemy jako okręgi koncentryczne:

$$\dot{x}_1 = -x_2 + x_1 \left(\frac{1}{n}\right)^2 \sin(\pi n) = -x_2$$
$$\dot{x}_2 = x_1 + x_2 \left(\frac{1}{n}\right)^2 \sin(\pi n) = x_1$$

(b) Grupowanie równań w celu uzyskania pochodnej całkowitej:

$$x_1\left(\dot{x}_1 = -x_2 + x_1\, r^2\, \sin\left(\frac{\pi}{r}\right)\right)$$
$$+x_2\left(\dot{x}_2 = x_1 + x_2\, r^2 \sin\left(\frac{\pi}{r}\right)\right)$$
$$x_1\dot{x}_1 + x_2\dot{x}_2 = (x_1^2 + x_2^2) r^2 \sin\left(\frac{\pi}{r}\right)$$

Mamy więc:

$$\frac{1}{2}\frac{d}{dt}(x_1^2 + x_2^2) = r^4 \sin\left(\frac{\pi}{r}\right) \quad \rightarrow \quad 2r\dot{r} = 2r^4 \sin\left(\frac{\pi}{r}\right) \quad \rightarrow \quad \dot{r} = r^3 \sin\left(\frac{\pi}{r}\right).$$

Znak $\dot{r}$zmian zgodnie z [brakuje kontekstu]. $\sin(\pi/r)$.Gdybyśmy zgrupowali, aby uzyskać drugie rozwiązanie, zobaczylibyśmy, że grupa skręca spiralnie do wewnątrz. Pomiędzy dowolnymi dwoma kolejnymi okręgami r=1/n znak się odwróci. Zatem krzywe r=1/n będą cyklami granicznymi, $\dot{r} < 0$jeśli są powyżej i $\dot{r} > 0$poniżej cyklu granicznego r=1/n.

(c) Jeśli $r > 1$, to $\sin\left(\frac{\pi}{r}\right)$jest zawsze dodatnie, zatem $\dot{r}$ jest zawsze dodatnie i rośnie spiralnie na zewnątrz.

6.4 Układy liniowe i formalizm propagatora

Przypadek 4 powyżej jest przykładem układu nieautonomicznego, w którym funkcja prędkości jest jawną funkcją czasu. Dla liniowego układu drugiego rzędu (ewentualnie z aproksymacją perturbacyjną, która zostanie omówiona później) mamy równania:

.

$$\frac{d\boldsymbol{r}(t)}{dt} = A(t)\boldsymbol{r}(t) + b(t). \tag{6-12}$$

Weźmy $b(t) = 0$, dla którego istnieje funkcja macierzowa 2x2, która pozwala nam zapisać:

$$\boldsymbol{r}(t_1) = \boldsymbol{K}(t_1, t_0)\boldsymbol{r}(t_0), \tag{6-13}$$

gdzie macierz $\boldsymbol{K}(t_1, t_0)$jest propagatorem od $t_0$do t_1. Należy zauważyć, że propagator spełnia relację Chapmana-Kołmogorowa (występującą w teorii informacji):

$$\boldsymbol{K}(t_2, t_0) = \boldsymbol{K}(t_2, t_1)\boldsymbol{K}(t_1, t_0) \tag{6-14}$$

Macierze propagatorów w tej reprezentacji nie muszą być przemienne. Dyskusja na temat kryterium wymienialności Chapmana-

Kołmogorowa i deFinettiego jest przedstawiona w dalszych rozdziałach (warianty kwantowe w Księdze 4, warianty mechaniki statystycznej w Księdze 5 oraz zagadnienia teorii informacji w Księdze 9).

Liczne wyniki są łatwo dostępne w formalizmie propagatora. Na początek ustalmy relację między znanymi rozwiązaniami a macierzą propagatora, aby szybko przejść do formalizmu propagatora. Zgodnie z dyskusją [28], zacznijmy od zapisania dwuelementowego wektora kolumnowego jako mieszaniny dowolnej pary rozwiązań:

$$\boldsymbol{r}(t) = c_1\boldsymbol{r_1}(t) + c_2\boldsymbol{r_2}(t).$$

Skupmy się teraz na przypadku, gdy w t_0, mamy $\boldsymbol{r_1}(t_0) = \binom{1}{0}$i $\boldsymbol{r_2}(t_0) = \binom{0}{1}$, $c_1 = \boldsymbol{x}(t_0)$i $c_2 = \boldsymbol{y}(t_0)$:

$$\begin{pmatrix}\boldsymbol{x}(t_1)\\ \boldsymbol{y}(t_1)\end{pmatrix} = c_1\begin{pmatrix}\boldsymbol{x_1}(t_1)\\ \boldsymbol{y_1}(t_1)\end{pmatrix} + c_2\begin{pmatrix}\boldsymbol{x_2}(t_1)\\ \boldsymbol{y_2}(t_1)\end{pmatrix} = c_1\begin{pmatrix}\boldsymbol{K_{11}}\\ \boldsymbol{K_{21}}\end{pmatrix} + c_2\begin{pmatrix}\boldsymbol{K_{12}}\\ \boldsymbol{K_{22}}\end{pmatrix},$$

gdzie wartości macierzy wybiera się tak, jak wskazano, biorąc pod uwagę wybrane rozwiązania specjalne w t_0i aby były zgodne z ostateczną formą propagatora, która jest uzyskiwana:

$$\begin{pmatrix}\boldsymbol{x}(t_1)\\ \boldsymbol{y}(t_1)\end{pmatrix} = \begin{pmatrix}\boldsymbol{K_{11}x}(t_0)\\ \boldsymbol{K_{21}x}(t_0)\end{pmatrix} + \begin{pmatrix}\boldsymbol{K_{12}y}(t_0)\\ \boldsymbol{K_{22}y}(t_0)\end{pmatrix} = \begin{pmatrix}\boldsymbol{K_{11}x}(t_0) + \boldsymbol{K_{12}y}(t_0)\\ \boldsymbol{K_{21}x}(t_0) + \boldsymbol{K_{22}y}(t_0)\end{pmatrix}$$
$$= \begin{pmatrix}\boldsymbol{K_{11}} & \boldsymbol{K_{12}}\\ \boldsymbol{K_{21}} & \boldsymbol{K_{22}}\end{pmatrix}\begin{pmatrix}\boldsymbol{x}(t_0)\\ \boldsymbol{y}(t_0)\end{pmatrix}$$

Zatem,

$$\boldsymbol{r}(t_1) = \boldsymbol{K}(t_1, t_0)\boldsymbol{r}(t_0), \tag{6-15}$$

Rozważmy przypadek 2 powyżej, gdzie $U(q) = +\frac{1}{2}aq^2$(oscylator liniowy) okazał się rozwiązaniem:

$$q = Acos(\omega t + \delta) \quad and \quad p = -m\omega A\sin(\omega t + \delta) \tag{6-16}$$

Niech $t_0$odpowiada $t = 0$, wówczas dla rozwiązania 1 mamy:

$$\boldsymbol{r_1}(t_0) = \begin{pmatrix} \boldsymbol{x}(t_0) \\ \boldsymbol{y}(t_0) \end{pmatrix} = \begin{pmatrix} A cos(\delta) \\ -m\omega A \sin(\delta) \end{pmatrix}, \tag{6-17}$$

gdzie spotykamy specjalną formę potrzebną dla $\delta = 0$i $A = 1$. Podobnie dla $\boldsymbol{r_2}(t_0)$, wybieramy $\delta = 90$i $A = 1/(-m\omega)$. Zatem:

$$\boldsymbol{K}(t = t_1, t_0 = 0) = \begin{pmatrix} cos(\omega t) & (m\omega)^{-1} \sin(\omega t) \\ -m\omega \sin(\omega t) & cos(\omega t) \end{pmatrix} \tag{6-18}$$

Zauważ, że det$\boldsymbol{K}$ = 1, opisuje zatem odwzorowanie zachowujące obszar, co jest niezbędne w przypadku układów hamiltonowskich. Dla macierzy K mamy podobne oceny stabilności jak wcześniej dla macierzy B, dalszą dyskusję na ten temat można znaleźć w [28].

Rozdział 7. Chaos

Istnieje wiele sposobów, w jaki chaos został przedstawiony w literaturze naukowej (patrz [61], inne). Chaos można łatwo znaleźć w wielu jednowymiarowych układach, które wykazują podwojenie okresu w pewnych reżimach, gdzie ten reżim podwojenia okresu ostatecznie przekształca się w reżim chaosu. Przeanalizujemy kilka takich układów w dalszej części. Inne ścieżki prowadzące do chaosu, takie jak nieciągłość i kryzysy [61], przedstawione graficznie, mają obszary wąskich gardeł w swoich odwzorowaniach iteracyjnych lub cykliczne obszary półstabilne, które wyjaśniałyby pojawienie się zachowań przypominających chaos. Zatem podane przykłady chaosu będą ogólnie dość ogólne.

W rozdziale 7.1 omówimy ogólną ścieżkę prowadzącą do zjawiska chaosu w przypadku ruchu okresowego. Wynika to z faktu, że chaos jest wszechobecny, a dzięki skupieniu się na ruchu okresowym dysponujemy prostymi podstawami matematycznymi, opartymi na iteracyjnym sformułowaniu mapy, które pozwolą na łatwą identyfikację domen chaosu.

Zanim jednak przejdziemy do chaosu, zregenerujmy się na chwilę i zastanówmy się, co jest przeciwieństwem chaosu, aby zyskać nieco perspektywy. Najbardziej uporządkowany układ to taki, który jest „całkowalny" lub dla którego istnieje „całkowalność". Przypomnijmy sobie, jak używaliśmy wielkości zachowanych, tak jak je identyfikowaliśmy, aby zmniejszyć złożoność równań różniczkowych, na przykład przy identyfikacji momentu pędu. Symetrie możemy również przedstawić jako wielkości zachowane (twierdzenie Noether). Jeśli zarówno stałe ruchu, jak i symetrie wystarczają do uzyskania pełnego rozwiązania równań układu, to mamy całkowalność, jeśli nie, to jest on niecałkowalny. Dalszą dyskusję na temat całkowalności można znaleźć w [38,32,37].

Przykładem krytyczności całkowalności i niecałkowalności w kontekście dostępu do zachowań chaotycznych jest maszyna Atwooda Swinging (rysunek 7.1) [79]:

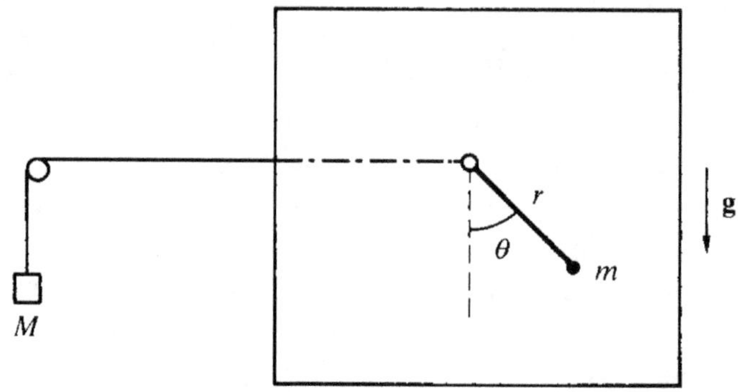

Rysunek 7.1.

Hamiltonian jest

$$H = \frac{p_r^2}{2m(1+\mu)} + \frac{p_\theta^2}{2mr^2} + mgr(\mu - \cos\theta), \qquad \mu = \frac{M}{m}, \tag{7-1}$$

a ruch ten nie jest, ogólnie rzecz biorąc, całkowalny, ponieważ H jest zwykle jedyną stałą ruchu.

W przypadku μ > 1 ruch m jest zawsze ograniczony krzywą prędkości zerowej (p = 0), która jest
, której kształt zależy od stosunku mas μ i energii H.

Gdy μ ≤ 1 ruch nie jest ograniczony żadną energią i masa M ostatecznie przechodzi nad bloczkiem.

Układ jest całkowalny w przypadku μ = 3! W tym szczególnym przypadku istnieje druga zachowana wielkość dana wzorem

$$J = \frac{p_\theta}{4m}\left(p_r \cos\frac{\theta}{2} - \frac{2p_\theta}{r}\sin\frac{\theta}{2}\right) + mgr^2 \sin\frac{\theta}{2}\cos^2\frac{\theta}{2}.$$

(7-2)

gdzie $\dot{J} = 0$. Gdy μ = 3, ruch jest całkowicie uporządkowany. Dla wszystkich innych stosunków mas istnieją obszary ruchu chaotycznego.

7.1. Ogólna ścieżka do zjawiska chaosu: Ruch okresowy →Mapa iteracyjna →chaosu

Załóżmy, że badany układ liniowy, $d\boldsymbol{r}(t)/dt = A(t)\boldsymbol{r}(t)$z odpowiednim wyborem czasu, ma parametry okresowe w czasie: $A(t+T) = A(t)$dla każdego t. Jeśli rozważymy propagator w jednym takim okresie T, otrzymamy, z wygodnym wyborem początku czasu, propagator $\boldsymbol{K} = \boldsymbol{K}(T,0) =. \boldsymbol{K}(nT,(n-1)T)$Teraz rozważmy propagator dla nT kroków w czasie (i wykorzystajmy zależność Chapmana-Kołmogorowa), aby uzyskać:

$$\boldsymbol{K}(nT,0) = \boldsymbol{K}^n. \tag{7-3}$$

Z powyższego równania wynika, że w układach z parametrami zależnymi od czasu, które są okresowe w czasie, propagator , $\boldsymbol{K}(\boldsymbol{t},\boldsymbol{0})$**ma** tę właściwość, że można go wyznaczyć w pewnych późniejszych momentach czasu , nTjedynie poprzez powtarzane propagacje przez propagator okresu $\boldsymbol{K}$. Biorąc pod uwagę, że propagator okresu jest odwzorowaniem liniowym (i zachowującym pole dla układów hamiltonowskich), oznacza to, że znaczna część przyszłego zachowania (stabilnego lub nie) układu o parametrach okresowych może być określona przez klasy zachowania przy powtarzalnych odwzorowaniach propagatora okresu. Innymi słowy, zachowanie układu sprowadza się głównie do analizy zachowania iterowanej mapy propagacji okresu.

Rozważmy teraz formalną definicję „mapy" w sensie układu z czasem dyskretnym. Czas dyskretny może wynikać z definicji danych (sekwencja rocznych odczytów), okresowości (z pomiarem wykonanym z próbkowaniem okresowym) lub z wielu innych powodów. Opiszmy układ jednym wektorem o wartościach rzeczywistych $\boldsymbol{r}(t)$, teraz z n składowymi, a dla scenariusza z czasem dyskretnym z mapą załóżmy, że $\boldsymbol{r}(t+1) = \boldsymbol{F}(\boldsymbol{r}(t),t)$, gdzie $\boldsymbol{F}$jest funkcją mapy (funkcją o wartościach wektorowych) przestrzeni fazowej na samą siebie. Dla funkcji mapy, które nie są jawnie zależne od czasu, otrzymujemy notację $\boldsymbol{r}_{t+1} = \boldsymbol{F}(\boldsymbol{r}_t)$. Zatem formalizm mapy jest bardzo naturalny dla liniowych równań różniczkowych, gdy istnieją okresowe funkcje prędkości (np. $d\boldsymbol{r}(t)/dt = A(t)\boldsymbol{r}(t)$z $(t + T) = A(t)$). Warunek okresowej funkcji prędkości wydaje się bardzo silny pod tym względem i jeśli rozluźnimy warunek liniowości, okaże się, że iteracyjny wynik mapy nadal obowiązuje.

Rozważmy $d\boldsymbol{r}(t)/dt = \boldsymbol{v}(\boldsymbol{r}, t)$w $\boldsymbol{v}(\boldsymbol{r}, t + T) = \boldsymbol{v}(\boldsymbol{r}, t)$ogólności (nieliniowe). W pierwszym dyskretnym kroku czasowym, t=1, mamy, $\boldsymbol{r}(1) = \boldsymbol{F}(\boldsymbol{r}(0))$zgodnie z definicją wprowadzonego odwzorowania. Następnie widzimy, że $d\boldsymbol{r}(t + 1)/dt = \boldsymbol{v}(\boldsymbol{r}(t + 1), t)$, zatem $\boldsymbol{r}(2) = \boldsymbol{F}(\boldsymbol{r}(1))$z tą samą funkcją odwzorowania, i przez indukcję musi mieć $\boldsymbol{r}_{t+1} = \boldsymbol{F}(\boldsymbol{r}_t)$w ogólności. Innymi słowy, zarówno układy autonomiczne, jak i nieautonomiczne, jeśli mają okresowe funkcje prędkości, można opisać za pomocą funkcji odwzorowania powiązanej z układem autonomicznym z czasem dyskretnym. Prowadzi to do dwuetapowego procesu rozwiązywania równań różniczkowych: (1) Wyznacz funkcję odwzorowania$\boldsymbol{F}$ z badania rozwiązania w jednym okresie ruchu (od t=0 do t=1); (2) Określ zachowanie rozwiązania poprzez wielokrotne zastosowanie funkcji odwzorowania. Z tego wynika, że chaotyczne zachowanie układu jest wszechobecne. Nawet proste układy hamiltonowskie z jednym stopniem swobody mogą wykazywać chaos, podobnie jak proste, *konserwatywne* układy hamiltonowskie z 2 lub więcej stopniami swobody. W rzeczywistości, w przypadku układów o ruchu ograniczonym, znaczna część przestrzeni fazowej obejmuje punkty fazowe podlegające ruchowi chaotycznemu.

W przykładzie wymuszonego tłumienia wahadła, który zostanie opisany poniżej (prosty układ hamiltonowski), znajdziemy ruch chaotyczny w ogólnym zestawie okoliczności. Innymi słowy, zobaczymy, że zachowanie chaotyczne (zdefiniowane precyzyjnie) jest „normalnym" wynikiem, gdy przekracza granice perturbacyjne układu, lub nawet jeśli mieści się w domenie perturbacyjnej, jeśli przestrzeń parametrów przekracza „fazę chaosu" układu. Ten ostatni opis „fazy" chaosu w danym parametrze jest dokładny, ponieważ parametr, który wchodzi w fazę chaosu (ruch klasyczny, ale niedeterministyczny) dla układu, może wyjść z tej fazy chaosu, z powrotem do domeny klasycznego ruchu deterministycznego (i tam i z powrotem). To ostatnie zachowanie jest uniwersalne w układach pierwszego i drugiego rzędu [19], opisując zestaw uniwersalnych parametrów dla układów klasycznych na „krawędzi chaosu". W [45] zobaczymy, że maksymalna emanacja/propagacja informacji występuje na krawędzi chaosu.

7.2 Chaos i tłumione wahadło napędzane

Wcześniej, dla małych drgań, oscylator wahadłowy aproksymowano klasycznym oscylatorem sprężynowym (liniowa siła przywracająca), gdzie równanie różniczkowe opisujące drgania wymuszone z tłumieniem miało postać (forma rzeczywista):

$$\ddot{x} + 2\lambda\dot{x} + \omega^2 x = \left(\frac{F}{m}\right)\cos\gamma t, \tag{7-4}$$

dla którego znaleźliśmy rozwiązania:

$$x(t) = a\exp(-\lambda t)\cos(\omega t + \alpha) + b\cos(\gamma t + \delta), \tag{7-5}$$

Gdzie

$$b = \frac{F}{m\sqrt{(\omega^2 - \gamma^2)^2 + (2\lambda\gamma)^2}}, \qquad \tan\delta = \frac{(2\lambda\gamma)}{(\omega^2 - \gamma^2)}. \tag{7-6}$$

Jeśli nie użyjemy przybliżenia małego kąta, aby uzyskać $\sin x \cong x$, i założymy, że drut wahadła jest sztywny (a więc pręt wahadła), wówczas mamy:

$$\ddot{x} + 2\lambda\dot{x} + \omega^2 \sin x = \left(\frac{F}{m}\right)\cos\gamma t. \tag{7-7}$$

Rozważmy to teraz w kontekście badania przeprowadzonego przez [34]. Najpierw zmieńmy zmienne i znormalizujmy je w taki sposób, aby $\omega = 1$:

$$\ddot{\theta} + \frac{1}{q}\dot{\theta} + \sin\theta = \alpha\cos\gamma t.$$

(7-8)

Stosując oznaczenie [34] mamy $\omega = \dot{\theta}$, nie mylić z poprzednim ω, aby otrzymać trzy niezależne równania pierwszego rzędu:

(1) $\dot{\omega} = -\omega/q - \sin\theta + \alpha\cos\varphi$,gdzie, $q$jest współczynnikiem jakości.
(2)$\dot{\theta} = \omega$
(3)$\dot{\varphi} = \gamma$

W tym momencie spełniliśmy dwa ogólne warunki, aby mogły istnieć domeny rozwiązań, które są chaotyczne:

(1) System ma trzy lub więcej zmiennych dynamicznych.
(2) Równania ruchu zawierają człony sprzężenia nieliniowego.

W naszym przypadku warunek (2) jest spełniony przy członach sprzężenia $\sin\theta$i $\alpha\cos\varphi$. Z [34] wynika, że w przypadku gdy $q = 2$, w miarę zwiększania amplitudy napędowej otrzymujemy następujące zachowanie α:

(1) $\alpha = 0.5$wahadło o umiarkowanym napędzie, charakteryzujące się okresowym zachowaniem typowym dla wahadła prostego po osiągnięciu stanu stacjonarnego (trajektoria jest cyklem granicznym, a zatem asymptotycznie cyklem jak w przypadku wahadła prostego).
(2) $\alpha = 1.07$wahadło z dwupętlową trajektorią na diagramie fazowym, ale z tą osobliwością, że jego trajektoria na diagramie konfiguracyjnym nie zawiera jeszcze ani jednej pętli, mimo że mogą wystąpić wahnięcia przekraczające 180 stopni.
(3) $\alpha = 1.15$Ruch wahadła nie ma stanu ustalonego, jest chaotyczny, jednak jego diagram fazowy wskazuje na strukturę, którą najlepiej można ukazać w postaci przekroju Poincarégo (śledzącego położenie w wielokrotnościach okresu oscylacji wymuszającej). W przypadku ruchu chaotycznego struktura przekrojów Poincarégo (trajektorie przestrzeni fazowej) jest *samopodobna* , co pozwala na dokładne określenie wymiaru fraktalnego [34] dla ruchu chaotycznego.
(4) $\alpha = 1.35$Wahadło wykonuje teraz pętlę w przestrzeni konfiguracyjnej (rzeczywistej).

(5) $\alpha = 1.45$Wahadło wykonuje teraz dwie pętle w przestrzeni konfiguracyjnej (rzeczywistej).
(6) $\alpha = 1.50$ruch wahadła jest chaotyczny

Jak interpolować powyższe obserwacje, gdzie przebiega granica między układami ze stanem ustalonym a układami bez stanu ustalonego (chaotycznymi). Najłatwiej to przedstawić na tzw. diagramie bifurkacyjnym (patrz rysunek 7.2). Na diagramie bifurkacyjnym chwilowe częstotliwości obserwowane w zakresie oscylacji napędowych od $\alpha = 1$do $\alpha = 1.50$wykazują wyraźne podwojenie okresu , które szybko się mnoży w miarę zbliżania się do domeny chaosu (szczegóły poniżej).

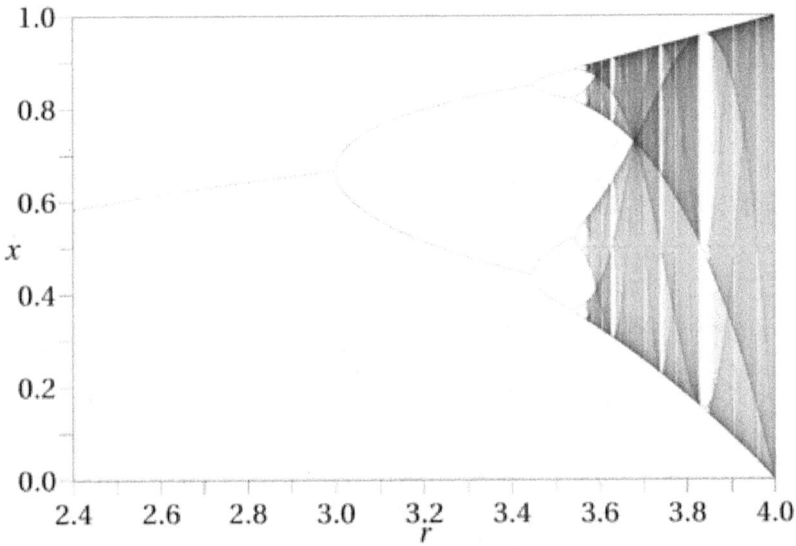

Rysunek 7.2. Diagram bifurkacji dla mapy logistycznej: $x_{n+1} = rx_n(1 - x_n)$[80].

Diagram bifurkacyjny najwyraźniej oddaje przejście od zachowania układu o stanie ustalonym do zachowania chaotycznego. Poprzedni układ wahadłowy jest wszechobecny, ale generowanie precyzyjnych wyników numerycznych z jego użyciem jest czasochłonne, jeśli chodzi jedynie o wykazanie uniwersalnego zachowania układów chaotycznych. Dzieje się tak, ponieważ przejście z podwojeniem okresu do chaosu jest cechą charakterystyczną zarówno układów dynamicznych drugiego rzędu, jak i układów dynamicznych pierwszego rzędu, których iteracyjne odwzorowania (przekroje Poincarégo) obejmują funkcje wcześniejszych pozycji odwzorowań, które mają proste maksima [19]. Ogólne warunki, w których układ dynamiczny o określonej zależności odwzorowania powoduje zachowanie chaotyczne, zostały udowodnione w [19], a także ujawniono w ten sposób stałe uniwersalne (szczegóły później). Zamiast pracować ze złożoną oceną na każdym etapie sekcji Poincarégo, na przykład dla wahadła, przyjrzyjmy się odwzorowaniu i diagramowi bifurkacji na rysunku 7.2, który wynika ze znacznie prostszej mapy logistycznej, która jest pierwszego rzędu, ale której stałe kluczowe są rzekomo uniwersalne, więc łatwiej ją w ten sposób ocenić. Oto streszczenie z [34]: „Zmieniając parametr r , obserwujemy następujące zachowanie:

- Jeśli r mieści się w przedziale od 0 do 1, populacja ostatecznie wyginie, niezależnie od początkowej liczebności populacji.
- Przy r pomiędzy 1 i 2 populacja szybko zbliży się do wartości r – 1 /r , niezależnie od początkowej populacji.
- Przy r między 2 a 3, populacja również ostatecznie zbliży się do tej samej wartości r – 1 /r , ale początkowo będzie przez pewien czas oscylować wokół tej wartości. Tempo konwergencji jest liniowe, z wyjątkiem $r = 3$, kiedy jest ono drastycznie wolne, a więc mniej niż liniowe (patrz pamięć bifurkacyjna).
- Przy r między 3 a $1 + \sqrt{6} \approx 3{,}44949$ populacja będzie zbliżać się do permanentnych oscylacji między dwiema wartościami. Te dwie wartości zależą od r i są

  podane wzorem .
- Przy r mieszczącym się w przedziale od 3,44949 do 3,54409 (w przybliżeniu), populacja, przy niemal wszystkich warunkach początkowych, będzie zbliżać się do permanentnych oscylacji pomiędzy czterema wartościami. Ta ostatnia liczba jest pierwiastkiem

wielomianu 12. stopnia (sekwencja A086181 w równaniu OEIS).

- Gdy *r* wzrośnie powyżej 3,54409, z niemal wszystkich warunków początkowych populacja będzie zbliżać się do oscylacji pomiędzy 8 wartościami, następnie 16, 32 itd. Długości przedziałów parametrów, które dają oscylacje o danej długości, szybko maleją; stosunek długości dwóch kolejnych przedziałów bifurkacji zbliża się do stałej Feigenbauma $\delta \approx 4{,}66920$. To zachowanie jest przykładem kaskady podwajania okresu.
- Przy $r \approx 3{,}56995$ (sekwencja A098587 w równaniu OEIS) następuje początek chaosu, pod koniec kaskady podwojenia okresu. W prawie wszystkich warunkach początkowych nie obserwujemy już oscylacji o skończonym okresie. Niewielkie wahania w populacji początkowej dają drastycznie zróżnicowane wyniki w czasie, co jest główną cechą chaosu.
- Większość wartości *r* powyżej 3,56995 wykazuje zachowanie chaotyczne , ale nadal istnieją pewne izolowane zakresy *r* , które wykazują zachowanie niechaotyczne; są one czasami nazywane *wyspami stabilności* . Na przykład, począwszy od $1 + \sqrt{8}$(około 3,82843) istnieje zakres parametrów *r* , które wykazują oscylację między trzema wartościami, a dla nieco wyższych wartości *r* oscylację między 6 wartościami, następnie 12 itd.

Jeżeli pierwsze rozwidlenie występuje dla $\mu = \mu_1$, a drugie dla $\mu = \mu_2$, wówczas możliwe jest zdefiniowanie stałej uniwersalnej F, zgodnie z Feigenbaumem [19]:

$$F = \lim_{k \to \infty} \frac{\mu_k - \mu_{k-1}}{\mu_{k+1} - \mu_k} = 4.66920160910299\,\ldots, \tag{7-9}$$

gdzie, co ciekawe, jest to zachowanie uniwersalne dla wszystkich map z maksimum kwadratowym. Innymi słowy, dla prostej (rzeczywistej) mapy kwadratowej lub złożonej mapy kwadratowej (generator zbioru Mandelbroita [35]) otrzymujemy dokładnie tę samą stałą z ich map bifurkacji na podstawie parametryzacji ich zdarzeń bifurkacji. Podobnie:

Mapa maksimum kwadratowego: $x_{n+1} = a - {x_n}^2$ma $\lim\limits_{k\to\infty} \frac{a_k - a_{k-1}}{a_{k+1} - a_k} = F.$

Złożona mapa kwadratowa maksimum Mandelbroita): $z_{n+1} = c + {z_n}^2$ma $\lim\limits_{k\to\infty} \frac{c_k - c_{k-1}}{c_{k+1} - c_k} = F.$

7.3 Wartość specjalnaC_∞

W przypadku mapy kwadratowej zespolonej rzeczywista asymptota dla wartości c na „krawędzi chaosu" jest określana jako C_∞i ma wartość $C_\infty = -1.401155189$ .... Stała ta $|C_\infty| = 1.401155189$ ...jest również znana jako stała Myrberga [36]. Stała Myrberga, nazywana C_∞tutaj i w [45] po prostu stałą Myrberga, odegra ważną rolę w dyskusjach.

Przykład 7.1. Rozważmy inną mapę 1D, która jest różniczkowalna w sposób ciągły z jednym maksimum w przedziale (0,1): $f(x) = \left(\frac{A}{\pi}\right) \sin \pi x$, tak aby uzyskać zależność iteracyjną:

$$x_{n+1} = \left(\frac{A}{\pi}\right) \sin \pi x_n \tag{7-10}$$

W pierwszym punkcie rozwidlenia mamy

$$x_{n+2} = \left(\frac{A}{\pi}\right) \sin \pi \left(\left(\frac{A}{\pi}\right) \sin \pi x_n\right) = x_n$$

Naszkicujmy wykres diagramu bifurkacyjnego uzyskanego na podstawie wyników obliczeń:

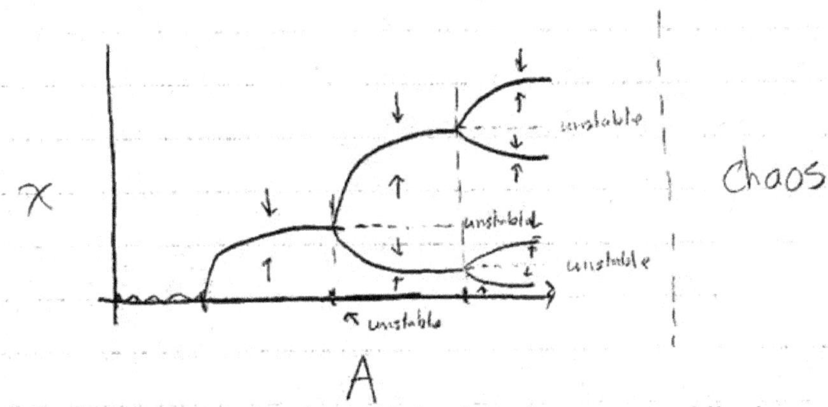

Wartości A, przy których znajdują się wskazane rozwidlenia, wynoszą:

$a_0 = 1$
$a_1 = 2.253804$
$a_2 = 2.614598$
$a_3 = 2.696126$
$a_4 = 2.714118$
$a_5 = 2.718112$

Liczba Feigenbauma:

$$F = \lim_{j\to\infty} \frac{a_j - a_{j-1}}{a_{j+1} - a_j} \cong \frac{a_4 - a_3}{a_5 - a_4} = 4.505 \tag{7-11}$$

Ćwiczenie 7.1. Powtórz powyższą analizę dla innej mapy 1D, która jest różniczkowalna w sposób ciągły z pojedynczym maksimum w przedziale (0,1).

Przykład 7.2. Wykorzystując metody analityczne, oceń punkty stałe okresu 1, 2,… mapy standardowej:

$$R \longrightarrow R + \varepsilon \sin\theta$$
$$\theta = \theta + R + \varepsilon \sin\theta$$

Rozważ punkty stałe okresu 1, gdzie mapowanie wskazuje

$$R_1 = R_0 + \varepsilon sin\theta_0 \text{ and } \quad \theta_1 = R_0 + \theta_0 + \varepsilon sin\theta_0$$

podczas gdy 1-okres wskazuje: $R_1 = R_0 \;\; and \;\; \theta_1 = \theta_0$,z równością kątową do różnicy $2m\pi$. Zatem,

$$sin\theta_0 = 0 \longrightarrow \theta_0 = n\pi, \;\; n = 0,1,2, ...$$

Zauważ, że dla każdego rozwiązania $\theta_0 = n\pi$w funkcji sinus istnieje rozwiązanie $\theta_0 = n\pi + 2m\pi$z wielowartościowości. Warto o tym pamiętać, rozważając rozwiązania $\theta_1 = R_0 + \theta_0$:

$$R_0 = 2n\pi,$$

(nie po prostu $R_0 = 0$). Zatem punkty stałe w okresie 1 to: { $\theta_0 = n\pi,$ $R_0 = 2n\pi$}.

Rozważmy teraz punkty stałe okresu 2:

$R_2 = R_1 + \varepsilon sin\theta_1 = R_0 + \varepsilon sin\theta_0 + \varepsilon \sin(R_0 + \theta_0 + \varepsilon sin\theta_0)$

$\theta_2 = R_1 + \theta_1 + \varepsilon sin\theta_1$

$= 2(R_0 + \varepsilon sin\theta_0) + \theta_0 + \varepsilon \sin(R_0 + \theta_0 + \varepsilon sin\theta_0)$

$R_2 = R_0 \quad \rightarrow \quad \sin\theta_0 + \sin(R_0 + \theta_0 + \varepsilon sin\theta_0) = 0 \quad \rightarrow \quad \theta_0 = n\pi \quad and \quad R_0 = n\pi \quad or \quad R_0 = 2n\pi$

$\theta_2 = \theta_0 \quad \rightarrow \quad 2(R_0 + \varepsilon sin\theta_0) + \varepsilon \sin(R_0 + \theta_0 + \varepsilon sin\theta_0) = 0$

$\rightarrow \quad R_0 = n\pi \quad indicated.$

Zatem punkty stałe w okresie 2 to: { $\theta_0 = n\pi,$ $R_0 = n\pi$}.

Rozważmy teraz punkty stałe okresu 3:

$R_3 = R_2 + \varepsilon sin\theta_2$

$= R_0 + \varepsilon sin\theta_2 + \varepsilon sin(R_0 + \theta_0 + \varepsilon sin\theta_0)$
$+ \varepsilon sin[2R_0 + \theta_0 + \varepsilon \sin(R_0 + \theta_0)]$

Po raz kolejny mamy $\theta_0 = n\pi$.

$\theta_3 = R_2 + \theta_2 + \varepsilon sin\theta_2$

$= 3(R_0 + \varepsilon sin\theta_0) + 2\varepsilon \sin(R_0 + \theta_0 + \varepsilon sin\theta_0) + \theta_0$
$+ \varepsilon sin[2(R_0 + \varepsilon sin\theta_0) + \theta_0 + \varepsilon \sin(R_0 + \theta_0)]$

$\theta_3 = \theta_0$:

$0 = 3R_0 + 2\varepsilon \sin(R_0 + \theta_0) + \varepsilon sin[2R_0 + \theta_0 + \varepsilon sin(R_0 + \theta_0)]$.

Zatem punkty stałe w okresie 3 to: { $\theta_0 = n\pi,$ $R_0 = 2n\pi$}, i teraz wzór jest widoczny:

> Okresy parzyste mają punkty stałe w: { $\theta_0 = n\pi,$ $R_0 = n\pi$}.
> Okresy nieparzyste mają punkty stałe w: { $\theta_0 = n\pi,$ $R_0 = 2n\pi$}.

Ćwiczenie 7.2. Spróbuj

$$R \longrightarrow R + \varepsilon[x(1 - x)]$$
$$x = x + R + \varepsilon[x(1 - x)]$$

Rozdział 8. Przekształcenia kanoniczne współrzędnych

Wcześniej pokazaliśmy, że nieskończenie mały ruch obiektu w uogólnionych współrzędnych, od (q_0, p_0)do (q_1, p_1)w przestrzeni fazowej, można opisać za pomocą hamiltonianu układu. Transformacja współrzędnych wywołana przez hamiltonian jest „kanoniczna", ponieważ jej Jakobian wynosi 1 (właściwość transformacji kanonicznych zachowująca pole):

$$\frac{\partial(q_1, p_1)}{\partial(q_0, p_0)} = 1 \tag{8-1}$$

Rozważmy teraz ogólną klasę takich kanonicznych przekształceń współrzędnych. Niech początkowe współrzędne będą $\{ q_a, p_a\}$ dla $a = 1,2, \dots, n$. Niech przekształcone współrzędne będą $\{ Q_a, P_a\}$ (gdzie $a = 1,2, \dots, n$), a otrzymamy relacje przekształceń:

$$q_a = q_a(\{Q_a, P_a\}; t) \; and \; p_a = p_a(\{Q_a, P_a\}; t) \tag{8-2}$$

Jak ogólne wyrażenie możemy uzyskać dla nowych współrzędnych $\{ Q_a, P_a\}$? Na początek zapiszmy zasadę Hamiltona z poprzedniego przykładu (z pominiętymi indeksami dolnymi):

$$S(q, \dot{q}) = \int_{t_1}^{t_2} L(q, \dot{q}, t)dt \; ; \; \delta S$$

$$= \left[\frac{\partial L}{\partial \dot{q}} \delta q\right]_{t_1}^{t_2} + \int_{t_1}^{t_2} \left[\left(\frac{\partial L}{\partial q}\right) - \frac{d}{dt}\left(\frac{\partial L}{\partial \dot{q}}\right)\right] \delta q dt$$

w odniesieniu do hamiltonianu i działania w zmodyfikowanej zasadzie hamiltonianu (z wyrażonymi indeksami dolnymi):

$$S(q_a, p_a) = \int_{t_1}^{t_2} \sum_a p_a \dot{q}_a - H(q_a, p_a, t) dt \ ; \ \delta S$$

$$= \int_{t_1}^{t_2} \left[\sum_a \delta p_a \dot{q}_a + p_a \delta \dot{q}_a - \delta H(q_a, p_a, t) \right] dt$$

Podobnie jak w przypadku lagranżianu, całkowite pochodne czasowe nie wnoszą wkładu ze względu na ustalone punkty końcowe (rozluźnienie tego warunku zostanie omówione później). Zatem zmienność działania można zapisać w następujący sposób:

$$\delta S = \int_{t_1}^{t_2} \left[\sum_a \delta p_a [\dot{q}_a - \frac{\partial H}{\partial p_a}] + \delta q_a [-\dot{p}_a - \frac{\partial H}{\partial q_a}] \right] dt \tag{8-3}$$

co daje początek równaniom Hamiltona, gdy $\delta S = 0$:

$$\dot{q}_a = \frac{\partial H}{\partial p_a} \ \ and \ \ \dot{p}_a = -\frac{\partial H}{\partial q_a}. \tag{8-4}$$

Zatem, aby zachować równania ruchu Hamiltona w nowych zmiennych, musimy być w stanie wyrazić

$$\sum_a p_a \dot{q}_a - H(q_a, p_a, t) = \sum_a P_a \dot{Q}_a - \widetilde{H}(Q_a, P_a, t) + \{total\ time\ derivative\} \tag{8-5}$$

W [25] opisano cztery typy funkcji generujących pochodną całkowitego czasu transformacji kanonicznych, w zależności od starych i nowych zmiennych kanonicznych zgodnie z { qQ }, { q, P }, { p, Q }. { p, P } (ta sama funkcja generująca nie musi być używana dla wszystkich zmiennych, co daje początek analizie mieszanej, podobnie jak analiza Routha obejmuje opis niektórych zmiennych za pomocą lagranżjanu, a innych za pomocą hamiltonianu). Szczegółowe omówienie różnych przypadków zostało wykonane w [25], więc nie będzie tutaj. Aby wziąć konkretny przypadek, rozważmy funkcję generującą transformację typu { qQ } i przeanalizujmy transformacje kanoniczne, które może wygenerować (zgodnie z konwencjami [29]). Konkretnie, wariacja na temat:

$$\sum_a P_a\dot{Q}_a - \tilde{H}(Q_a, P_a, t) + \frac{d}{dt}F(q_a, Q_a, t), \tag{8-6}$$

co zgodnie z oczekiwaniami daje równanie Hamiltona dla nowych zmiennych:

$$\dot{Q}_a = \frac{\partial\tilde{H}}{\partial P_a} \quad and \quad \dot{P}_a = -\frac{\partial\tilde{H}}{\partial Q_a}. \tag{8-7}$$

Jeżeli teraz weźmiemy pod uwagę różne pochodne cząstkowe, aby zapisać całkowitą pochodną czasową, możemy uzyskać zgodność z powyższymi równaniami hamiltonowskimi, jeżeli:

$$p_a = \frac{\partial}{\partial q_a}F(q_a, Q_a, t),$$

$$P_a = -\frac{\partial}{\partial Q_a}F(q_a, Q_a, t), \quad \tilde{H}(Q_a, P_a, t) = H(q_a, p_a, t) + \frac{\partial}{\partial t}F(q_a, Q_a, t) \tag{8-8}$$

Zatem opis działania w zmodyfikowanej zasadzie hamiltonowskiej zapewnia niezwykłą elastyczność w wyborze równoważnych reprezentacji ruchu. Najprostszym rozwiązaniem jest sytuacja, w której nowe współrzędne są cykliczne ($\dot{Q}_a = 0 \;\; and \;\; \dot{P}_a = 0$), i właśnie to stosuje się w teorii Hamiltona-Jacobiego, opisanej w następnej sekcji.

8.1 Równanie Hamiltona-Jacobiego

Korzystając z wyprowadzenia i notacji z [29], istnieje teraz prosty sposób na dotarcie do tego, co nazywa się teorią Hamiltona-Jacobiego. Chodzi o to, aby uzyskać transformację taką, że współrzędne są cykliczne. Przed przystąpieniem do transformacji kanonicznej pomocne jest jednak przejście od funkcji $F(q_a, Q_a, t)$do nowej funkcji, oznaczonej jako $S(q_a, P_a, t)$, za pomocą transformacji Legendre'a. Ta nowa funkcja dla warunku współrzędnych cyklicznych będzie działaniem, oznaczonym Swcześniej jako . Rozważmy więc najpierw transformację Legendre'a (działa tutaj, ponieważ wszystkie wyrazy powierzchniowe są zerowe ze względu na ustalone warunki brzegowe):

$$F(q_a, Q_a, t) = -\sum_a P_a Q_a + S\,(q_a, P_a, t) \tag{8-9}$$

Po pierwsze, różniczka jest z definicji zgodna ze zmiennymi zależnymi:

$$\begin{aligned} dF &= \sum_a (\frac{\partial F}{\partial q_a} dq_a + \frac{\partial F}{\partial Q_a} dQ_a) + \frac{\partial F}{\partial t} dt \\ &= \sum_a (p_a dq_a - P_a dQ_a) + \frac{\partial F}{\partial t} dt \end{aligned}$$

ale od góry mamy też:

$$dF = -\sum_a (P_a dQ_a + dP_a Q_a) + dS \tag{8-10}$$

Zatem,

$$dS = \sum_a (p_a dq_a + Q_a dP_a) + \frac{\partial F}{\partial t} dt, \tag{8-11}$$

gdzie możemy zobaczyć, że zależność funkcyjna rzeczywiście wynosi $S(q_a, P_a, t)$. Jeśli z definicji przyjmiemy następujące relacje dla pochodnej cząstkowej dla:

$$\begin{aligned} p_a &= \frac{\partial}{\partial q_a} S(q_a, P_a, t), \\ Q_a &= \frac{\partial}{\partial P_a} S(q_a, P_a, t), \quad \frac{\partial}{\partial t} S(q_a, P_a, t) \\ &= \frac{\partial}{\partial t} F(q_a, Q_a, t) \end{aligned} \tag{8-12}$$

wtedy otrzymujemy:

$$\widetilde{H}(Q_a, P_a, t) = H(q_a, p_a, t) + \frac{\partial}{\partial t} S(q_a, P_a, t)$$

(8-13)

Każda $S(q_a, P_a, t)$podana powyżej funkcja cząstkowa wygeneruje transformację kanoniczną poprzez konstrukcję. Wybierzmy teraz transformację kanoniczną $S(q_a, P_a, t)$taką $\widetilde{H}(Q_a, P_a, t) = 0$, że , ponieważ$\widetilde{H}$ Zatem nie ma żadnej zależności od współrzędnych cyklicznych Q_ai P_asą one współrzędnymi cyklicznymi. W takim przypadku dochodzimy do:

$$0 = H(q_a, p_a, t) + \frac{\partial}{\partial t} S(q_a, P_a, t) = H\left(q_a, \frac{\partial S}{\partial q_a}, t\right) + \frac{\partial}{\partial t} S(q_a, P_a, t)$$

a ponieważ Q_ai P_asą stałymi ruchu, otrzymujemy równanie Hamiltona-Jacobiego:

$$H\left(q_a, \frac{\partial S}{\partial q_a}, t\right) + \frac{\partial}{\partial t} S(q_a, t) = 0$$

(8-14)

Jest to równanie różniczkowe cząstkowe pierwszego rzędu, które można rozwiązać, wprowadzając stałe całkowania (n+1) $\{c_a\}$ *and* S_0:

$$S = S(q_a, c_a, t) + S_0$$

Jeżeli wybierzemy stałe $\{c_a\}$jako stałe, $\{P_a\}$wracamy do klasycznej formy rozwiązania znanej jako zasada funkcji Hamiltona:

$$S = S(q_a, P_a, t) + S_0$$

(8-15)

Gdzie

$$p_a = \frac{\partial}{\partial q_a} S(q_a, P_a, t), \qquad Q_a = \frac{\partial}{\partial P_a} S(q_a, P_a, t).$$

(8-16)

Powód, dla którego ta forma jest istotna, wynika z ostatniej relacji, biorąc pod uwagę, że $\{P_a\}$i $\{Q_a\}$są stałymi ruchu, można odwracalnie opisać ruch, który jest jedynie funkcją czasu:

$$q_a = q_a(\{Q_a\}, \{P_a\}, t)$$

Zatem ruch jest wyraźnie zdefiniowany jako ścieżka (sparametryzowana przez t). Rozważmy pochodną S wzdłuż tej ścieżki:

$$\frac{dS}{dt} = \sum_a \frac{\partial S}{\partial q_a}\dot{q}_a + \frac{\partial S}{\partial t} = \sum_a p_a\,\dot{q}_a - H = L(q_a, \dot{q}_a, t)$$

Zatem,

$$S = \int_{t_0}^{t} L(q_a, \dot{q}_a, \tau)d\tau + S_0(t_0)$$

(8-17)

Albo, zmieniając nieco notację zmiennej czasowej, dochodzimy do formy pierwotnie zaproponowanej jako „formuła działania" Hamiltona, o której wspomniano na początku rozdziału 3:

$$S = \int_{t_1}^{t_2} L(q, \dot{q}, t)dt$$

(8-18)

Przykład 8.1. Zacznijmy od wyrażenia opisującego działanie:

$$S = (q, q_0, t, t_0) = \frac{m\omega}{2sin\omega t}\{(q^2 + q_0{}^2)cos\omega t - 2qq_0\}; \qquad T = t - t_0.$$

Jaki jest wynik układu? Czym jest hamiltonian? Jakie są trajektorie?

Rozwiązanie:

$$H = -\frac{\partial S}{\partial t} = \frac{m\omega^2}{(2sin\omega t)^2}\{-4qq_0cos\omega t + 2(q^2 + q_0{}^2)\}.$$

Z którego możemy zrekonstruować

$$p = \frac{\partial S}{\partial q} = \frac{m\omega}{2sin\omega t}\{2qcos\omega t - 2q_0\}$$

$$p^2 = 2m\left[\frac{m\omega^2}{2sin^2\omega t}\right][q^2cos^2\omega t - 2qq_0cos\omega t + q_0{}^2]$$

$$\frac{p^2}{2m} = \frac{m\omega^2}{(2sin\omega t)^2}\{-2q^2sin^2\omega t - 4qq_0cos\omega t + 2(q^2 + q_0{}^2)\}.$$

Zatem hamiltonian można zapisać w następujący sposób:

$$H = \frac{p^2}{2m} + \frac{m\omega^2}{(2sin\omega t)^2}\{2q^2 sin^2\omega t\} = \frac{p^2}{2m} + \frac{m\omega^2 q^2}{2}$$
$$= \frac{1}{2m}[p^2 + m^2\omega^2 q^2].$$

Zatem zachowana ilość, energia, wynosi:

$$E = \frac{1}{2m}[p^2 + m^2\omega^2 q^2].$$

To jest oscylator harmoniczny. Teraz zobaczmy trajektorie:

$$\dot{q} = \frac{\partial H}{\partial p} = \frac{p}{m} \quad and \quad \dot{p} = -\frac{\partial H}{\partial q} = m\omega^2 q.$$

Jedno z możliwych rozwiązań:

$$q = \sqrt{2E/m\omega^2}cos\omega t \quad and \quad p = \sqrt{2mE}sin\omega t.$$

Ćwiczenie 8.1. Znajdź wszystkie rozwiązania.

Przykład 8.2. Rozwiąż równanie HJ dla ruchu w jednym wymiarze, na cząstkę działa siła, która jest stała zarówno w przestrzeni, jak i w czasie.

Rozwiązanie

Równanie HJ w 1D:

$$H(q,p) + \frac{\partial S}{\partial t} = 0, \qquad p = \frac{\partial S}{\partial q}, \qquad H\left(q, \frac{\partial S}{\partial q}\right) + \frac{\partial S}{\partial t} = 0.$$

(a) Dla cząstki jednowymiarowej, nierelatywistycznej, ze stałą siłą w przestrzeni i czasie, mamy:

$$F = -\frac{\partial V}{\partial q} = \alpha \;\rightarrow\; V = -\alpha q,$$

a co do energii kinetycznej mamy zwykle:

$$T = \frac{1}{2}m\dot{q}^2.$$

Lagrange'a jest zatem:

$$L = T - V = \frac{1}{2}m\dot{q}^2 + \alpha q.$$

Teraz, aby skonstruować hamiltonian, najpierw pęd:

$$p = \frac{\partial L}{\partial \dot{q}} = m\dot{q},$$

Zatem:

$$H(q,p,t) = \dot{q}p - L = \frac{p^2}{m} - \frac{1}{2}m\left(\frac{p}{m}\right)^2 - \alpha q = \frac{p^2}{2m} - \alpha q.$$

Stosując to w równaniu HJ 1D, otrzymujemy:

$$\frac{1}{2m}\left(\frac{\partial S}{\partial q}\right)^2 + \alpha q + \frac{\partial S}{\partial t} = 0.$$

Jeżeli odgadniemy rozwiązanie postaci:

$$S(q,E,t) = w(q,E) - Et \longrightarrow \frac{\partial S}{\partial t} + H = 0 \longrightarrow H = E.$$

Rozwiązanie funkcji $w(q,E)$:

$$\frac{1}{2m}\left(\frac{\partial w}{\partial q}\right)^2 = E - \alpha q \rightarrow \quad \frac{\partial w}{\partial q} = \sqrt{2m(E - \alpha q)}\,.$$

Zatem,

$$S = \sqrt{2mE}\int dq\sqrt{1 - \frac{\alpha q}{E}} - Et \;\rightarrow\; S$$

$$= \sqrt{2mE}\cdot\frac{2\sqrt{\left(1 - \frac{\alpha q}{E}\right)^3}}{3\left(-\frac{\alpha}{E}\right)} - Et + f(x_0)$$

Ćwiczenie 8.2. Rozwiąż równanie HJ dla ruchu w jednym wymiarze, na cząstkę działa siła stała w przestrzeni i liniowo rosnąca w czasie.

8.2 Od równania Hamiltona-Jacobiego do równania Schrödingera

Mechanika klasyczna była dotychczas nierelatywistyczna i niepolowa, z wyjątkiem zidealizowanego znaczenia dla tej drugiej. Co więcej, gdy materia akreuje grawitacyjnie, rozumiemy, że jej kolaps zostaje zatrzymany w pewnym momencie przez właściwości ściskania materiału, które same w sobie prowadzą do elektrodynamicznych rozwiązań bez kolapsu. Zatem nasze dotychczasowe obiekty zostały uproszczone do ich klasycznego zachowania nieelektrodynamicznego. Próba uwzględnienia względności lub opisania pól jako samodzielnych dynamicznych napotyka nowe komplikacje (takie jak elektrodynamiczny kolaps radiacyjny) i wskazuje na teorię kwantową. Istnieją trzy główne formalizmy łączące teorię klasyczną z teorią kwantową (Schrödingera, Heisenberga i Feynmana-Diraca). Istnieje również starsza kwantyzacja Bohra-Sommerfelda, stanowiąca wcześniejszą próbę, obejmującą półklasyczne rozwiązanie w obecnej teorii. Pierwszą omówioną jest postać kwantyzacji Schrödingera w równaniu falowym, która jest bezpośrednio związana z równaniem Hamiltona-Jacobiego z odpowiednim podstawieniem operatorów.

Klasyczne równanie Hamiltona-Jacobiego ma różniczkę $\partial/\partial q_a$:

$$H\left(q_a, \frac{\partial S}{\partial q_a}, t\right) + \frac{\partial}{\partial t} S(q_a, t) = 0 \tag{8-19}$$

W teorii kwantowej Schrödingera przechodzimy do formalizmu operatora funkcji falowej, który zaczyna się od funkcji falowej w postaci:

$$\psi(q_a, t) \propto e^{\frac{i}{h} S(q_a, t)}, \tag{8-20}$$

gdzie widzimy, że akcja wchodzi w fazę funkcji falowej. Działanie na funkcji falowej jest wyrażeniem operatora, w którym p_a nie jest zastępowane przez $\frac{\partial S}{\partial q_a}$ (wyrażenie klasyczne), ale przez $\frac{\partial}{\partial q_a}$ jako część wyrażenia operatora:

$$H(q_a, p_a, t) + \frac{\partial}{\partial t} S(q_a, t) = 0 \rightarrow \left\{H\left(q_a, \frac{\partial}{\partial q_a}, t\right) + \frac{\partial}{\partial t}\right\} \exp \frac{i}{h} S(q_a, t) = 0 \tag{8-21}$$

ten ostatni jest formą równania Schrödingera (więcej szczegółów w [42]). Równanie kwantowe ruchu pierwszego rzędu w $\frac{S}{h}$, przywraca mechanikę klasyczną, ponieważ

$$\left\{H\left(q_a, \frac{\partial S}{\partial q_a}, t\right) + \frac{\partial S}{\partial t}\right\} \exp \frac{i}{h} S(q_a, t) = 0 \rightarrow H\left(q_a, \frac{\partial S}{\partial q_a}, t\right) + \frac{\partial}{\partial t} S(q_a, t) = 0. \tag{8-22}$$

Fizyka półklasyczna opisuje początkową mieszankę członów drugiego i wyższego rzędu, która powoduje efekty nieklasyczne.

W przypadku konfiguracji ograniczonych możliwe są pełne rozwiązania równań Schrödingera, na przykład dla krytycznego atomu wodoru. Zastosowana do atomu wodoru fizyka kwantowa rozwiązuje zagadkę klasycznej elektrostatyki, zgodnie z którą atom wodoru ma stabilne stany związane (i nie ulega po prostu zapadnięciu).

Przykład 8.3. Rozważmy zależne od czasu równanie Schrödingera dla pojedynczej cząstki w potencjale $U(r,t)$. Ten problem mechaniki kwantowej będzie szeroko badany w [42], ale patrząc na niego w ogólnym sensie, jest on bardzo pouczający, jeśli chodzi o nowe „miejsce", które czeka mechanikę klasyczną w szerszym świecie mechaniki kwantowej. Rozważmy ansatz, w którym rozwiązanie funkcji falowej można zapisać:

$$\Psi(r,t) = A(r,t)\exp\left[\frac{i}{\hbar}\theta(r,t)\right], \tag{8-23}$$

gdzie Ai θsą rzeczywiste i analityczne w $\hbar$. (a) Pokaż rozwinięcie w $\hbar$przewodach, do najniższego rzędu, θbędące rozwiązaniem odpowiedniego równania HJ (jest to klasyczne działanie). (b) Pokaż przy następnym rzędzie, które $\hbar$spełnia A^2równanie ciągłości (pomoże to uzasadnić interpretację Borna w [42]).

Rozwiązanie

(a) Dla zależnego od czasu równania Schrödingera mamy:

$$i\hbar\frac{\partial}{\partial t}\Psi(r,t) = \hat{H}\Psi(r,t).$$

Dla pojedynczej cząstki w potencjale mamy:

$$\hat{H} = \frac{\hat{p}^2}{2m} + \hat{U}(r,t) = -\frac{\hbar^2}{2m}\nabla^2 + U(r,t),$$

zatem,

$$i\hbar\frac{\partial}{\partial t}\Psi(r,t) = -\frac{\hbar^2}{2m}\nabla^2\Psi(r,t) + U(r,t)\Psi(r,t).$$

Wypróbujmy teraz wskazane rozwiązanie, aby uzyskać równanie wyrażone w $\{A,\theta\}$:

$$i\hbar\frac{\partial A}{\partial t} - A\frac{\partial\theta}{\partial t} = -\frac{\hbar^2}{2m}\nabla^2 A - \frac{i\hbar}{m}\nabla A\nabla\theta + \frac{A}{2m}(\nabla\theta)^2 - \frac{i\hbar}{2m}A\nabla^2\theta + AU.$$

W rzędzie zerowym w $\hbar$, $\hbar^0$mamy wyrazy:

$$\frac{\partial\theta}{\partial t} = -\left[\frac{(\nabla\theta)^2}{2m} + U\right].$$

Równanie HJ (Hamiltona-Jacobiego) dla θzmiennej wygląda następująco:

$$H(r, \nabla\theta) + \frac{\partial\theta}{\partial t} = 0 \rightarrow \frac{\partial\theta}{\partial t} = -\left[\frac{(\nabla\theta)^2}{2m} + U\right],$$

co jest właśnie relacją zerowego rzędu.

(b) W pierwszym rzędzie w $\hbar$, $\hbar^1$, mamy wyrazy:

$$i\hbar\frac{\partial A}{\partial t} = -\frac{i\hbar}{m}\nabla A\nabla\theta - \frac{i\hbar}{2m}A\nabla^2\theta,$$

mnożenie przez Ai przegrupowywanie:

$$\frac{\partial A^2}{\partial t} = -\frac{1}{m}\nabla(A^2\nabla\theta) \rightarrow \frac{\partial\rho}{\partial t} = -\nabla\left(\rho\frac{\nabla\theta}{m}\right), where\ \rho = A^2,$$

W ten sposób otrzymujemy:

$$\frac{\partial\rho}{\partial t} + \nabla\cdot(\rho v) = 0, where\ v = \frac{\nabla\theta}{m},$$

gdzie ρjest jak gęstość płynu, a $v$jest jak pole wektorowe prędkości przepływu.

Ćwiczenie 8.3. Co ujawnia się w drugim rzędzie w $\hbar$?

8.3 Zmienne kąta działania i kwantyzacja Bohra/Sommerfelda-Wilsona

W szczególnym przypadku ograniczonego ruchu zachowawczego, który jest rozdzielny i okresowy, możemy przejść do tzw. zmiennych kąta działania. „Zmienne działania" definiuje się jako całkę pola powierzchni w przestrzeni fazowej po jednym okresie ruchu dla każdego stopnia swobody:

$$J_a = \oint p_a dq_a \tag{8-24}$$

Wyniki $J_a$zależą jedynie od stałych ruchu, tutaj oznaczonych $\{\ \alpha_a\}$ i zgodnie z notacją [29]:

$$J_a = J_a(\{\alpha_a\}).$$

(8-25)

Lub odwrócenie i zmiana nazwy $\alpha_1 = E$:

$$E = H(\{J_a\}).$$

(8-26)

Więcej szczegółów na temat wyprowadzenia można znaleźć w [29]. Na tej podstawie możemy określić częstotliwości podstawowe układu w odniesieniu do powyższego hamiltonianu wyrażonego za pomocą zmiennych akcji:

$$\nu_a = \frac{\partial}{\partial J_a} H(\{J_a\}).$$

(8-27)

W kwantyzacji Sommerfelda-Wilsona zaproponowano, aby zmienne działania były kwantyzowane wartościami całkowitymi stałej Plancka:

$$J_a = \oint p_a dq_a = nh$$

(8-28)

8.4 Nawiasy Poissona

Nawiasy Poissona przyjmują szczególną formę podczas pracy we współrzędnych kanonicznych i są definiowane za pomocą hamiltonianu, dlatego też prezentacja nawiasów Poissona została umieszczona tutaj właśnie z tego powodu. W przypadku współrzędnych kanonicznych rozważmy dwie funkcje $f(q_i, p_i, t)$i $g(q_i, p_i, t)$, gdzie współrzędne kanoniczne (w pewnej przestrzeni fazowej) są podane wzorem $\{ p_i, q_i\}$, gdzie $i = 1..N$. Funkcja nawiasu Poissona tych dwóch funkcji jest oznaczana przez $\{ f, g\}$ i definiowana wzorem:

$$\{f, g\} = \sum_{i=1}^{N} \left(\frac{\partial f}{\partial q_i} \frac{\partial g}{\partial p_i} - \frac{\partial f}{\partial p_i} \frac{\partial g}{\partial q_i} \right).$$

(8-29)

Zatem z definicji mamy:

$$\{q_i, q_j\} = 0, \ \{p_i, p_j\} = 0, \quad and \quad \{q_i, p_j\} = \delta_{ij},$$

(8-30)

gdzie stosowana jest delta Kroneckera ($\delta_{ij} = 1 \ if \ i = j$ i $\delta_{ij} = 0$ w innych przypadkach).

Często badamy ewolucję czasową funkcji na rozmaitości symplektycznej indukowaną przez jednoparametrową rodzinę symplektomorfizmów (dyfeomorfizmy kanoniczne i zachowujące pole) [37], gdzie zachowane są nawiasy Poissona.

Zobaczymy nawiasy Poissona ponownie w [42] dotyczącym mechaniki kwantowej jako uogólnione nawiasy Poissona, które po kwantyzacji deformują się do nawiasów Moyala (uogólnienie algebry Liego, algebry Poissona, powiązanej z nawiasami Poissona). W kategoriach przestrzeni Hilberta dochodzimy do niezerowych komutatorów kwantowych.

Rozdział 9. Teoria zaburzeń, Analiza wymiarowa, i fenomenologii

9.1 Teoria zaburzeń Hamiltona

W teorii zaburzeń rozważamy znane rozwiązanie lub układ (zazwyczaj opis hamiltonowski z jasno określonymi stałymi ruchu) i rozważamy niewielkie „zaburzenie" tego układu. Następnie przeprowadzamy rozwinięcie perturbacyjne naszego rozwiązania, rozwiązując je oddzielnie dla różnych rzędów, w przypadku prostszych problemów różniczkowych (patrz Dodatek A, gdzie omówiono i przedstawiono przykłady metod rozwiązywania równań różniczkowych zwyczajnych metodą perturbacyjną).

Przykład 9.1. Teoria zaburzeń obejmująca pełny hamiltonian.
Rozważmy teraz teorię zaburzeń obejmującą pełny hamiltonian $H(q,p,t)$, prostszy hamiltonian ze znanymi rozwiązaniami $H_0(q,p,t)$i część zaburzeń $\Delta H(q,p,t)$, gdzie $\Delta H \ll H_0$:

$$H(q,p,t) = H_0(q,p,t) + \Delta H(q,p,t). \tag{9-1}$$

Rozwijamy wszystkie zmienne do różnych rzędów w parametrze zaburzenia (pojawiającym się w ΔH).

Rozważmy przykład ruchu swobodnego z siłą przywracającą sprężynę, postrzeganą jako zaburzenie. W tym przypadku znamy pełne rozwiązanie bez żadnej teorii zaburzeń, więc możemy zobaczyć, jak działa nasz wynik. Zatem, ponieważ H_0mamy $H_0 = p^2/2mi$ dla zaburzenia, użyjmy wzoru rozwiązania dla potencjału sprężyny we współrzędnych kanonicznych: $\Delta H = (m\omega^2/2)x^2$. Możemy następnie obliczyć równania Hamiltona, aby uzyskać typowy wynik:

$$\dot{x} = \frac{p}{m} \ ; \quad \dot{p} = -m\omega^2 x \tag{9-2}$$

(bez żadnego przybliżenia). Potraktujmy to jako zaburzenie, rozważmy ω^2jako parametr zaburzenia, zatem przy zerowym rzędzie mamy $\dot{p_0} = 0$i $\dot{x_0} = p_0/m$. Zatem

$$p^{(0)} = p_0 = const. \ ; \ x^{(0)} = x_0 = \left(\frac{p_0}{m}\right)t, \tag{9-3}$$

gdzie wybieramy warunek początkowy $x(t = 0) = 0$. Teraz, przy pierwszym rzędzie otrzymujemy:

$$\dot{p}^{(1)} = -m\omega^2 x^{(0)} = -\omega^2 p_0 t \ \rightarrow \ p^{(1)}(t) = p_0 - \frac{1}{2}\omega^2 p_0 t^2 \tag{9-4}$$

I

$$\dot{x}^{(1)} = \frac{p^{(1)}}{m} = \frac{p_0}{m} - \frac{1}{2m}\omega^2 p_0 t^2 \ \rightarrow \ x^{(1)}(t) = \frac{p_0}{m}t - \frac{1}{6m}\omega^2 p_0 t^3. \tag{9-5}$$

Jeśli porównamy teraz ze znanym pełnym rozwiązaniem:

$$p(t) = p_0 \cos \omega t \ \ ; \ x(t) = \frac{p_0}{m\omega}\sin \omega t, \tag{9-6}$$

poprzez pierwsze zamówienie możemy zobaczyć dokładne porozumienie.

W przypadku zaburzenia zależnego od czasu często przechodzi się od formuły hamiltonowskiej do formuły hamiltonowskiej-Jacobiego [37]. Rozważmy konfigurację $H = H_0 + \Delta H$jak poprzednio, ale teraz mamy dodatkową informację o uzyskaniu funkcji głównej S, która jest funkcją generującą dla transformacji kanonicznej z $\{q,p\} \rightarrow \{\alpha,\beta\}$takiej, że:

$$H_0\left(q, \frac{\partial S}{\partial q}, t\right) + \frac{\partial}{\partial t}S(q,\alpha,t) = 0. \tag{9-7}$$

W odniesieniu do H_0, zmienne $\{\alpha,\beta\}$są kanoniczne, a zatem stałe. W odniesieniu do , Hnie będą stałymi, ale nadal zostaną wybrane jako nasze zmienne kanoniczne (let $\{P = \alpha, Q = \beta\}$):

$$P = \alpha(q,p) \ ; \ \ Q = \beta(q,p). \tag{9-8}$$

Przekształcenie do standardowej formy HJ dla zaburzonego hamiltonianu H z zaburzeniem zależnym od czasu:

$$H(\alpha,\beta,t) = H_0(\alpha,\beta,t) + \Delta H(\alpha,\beta,t) + \frac{\partial S}{\partial t} = \Delta H(\alpha,\beta,t), \tag{9-9}$$

i ponieważ $\dot{Q} = \frac{\partial H}{\partial P}$i $\dot{P} = -\frac{\partial H}{\partial Q}$otrzymujemy dokładne relacje:

$$\dot{\alpha} = -\frac{\partial \Delta H}{\partial \beta} \quad ; \quad \dot{\beta} = \frac{\partial \Delta H}{\partial \alpha}. \tag{9-10}$$

Dokładne rozwiązania często nie są możliwe, dlatego stosujemy rozwinięcia perturbacyjne, jak poprzednio. W tym przypadku, dowolne wartości $\{\alpha,\beta\}$uzyskane dla zerowego rzędu są następnie wykorzystywane do obliczeń pierwszego rzędu, jak poprzednio:

$$\dot{\alpha}^{(1)} = -\frac{\partial \Delta H}{\partial \beta}, \ \alpha = \alpha^{(0)} \ , \ \beta = \beta^{(0)}, \tag{9-11}$$

i podobnie dla $\dot{\beta}^{(1)}$, a następnie powtarzane na wyższych poziomach w razie potrzeby.

Ćwiczenie 9.1. Zastosuj podejście perturbacyjne HJ do układu sprężyn rozpatrywanego wcześniej i uzyskaj wynik ponownie w formalizmie HJ.

9.2 Analiza wymiarowa

Fizyka ma wielkości wymiarowe, w przeciwieństwie do dotychczas stosowanej matematyki różniczkowej (chociaż można wprowadzić elementy matematyczne, które mogą działać jako wielkości wymiarowe). Wielkości bezwymiarowe można grupować w iloczyny, które są bezwymiarowe. Na przykład prawo Stefana-Boltzmanna (opisane w [42,45]) podaje zależność między energią promieniowania E w jamie o objętości V i ściankach w temperaturze T:

$$\frac{E}{V} = \frac{8\pi^5}{15}\frac{k_B^4 T^4}{c^3 h^3}. \tag{9-12}$$

Wzory matematyczne w fizyce muszą być spójne pod względem wymiarowości członów.

Przykład 9.2. Kulka tocząca się po orbicie kołowej
Rozważmy kulkę toczącą się po orbicie kołowej wewnątrz odwróconego stożka (więcej takich przykładów można znaleźć w [62]), której kąt połówkowy (odchylenia od pionu) wynosi θ. Zmiennymi dla układu są zatem okres orbitalny τ, masa m, promień orbity R, przyspieszenie grawitacyjne gi wspomniane θ. Stwórzmy iloczyn bezwymiarowy:

$$\tau^{\alpha} m^{\beta} R^{\gamma} g^{\delta} = [T]^{\alpha}[M]^{\beta}[L]^{\gamma}[LT^{-2}]^{\delta} = T^{\alpha-2\delta} M^{\beta} L^{\gamma+\delta}, \tag{9-13}$$

który jest bezwymiarowy, jeśli $\alpha - 2\delta = 0$i $\beta = 0$i $\gamma + \delta = 0$, lub upraszczając otrzymujemy:

$$\beta = 0 \text{I}\ \gamma = -\delta = -\alpha/2\,.$$

W ten sposób otrzymujemy zależność:

$$\tau = \sqrt{\frac{R}{g}} f(\theta). \tag{9-14}$$

Przy znacznie większym wysiłku szczegółowa analiza pokazuje, że $f(\theta) = 2\pi\sqrt{\tan\theta}$.

Ćwiczenie 9.2. Pokaż, że $f(\theta) = 2\pi\sqrt{\tan\theta}$.
Bardziej ogólną formułę częściowego rozwiązania możliwego dzięki analizie wymiarowej podaje Пtwierdzenie Buckinghama [62].

9.2.1 ПTwierdzenie Buckinghama

1. Jeżeli równanie jest wymiarowo jednorodne, można je sprowadzić do relacji pomiędzy kompletnym zestawem niezależnych bezwymiarowych produktów [63]
2. Liczba kompletnych i niezależnych bezwymiarowych produktów $N_P$jest równa liczbie bezwymiarowych zmiennych (i stałych) $N_V$pomniejszonej o liczbę wymiarów $N_D$potrzebnych do wyrażenia wzorów: $N_P = N_V - N_D$.

Najlepiej wyjaśnić powyższe metody na kilku przykładach.

Przykład 9.3. Analiza wymiarowa wahadła.
Dla wahadła o okresie τ, masie m, długości ramienia li przyspieszeniu ziemskim g:

$$\tau^\alpha m^\beta l^\gamma g^\delta = [T]^\alpha [M]^\beta [L]^\gamma [LT^{-2}]^\delta = T^{\alpha-2\delta} M^\beta L^{\gamma+\delta},$$

który ma to samo rozwiązanie co poprzednio (ale bez θ), więc mamy:

$$\tau = C\sqrt{\frac{l}{g}},$$

gdzie Cjest stałą.

Ćwiczenie 9.3. Powtórz dla poziomego ruchu sprężyny na powierzchni bez tarcia, jeden koniec przymocowany, a drugi z niezaniedbywalną masą.

Przykład 9.4. Analiza wybuchu jądrowego według G.I. Taylora [33]
Oto znany przykład, w którym wydajność (energię) wybuchu jądrowego określono na podstawie sekwencji szybkich zdjęć opublikowanych w gazecie (z niezbędnymi znacznikami czasu pokazującymi rozprzestrzenianie się eksplozji). Niech Roznacza promień rozprzestrzeniającej się fali uderzeniowej, niech czas od wybuchu będzie t, niech uwolniona energia będzie E, a (początkowa) gęstość atmosfery niech będzie ρ.

Ćwiczenie 9.4. Wykaż, że $E = k\rho R^5/t^2$dla pewnej (bezwymiarowej) stałej k.

Przykład 9.5. Rozważmy hamiltonian:

$$H = \frac{1}{2}\left({P_x}^2 + {P_y}^2\right) + 2x^3 + xy^2$$

Dla czego równania hamiltonowskie dają:

$$\dot{x} = P_x; \quad \dot{y} = P_y; \quad \dot{P}_x = -(6x^2 + y^2); \quad \dot{P}_y = -(2xy).$$

Mamy naszą pierwszą zachowaną wielkość: Energię, $E = H$i odnosząc się do wymiarowości Energii, utwórzmy tabelę wyrazów:

Termin	Zamów w E
x, y	1/3
P_x, P_y	½
$\frac{d}{dt}$	1/6
H	1

Potrzebujemy drugiej wielkości zachowanej, Wtakiej, którą $\dot{W}$można skonstruować z ($x, y, P_x, P_y, \dot{x}, \dot{y}, \dot{P}_x, \dot{P}_y$) tak, aby uzyskać zero zgodne z formą powyższych „cegiełek". Ponieważ $\dot{P}_x, \dot{P}_y$są to jedyne miejsca, w których wyrazy są sprzężone, muszą być w W. Ponieważ $\dot{P}_x, \dot{P}_y$są rzędu 2/3, musimy mieć $\dot{W}$rząd ≥2/3. Musi być również Wróżniczką zupełną (jak w przypadku H).

Przypadek 1: rozważmy $\dot{W}$rząd 2/3, oznacza to, że:

$$\dot{W} = \alpha\dot{P}_x + \beta\,\dot{P}_y + ax^2 + bxy + cy^2,$$

gdzie współczynniki są stałymi, które możemy wybrać. To wyrażenie nie jest jednak dokładną różniczką dla żadnego wyboru stałych, więc ten przypadek nie działa.

Przypadek 2: rozważmy $\dot{W}$zamówienie 5/6, oznacza to, że:

$$\dot{W} = \alpha xP_x + \beta yP_x + \gamma yP_y + \delta xP_y + ax\dot{x} + bx\dot{y} + cy\dot{x} + dy\dot{y}.$$

To wyrażenie również nie jest dokładną różniczką, więc ten przypadek nie zadziała.

Przypadek 3: rozważmy $\dot{W}$rząd 6/6, … mamy takie wyrazy jak $x\dot{P}_x$, i ponownie, nie ma rozwiązania.

Przypadek 4: rozważmy $\dot{W}$rząd 7/6, to działa, ale przywraca pierwszą zachowaną wielkość, czyli hamiltonian.

Przypadek 5: rozważmy $\dot{W}$zamówienie 8/6, … mamy takie warunki jak $x^2\dot{P}_x$, i ponownie, brak rozwiązania.

Przypadek 6: rozważmy $\dot{W}$zamówienie 9/6, … to działa. Ogólna forma jest teraz taka:

$$\dot{W} \propto E^{3/2} \rightarrow W \propto E^{4/3}$$

Ogólne wyrażenie dla Wteraz brzmi:

$$W = a_1x^4 + a_2x^3y + a_3x^2y^2 + a_4xy^3 + a_5y^4$$
$$+b_1xP_x^2 + b_2xP_xP_y + b_3xP_y^2 + b_4yP_x^2 + b_5yP_xP_y + b_6yP_y^2$$

Ogólne wyrażenie $\dot{W}$jest następujące:

$$\dot{W} = x^3P_x(4a_1 - 12b_1) + \cdots,$$

gdzie stałe współczynniki dla każdego członu są z osobna równe zeru. W ten sposób otrzymujemy 12 równań dla wskazanych 11 niewiadomych. Rozwiązując, stwierdzamy, że:

$$W = x^2y^2 + \frac{1}{4}y^4 - xP_y^2 + yP_xP_y.$$

9.2.2 Analiza wymiarowa pokazuje 22 unikalne wielkości wymiarowe [62]

Jeśli zaczniemy od zestawu 6 podstawowych stałych wymiarowych, $\{G, \varepsilon_0, c, e, m_e, h\}$, okaże się, że istnieją 22 unikalne grupy wymiarowe [62] i 2 grupy bezwymiarowe (liczba Eddingtona-Diraca i stała struktury subtelnej). W [45] ponownie znajdziemy 22 podstawowe parametry wymiarowe .

Ćwiczenie 9.5. Zidentyfikuj 22 grupy wymiarowe .

9.3 Fenomenologia

Kiedy nie masz fundamentalnej teorii, ale nadal chcesz ustanowić model naukowy oparty na pewnych danych empirycznych jakiegoś zjawiska, to ustanawiasz model fenomenologiczny. Model fenomenologiczny nie opiera się na żadnych pierwszych zasadach. Teorie fundamentalne często zaczynają się jako modele fenomenologiczne, dopóki nie zostaną lepiej zrozumiane. Feynman w swoich opisach praw fizycznych [64], na przykład, opisuje proces odkrywania praw fizycznych jako oświecone zgadywanie. Termodynamika jest często postrzegana jako teoria fenomenologiczna, która zapożyczyła prawa fizyczne skądinąd (takie jak zachowanie energii). Częściowo z tego powodu i w oczekiwaniu na inne rozwinięcia teorii, dyskusja na temat fenomenologii w kontekście termodynamiki i mechaniki statystycznej nie jest zakończona aż do [44].

Rozdział 10. Ćwiczenia dodatkowe

Ćwiczenie 10.1.

Rozważ zderzenie dwóch identycznych układów, z których każdy składa się z dwóch mas punktowych $m$połączonych sprężyną o stałej masie k. Przed zderzeniem każda sprężyna jest „rozluźniona", czyli nieściśnięta. Przed zderzeniem jeden układ porusza się z prędkością vw kierunku drugiego, wzdłuż linii sprężyn, a drugi układ jest w spoczynku. Zderzające się cząstki sklejają się, tworząc układ 3-cząstkowy, jak pokazano na rysunku „po". Jeśli czas zderzenia jest krótki w porównaniu z $\sqrt{\frac{m}{k}}, find$

(a) Prędkość każdej z trzech ostatnich cząsteczek bezpośrednio po zderzeniu.

(b) Pozycja cząstki znajdującej się najdalej po prawej stronie w funkcji czasu $t$po zderzeniu

Ćwiczenie 10.2.

Dwie cząstki o masach m_1, m_2i położeniach $\vec{r}_1$, $\vec{r}_2$odpowiednio, oddziałują z energią potencjalną U(r), gdzie r = $\left|\underset{r_1}{\rightarrow} - \underset{r_2}{\rightarrow}\right|$.

(a) Zapisz Lagrange'a Ltego układu.

(b) Zdefiniuj współrzędne względne $\underset{r}{\rightarrow} = \underset{r_1}{\rightarrow} - \underset{r_2}{\rightarrow}$ i współrzędne środka masy$\underset{R}{\rightarrow} = \frac{\left(m_1 \underset{r_1}{\rightarrow} + m_2 \underset{r_2}{\rightarrow}\right)}{(m_1 + m_2)}$. Wyraź Lagrange'a Lza pomocą tych uogólnionych współrzędnych. Pokaż, że $L = L_R + L_r$,gdzie $L_R$jest częścią Lagrange'a zawierającą współrzędną $\underset{R}{\rightarrow}$, a $L_r$jest częścią zawierającą współrzędną. $\underset{r}{\rightarrow}$. Zapisz L_rw postaci Lagrange'a pojedynczej cząstki o współrzędnej $\underset{r}{\rightarrow}$i masie m. Podaj wyrażenie dla tej „masy zredukowanej" $m$za pomocą m_1i m_2.

(c) W dalszej części problemu rozważ ruch cząstki opisany przez równanie Lagrange'aL_r $(the\ subscript\ r\ on\ L\ will\ be\ dropped\ for\ brevity)$.Wybie rz współrzędne cylindryczne, w których oś z wskazuje kierunek momentu pędu, $\vec{l} = \vec{r} \times \vec{p}$ gdzie $P_i = \partial L / \partial \dot{r}_i$. Zapisz Lagrange'a we współrzędnych cylindrycznych(r, ϕ, z).

(d) Teraz pokaż, że moment pędu jest zachowany. Ponieważ $\vec{l}$ jest zachowany, można założyć, że cząstka porusza się w płaszczyźnie. $z = 0$.To upraszcza równanie Lagrange'a.

(e) Wykaż, że w wyniku równań Lagrange'a istnieje energia zachowana Ei podaj ją jawnie za pomocą r, ϕ i ich pochodnych czasowych. Zapisz wyrażenie na zachowaną energię kątową.

(f) Z wyrażenia na Ewyrażenie $t$jako funkcja całkowa $r$oraz stałe ruchu Ei l.

(g) Podobnie wyraź ϕjako funkcję całkowitą r, E, il.

Ćwiczenie 10.3.

Cząstka, której masa m porusza się w polu siłowym o postaci

$$\vec{F} - \left(-\frac{a}{r^2} + \frac{b}{r^{\frac{3}{2}}}\right)\hat{r}$$

Gdzie a i b są stałymi dodatnimi.

(a) Dla jakiego zakresu radiali możliwe są orbity kołowe?

(b) W jakim zakresie radiali orbity kołowe są stabilne?

(c) Znajdź częstotliwość małych oscylacji wokół orbity kołowej o promieniu r = $\frac{a^2}{4b^2}$

Ćwiczenie 10.4.

(a) Wykaż, że odizolowana cząstka o skończonej masie spoczynkowej m nie może rozpaść się na pojedynczą cząstkę o zerowej masie spoczynkowej.

(b) Czy pojedyncza cząstka o zerowej masie spoczynkowej może rozpaść się na n cząstek, z których wszystkie mają zerową masę spoczynkową i dodatnią energię? Jeśli tak, podaj przykład. Jeśli nie, udowodnij, że jest to niemożliwe dla wszystkich n > 1.

Ćwiczenie 10.5.

Pręt o długości a i masie m jest zawieszony na nieważkiej nici o długości a/3. Wyznacz częstotliwości drgań normalnych (częstotliwości własne) dla małych przemieszczeń z położenia równowagi stabilnej tego układu.

Ćwiczenie 10.6.

Rozważmy ruch poprzeczny (tj. ruch prostopadły do nici) dwóch mas, M i m, zamocowanych na niemasowym drucie o długości 4a. Cały układ leży na stole bez tarcia.

Ćwiczenie 10.7.

Walec (o masie M_1. Promień R i wysokość h) spoczywa na bezmasowym dysku i obraca się wokół stałej osi w środku dysku (promień dysku -D). Na obrzeżu dysku przymocowany jest punkt masy M_2. Pomiędzy walcem a dyskiem występuje tarcie. Szerokość D – 2R i M_1-2 M_2. Bezwymiarowy współczynnik tarcia kinetycznego wynosi c, a przyspieszenie grawitacyjne wynosi g. Początkowa prędkość kątowa walca (ω_1^0)jest czterokrotnie większa niż dysku (ω_2^0), tj ω_1^0. -4 . ω_2^0Tylko w odniesieniu do R, M_1, i g, znajdźσ

(A) Czas t potrzebny, aby układ osiągnął stan stacjonarny.
(B) Końcowa prędkość kątowa dysku i cylindra.

Ćwiczenie 10.8.

Struna o długości L jest zamocowana na obu końcach, ma masę całkowitą M i jest rozciągnięta pod wpływem napięcia T. W chwili t = 0 w strunę uderza młotek o szerokości d w położeniu x = a (patrz diagram) w taki sposób, aby wprawić strunę w drgania z warunkami początkowymi.

$y(x,t=0)=0$wszystkie x
$\dot{y}(x,0)=0 \qquad 0\le x\le a-\frac{d}{2}$
$\dot{y}(x,0)=v_0$A $-\frac{d}{2}\le x\le a+\frac{d}{2}$
$\dot{y}(x,0)=0$a $+\frac{d}{2}\le x\le L$

(a) Znajdź wyrażenie na (zależną od czasu) energię kinetyczną n^{th}drgań normalnych struny w $\hat{y}$kierunku. (Nie występują drgania podłużne). Wyraź prędkość i częstotliwość fali za pomocą stałych podanych w zadaniu.
(b) Znajdź położenie x = a i szerokość d młotka, które zmaksymalizuje energię w trybie drgań n = 3.

Ćwiczenie 10.9.

Cząstka jest ograniczona do poruszania się po cykloidzie:
$x=acos^{-1}\left(\frac{a-y}{a}\right)+\sqrt{2ay-y^2}\ (0\le y\le 2a)$
Pod wpływem grawitacji (oś y wskazuje ku górze).
(i) Napisz równanie Lagrange'a dla tego układu.
(ii) Uzyskaj równanie(a) Eulera.
(iii) Załóżmy, że cząstka rozpoczyna ruch z punktu $y=y_0$o zerowej prędkości początkowej: pokaż, że czas potrzebny do osiągnięcia dolnej krawędzi krzywej (y = 0) jest niezależny ody_0.

$$\left[You\ may\ need\ the\ integral \int\frac{du}{\sqrt{u-u^2}} = sin^{-1}(2u-1)u<1\right]$$

Ćwiczenie 10.10.

(a) W rozpadzie
$A+p+\pi^-$
Jaka jest energia pionu mierzona w układzie odniesienia A?$Find\ E_\pi\ in\ terms\ of\ the\ rest\ masses\ m_\Delta, m_p, m_\pi$).

(b) Neutron o energii 939 x 10^{10}MeV przemieszcza się przez galaktykę o średnicy 10^5lat świetlnych. Jeśli okres

półtrwania neutronu wynosi 640 s, czy powinieneś obstawiać, że neutron rozpadnie się, zanim przekroczy galaktykę? (Uzasadnij swoją odpowiedź.)
$m_{\cap} = 939\ MeV \quad 1\ year = \pi\ x\ 10^7\ 5.$

Ćwiczenie 10.11.

Metrykę opisującą sferyczną powłokę materii o promieniu R można zapisać

$$ds^2 = -\left(1 - \frac{2M}{r}\right)dt^2 + \left(1 - \frac{2M}{r}\right)^{-1} dr^2$$
$$+r^2(d\theta^2 + sin^2\theta d\phi^2).\, outside$$
$$ds^2 = -dt^{-2} + dr^{-2} + r^{-2}(d\theta^2 + sin^2\theta d\phi^2).\, inside.$$

a) Znajdź funkcje $\bar{t}(r,t), \bar{r}(r,t)$bliskie r= R, dla których metryka jest ciągła dla r =R.
b) Neutrino emitowane przez rozpadający się neutron w centrum powłoki ($\bar{r} = 0$).Ma energię E zmierzoną przez obserwatora w stanie spoczynku w $\bar{r} = 0$. Jaka jest jego energia, gdy osiągnie nieskończoność (r >> R), zmierzona przez obserwatora w nieskończoności? (Przechodzi przez powłokę bez oddziaływania.)

Ćwiczenie 10.12.

Cząstka o masie m i ładunku e porusza się w polu magnetycznym, $\underset{B}{\rightarrow} = b(x^2 + y^2)\hat{k}$, gdzie b jest stałe.

(a) Znajdź potencjał wektorowy dla $\underset{B}{\rightarrow}$postaci $\underset{A}{\rightarrow} = f(x^2 + y^2) \underset{\phi}{\rightarrow}$, gdzie$\underset{\phi}{\rightarrow} = x\hat{j} - y\hat{\imath}$.
(b) Znajdź hamiltonian dla cząstki, korzystając z tego$\underset{A.}{\rightarrow}$
(c) Wykaż, że $\underset{p}{\rightarrow} * \underset{\phi}{\rightarrow}$jest to stała ruchu, sprawdzając, czy nawias Poissona $\left[\underset{p}{\rightarrow} * \underset{\phi}{\rightarrow}, H\right]_{PB}$ znika.
(d) Znajdź wielkość konserwowaną inną niż H i $\underset{p}{\rightarrow} * \underset{\phi}{\rightarrow}$.

Ćwiczenie 10.13.

Rozważ następujące trzy sposoby, w jakie można zacząć od fotonu promieniowania y o energii 3 MeV, a skończyć na poruszającym się elektronie. Oblicz wartość liczbową maksymalnej energii kinetycznej, jaką elektron mógłby mieć w każdym przypadku.

(a) Efekt fotoelektryczny

(b) Produkcja par elektronowych

(c) Rozpraszanie Comptona (Wyprowadź dowolne wyrażenie opisujące rozpraszanie Comptona.)

H =$6.63 \times 10^{-34} J \times s$

$= 4.136 \times 10^{-15}\ eV \times s$

Jeśli potrzebujesz więcej danych, których nie znasz, dokonaj oszacowania (o rozsądnej wartości, jeśli to możliwe) i użyj tej wartości w swoich obliczeniach. Dokładnie określ, jakiego szacunku używasz.

Ćwiczenie 10.14.

Zderzenie relatywistyczne zachodzi wzdłuż linii prostej między cząstką o masie spoczynkowej m_0a inną cząstką o masie spoczynkowej nm_0. Po zderzeniu sklejają się one ze sobą i mają łączną masę spoczynkową równą M_0, która odchodzi z prędkością v. Przed zderzeniem cząstka $m_0$pozostaje w spoczynku, a druga cząstka zbliża się do niej z prędkością u. Jeśli nazwiemy ją

$$Y = \frac{1}{\sqrt{1 - \frac{u^2}{c^2}}}$$

Następnie znajdź

A) V jako funkcja u i y. I

B) $\frac{M_0}{m_0}$jako funkcja u i y.

Ćwiczenie 10.15.

W układzie współrzędnych Eddingtona-Finkelsteina metryka czarnej dziury Schwarzschilda wynosi

$$ds^2 = -\left(1 - \frac{2M}{r}\right) dv^2 + 2\, dvdr + r^2\{d\theta^2 + sin^2\theta d\phi^2).$$

(a) pokaż, że przypadek M=0 jest przestrzenią płaską, znajdując wykres (układ współrzędnych)

$\underset{t,}{\rightarrow}\ \underset{r,}{\rightarrow}\ \theta, \phi$ dla którego metryka (1) ma postać
$ds^2 = -dt^{-2} + dr^{-2} + r^{-2}(d\theta^2 + sin^2\theta d\phi^2)\ (M = 0)$.
(b) Niech r(v) będzie radialną krzywą czasoprzestrzenną, której punkt początkowy leży w horyzoncie r(0) < 2M. Wykaż, że r(v) < r(0), gdy v > 0 (tj. krzywa nie może wyłonić się z horyzontu).
(c) Latarka i obserwator, oboje na $\theta = \phi = 0$osi, znajdują się w stałych promieniach $r = r_f$i $r = r_o$. Latarka emituje światło o długości fali λ(mierzonej w jej układzie odniesienia). Jaką długość fali mierzy obserwator?
(d) Wykaż, że powierzchnie v = stałe są zerowe,$g^{ab\nabla}\ a^{v\nabla}b^v = 0$

Ćwiczenie 10.16.

Cząstka o ładunku 2 q porusza się w polu elektromagnetycznym nieruchomej cząstki, która przenosi zarówno ładunek elektryczny Q, jak i ładunek magnetyczny b: pole magnetyczne nieruchomej cząstki jest

$$B = \frac{b \underset{r}{\rightarrow}}{r^3}$$

Udowodnij, że wektor

$$\underset{L}{\rightarrow} - \frac{qb}{c}\frac{\underset{r}{\rightarrow}}{r}$$

Jest stałą ruchu cząstki q, gdzie $\underset{L}{\rightarrow}$jest orbitalnym momentem pędu.

Ćwiczenie 10.17.

W pokazanym wahadle podwójnym masy punktowe 3m i m są połączone ze $l$sobą i punktem podparcia nieważkimi prętami o długości 1,5 m. Masy mogą swobodnie wahać się w płaszczyźnie pionowej. W chwili$t = d, \theta = 0, \frac{d\theta}{dt} = 0, \phi = \phi_0 \ll 1\ and\ \frac{d\phi}{dt} = 0$.
Znajdować$\theta(t)\ and\ \phi(t)$.

Rozdział 11. Perspektywy serii

Opisano klasyczne sformułowania ruchu cząstek punktowych: za pomocą równań różniczkowych (pierwsze i drugie prawo Newtona); za pomocą sformułowania funkcji wariacyjnej do wyboru równania różniczkowego (wariacja Lagrange'a); za pomocą sformułowania funkcji wariacyjnej (sformułowanie działania) do wyboru sformułowania funkcji wariacyjnej. Opisano również dwie dziedziny ruchu w wielu układach: niechaotyczną i chaotyczną.

Z wariacyjnej formuły Lagrange'a „działania" dla ruchu cząstek ostatecznie zdefiniujemy wariacyjną formułę całki ścieżkowej funkcjonału, wykorzystującą ten sam Lagrange'a, aby uzyskać opis kwantowy dla nierelatywistycznego ruchu cząstek kwantowych (opisanego szczegółowo w Księdze 4 [42], a relatywistycznego w Księdze 5 [43]). Z opisu kwantowego dochodzimy do formalizmu propagatora do opisu dynamiki (istnieje on również w klasycznej formulacji, ale zazwyczaj nie jest często używany w tym kontekście). Złożone propagatory okażą się wówczas powiązane z mechaniką statystyczną i właściwościami termodynamicznymi (Księga 6 [44]). Powiązania z mechaniką statystyczną są dodatkowo podkreślane na „krawędzi chaosu", ale z ruchem orbitalnym nadal ograniczonym. Może to być związane z równowagą i reżimem martyngałowym, których istnienie można następnie wykorzystać na początku wyprowadzeń mechaniki statystycznej i termodynamiki z Księgi 6 [44], przy czym istnienie równowag ustalono na początku. Istnienie znanych miar entropii zostało już wskazane w opisie neurorozmaitości (Księga 3 [41]), zatem opis termodynamiki z Księgi 6, wraz z równowagami, może zacząć od dobrze ugruntowanego fundamentu, który nie jest dekretowany, lecz jest deklarowany jako bezpośredni wynik tego, co zostało już ustalone w teorii/eksperymencie opisanym w poprzednich Księgach Serii.

Przechodząc od teorii cząstek punktowych do teorii pól, w podstawowych książkach fizycznych nie ma zbyt wielu dyskusji na temat pól w sensie ogólnym, zwykle przechodzi się bezpośrednio do głównego obszaru istotności , czyli elektromagnetyzmu (EM). Jeśli jest to zaawansowane, może również obejmować ogólną teorię względności (GR), jak w [92]. W kolejnych dwóch książkach z serii omówimy te tematy, ale omówimy również podstawowe pola w 1, 2 i 3D (w tym dynamikę płynów), a także 4D formuły pola lorentzowskiego (dla szczególnej teorii względności), formułę pola cechowania (a zatem Yang Mills omówiony w kontekście klasycznym) oraz geometryczne i cechowania formuły GR. To ustanawia fundament dla sił standardowych, a po kwantyzacji (książki 4 i 5 z serii) kładzie fundament dla standardowych sił renormalizowalnych (wszystkie oprócz grawitacji).

W Księdze 2 skupiono się na klasycznej teorii pola w geometrii stałej, głównym przykładem fizycznym jest EM. W tym kontekście alfa pojawia się na przykład w opisie pary elektron-pozyton: $F = e^2/(4\pi\varepsilon a^2)$dla odległości elektron-pozyton 'a', gdzie alfa pojawia się jako stała sprzężenia. Później, w mechanice kwantowej, zarówno współczesnej, jak i we wczesnym modelu Bohra, mamy alfa = $[e^2/(4\pi\varepsilon)]/(c\hbar)$. Pojawienie się alfa w sytuacjach ma miejsce w układach związanych. Z drugiej strony, jeśli zbadamy oddziaływania EM, które są niezwiązane, takie jak z siłą Lorentza $F = q(E \times v)$, tutaj nie pojawia się żaden parametr alfa, ani we wczesnej analizie mechaniki kwantowej takich układów, takiej jak rozpraszanie Comptona. Tak więc widzimy wczesną rolę alfa, ale tylko w układach związanych, a zatem tylko w układach z (zbieżnymi) perturbacyjnymi rozwinięciami zmiennych układu.

W Księdze 3, klasycznej teorii pola z geometrią *dynamiczną* , tj. GR, w ogóle nie widzimy alfy. Zamiast tego widzimy konstrukcje rozmaitości i matematykę geometrii różniczkowej (oraz do pewnego stopnia topologię różniczkową i topologię algebraiczną). Konstrukcje rozmaitości są opisane w matematycznym tle podanym w Księdze 3 i Dodatku. Zastosowanie w obszarze neurorozmaitości (patrz [24]) pokazuje, że odpowiednikiem ścieżki geodezyjnej w tym kontekście jest ewolucja obejmująca kroki o minimalnej entropii względnej. Podobnie jak w opisie lokalnie płaskiej czasoprzestrzeni, znajdziemy opis „entropii" rosnącej/ewoluującej zgodnie z minimalną entropią względną.

Załącznik

A. Streszczenie równań różniczkowych zwyczajnych

Niniejsze streszczenie jest na poziomie kursu podyplomowego z matematyki stosowanej AMa101 na Caltech z ok. 1985 r., gdzie głównym tekstem był tekst Bendera i Orszaga [39]. Zadano wiele problemów, a dla wielu z nich podano kompletne rozwiązania. Zatem pośrednio, rozwiązania kilku problemów przedstawionych w [39] są również zawarte w dalszej części. Podstawowy materiał dotyczący równań różniczkowych i przykładów rozwiązanych został dobrany w taki sposób, aby szybko uświadomić czytelnikom, jak zdumiewająco złożoność jest możliwa, i wyjaśnić standardowe metody rozwiązywania.

Streszczenie obejmuje Wprowadzenie do równań różniczkowych zwyczajnych; analizę lokalnych równań różniczkowych zwyczajnych (badanie punktów osobliwych); nieliniowe równania różniczkowe zwyczajne; metody zaburzeń (w tym teorię WKB); oraz teorię Sturma-Liouville'a. Te dwa ostatnie tematy są najbardziej istotne dla zagadnień mechaniki kwantowej, dlatego zostały umieszczone jako dodatek do Księgi 4, poświęconej mechanice kwantowej.

A.1 Wprowadzenie do równań różniczkowych zwyczajnych

Zdefiniuj równanie różniczkowe zwyczajne n- tego rzędu jako:

$$\frac{d^n y}{dx^n} = F\left(x, y, \frac{dy}{dx}, \dots, \frac{d^{n-1}y}{dx^{n-1}}\right) \rightarrow \; y^{(n)} = F\left(x, y, y^{(1)}, \dots, y^{(n-1)}\right), \tag{A-1}$$

i istnieje $y' = y^{(1)}; y'' = y^{(2)}$również alternatywna notacja ; itd., tak samo. Jeśli F jest liniowa w $y, y^{(1)}, \dots, y^{(n-1)}$, to równanie różniczkowe zwyczajne jest liniowym równaniem różniczkowym zwyczajnym [39]. Rozwiązanie liniowego równania różniczkowego zwyczajnego n- tego rzędu jest funkcją n stałych całkowania. Jeśli F jest nieliniowa, nadal istnieje n stałych całkowania, ale mogą istnieć dodatkowe rozwiązania, których nie można skonstruować, wybierając stałe. Liniowe równania różniczkowe zwyczajne są często zapisywane w „notacji operatora":

$$\mathcal{L}\, y(x) = f(x), \tag{A-2}$$

gdzie $\mathcal{L}$jest operator różniczkowy:

$$\mathcal{L} = p_o(x) + p_1(x)\frac{d}{dx} + \cdots + p_{n-1}(x)\frac{d^{n-1}}{dx^{n-1}} + \frac{d^n}{dx^n}. \tag{A-3}$$

Jeśli $f(x) = 0$, to jest jednorodne, w przeciwnym razie jest niejednorodne (ma rozwiązania jednorodne i rozwiązania szczególne). Mamy problem wartości początkowej (IVP), jeśli znamy $y, y^{(1)}, \dots, y^{(n-1)}$pewną (początkową) wartość $x = x_0$:$y(x_0) = a_0$, $y'(x_0) = a_1$,…, $y^{(n-1)}(x_0) = a_{n-1}$, dla którego istnieje rozwiązanie ogólne $y(x) = \sum_{j=1}^{n} c_j y_j(x)$, gdzie c_jsą dowolnymi stałymi całkowania, a $\{ y_j \}$ są zbiorem liniowo niezależnych rozwiązań. Aby ustalić, czy nasz zbiór rozwiązań jest rzeczywiście niezależny, musimy wyznaczyć ich równanie Wronskiana [39]. Wronskian pojawia się również naturalnie przy rozpatrywaniu równania IVP, więc zostanie ono rozważone w dalszej części. Należy zauważyć, że w przeciwieństwie do równań IVP, w przypadku problemu brzegowego (BVP) stawiamy wartości (i/lub pochodne) w więcej niż jednym punkcie. Jest to koniecznie globalny kontekst rozwiązania, a nie lokalny, a zatem bardziej skomplikowany.

Aby pokazać istnienie i jednoznaczność IVP, $y^{(n)} = F\big(x, y, y^{(1)}, \dots, y^{(n-1)}\big)$zawsze możemy przekształcić równanie n- tego rzędu na układ n równań pierwszego rzędu:

$$\frac{dy_i}{dx} = f_i(y_1, y_2, \dots, y_n, x), \quad i = 1..n, \ \ where\ y_i = \frac{d^{i-1}}{dx^{i-1}} y(x). \tag{A-4}$$

Często zapisuje się to w notacji wektorowej:

$$\vec{Y} = \begin{pmatrix} y_1(x) \\ \dots \\ y_n(x) \end{pmatrix}, \quad \vec{F} = \vec{F}(\vec{Y}, x) = \begin{pmatrix} f_1(x) \\ \dots \\ f_n(x) \end{pmatrix}, \quad \frac{d\vec{Y}}{dx} = \vec{F}(\vec{Y}, x), \ \ with\, IVP\text{: } \vec{Y}(x = x_0) = \overrightarrow{Y_0} \tag{A-5}$$

Aby rozwiązać ten problem, stosujemy przybliżenie rekurencyjne (iterację Picarda) zaczynając od postaci całkowej:

$$\vec{Y}(x) = \overrightarrow{Y_0} + \int_0^x F(Y,t)dt .$$

(A-6)

Zakładając, $x_0 = 0$że nie tracimy ogólności (wlog .), piszemy:

$$\overrightarrow{Y_0}(x) = \overrightarrow{Y_0}\,; \quad \overrightarrow{Y_1}(x) = \overrightarrow{Y_0} \;= + \int_0^x \vec{F}(\vec{Y},t)dt\,; \quad \ldots\ldots; \quad \vec{Y}_{n+1}(x)$$

$$= \vec{Y} + \int_0^x \vec{F}(\overrightarrow{Y_n},t)dt .$$

(A-7)

Zbieżność ciągu zależy od $\vec{F}$. Pokażmy, że iteracja zbiega w pewnym otoczeniu $x = 0$. Najpierw pokażmy, że $\vec{F}$spełnia warunek Lipschitza:

$$\left\|\vec{F}(\overrightarrow{Y_1},x) - \vec{F}(\overrightarrow{Y_2},x)\right\| \leq K \left\|\overrightarrow{Y_1} - \overrightarrow{Y_2}\right\| ,$$

(A-8)

Dla wszystkich $||\vec{Y} - \overrightarrow{Y_0}|| \leq a$i dla wszystkich X: $\|x\| \leq b$. Jeśli pracujemy z liczbami czystymi (lub jednowymiarowymi), mamy $\|x\| = |x|$, i $|x - y| \geq 0$, z równością tylko wtedy, gdy x=ẏ. Mamy również $|x - y| = |y - x|$(symetrię) i $|x - z| \leq |x - y| + |y - z|$(nierówność trójkąta). Dla wektorów: $\|\vec{x} - \vec{y}\| = |\sqrt{(\vec{x} - \vec{y}) \cdot (\vec{x} - \vec{y})}|$, i nadal mamy symetrię i nierówność trójkąta. Wymagamy również, aby $\vec{F}$były ograniczone:

$$\vec{F}(\vec{Y},x) \leq M.$$

Jeśli te warunki są spełnione, iteracja Picarda jest zbieżna. Aby to zademonstrować, rozważmy:

$$\vec{Y}_n(x) = \overrightarrow{Y_0} + \int_0^x \vec{F}(\vec{Y}_{n-1},t)dt \quad and \quad \vec{Y}_{n+1}(x)$$

$$= \overrightarrow{Y_0} + \int_0^x \vec{F}(\overrightarrow{Y_n},t)dt.$$

Następnie mamy:

$$\vec{Y}_{n+1} - \vec{Y}_n = \int_0^x [\vec{F}(\overrightarrow{Y_n}, t) - \vec{F}(\vec{Y}_{n-1}, t)]dt$$

$$\|\vec{Y}_{n+1} - \vec{Y}_n\| \leq \int_0^x \|\vec{F}(\overrightarrow{Y_n}, t) - \vec{F}(\vec{Y}_{n-1}, t)\|dt \leq K \int_0^x \|\vec{Y}_n - \vec{Y}_{n-1}\|dt.$$

Aby ocenić RHS, należy wziąć pod uwagę:

$$\|\vec{Y}_2 - \vec{Y}_1\| \leq K \int_0^x ||Y_1 - Y_0||dt \leq K \int_0^x dt \int_0^t du\|F(Y_0, u)\|$$

$$\leq KM \int_0^x dt \int_0^t du.$$

Stosując indukcję można wykazać, że:

$$\|\vec{Y}_{n+1} - \vec{Y}_n\| \leq \frac{MK^n x^{n+1}}{(n+1)!}.$$

Jeżeli zatem zapiszemy:

$$\vec{Y}_n(x) = \overrightarrow{Y_0} + (\overrightarrow{Y_1} - \overrightarrow{Y_2}) + (\overrightarrow{Y_2} - \overrightarrow{Y_3}) \cdots,$$

wówczas, jeśli szereg norm jest zbieżny, to $\overrightarrow{Y_n}$będzie zbieżny (prawdopodobnie ma czynniki ujemne):

$$\|\overrightarrow{Y_n}\| \leq \|\overrightarrow{Y_0}\| + \sum_{m=0}^{\infty} \frac{MK^m x^{m+1}}{(m+1)!} = \|\overrightarrow{Y_0}\| + \frac{M}{K}(e^{kx} - 1).$$

(A-9)

Mamy zatem warunek rozwiązania, który jest wystarczający, ale niekonieczny. Musimy wykazać jednoznaczność, aby uzupełnić rozwiązanie ogólne. Wykazujemy jednoznaczność poprzez kontrprzykład, zaczynając od:

$$\vec{X} = \overrightarrow{X_0} + \int_0^x F(x,t)dt \quad and \quad \vec{Y} = \overrightarrow{Y_0} + \int_0^x F(y,t)dt,$$

(A-10)

Następnie

$$\|\vec{X} - \vec{Y}\| \leq \int_0^x \|F(\vec{X}, t) - F(\vec{Y}, t)\| \, dt \leq K \int_0^x \|\vec{X} - \vec{Y}\| dt$$

$$\leq K^2 \int_0^x dt \int_0^1 du \, \|\vec{X} - \vec{Y}\|,$$

zatem

$$\|\vec{X} - \vec{Y}\| \leq \frac{K^{n+1}}{(n+1)!} \int_0^x (x-t)^n \|\vec{X} - \vec{Y}\| dt \,. \tag{A-11}$$

Gdy n dąży do nieskończoności, prawa strona równania dąży do zera i widzimy, że $\|\vec{X} - \vec{Y}\| = 0$, a zgodnie z warunkiem Lipschitza mamy $\vec{X} = \vec{Y}$, np. jednoznaczność. Widzimy zatem, że (jednoznaczne) rozwiązanie jest generalnie możliwe. Praktycznie rzecz biorąc, jakie jest to ogólne rozwiązanie?

Ogólne rozwiązanie jednorodne (zgodnie z oznaczeniem [39])

Rozważać:

$$\mathcal{L}\, y(x) = 0 \tag{A-12}$$

Jak to zwykle bywa w przypadku równań różniczkowych zwyczajnych, rozważmy rozwiązanie zawierające wyraz wykładniczy: e^{rx}. podstawiając go jako funkcję próbną do równania operatora, otrzymujemy:

$$\mathcal{L}\, e^{rx} = e^{rx}\, P(r), \tag{A-13}$$

gdzie $P(r)$jest wielomianem n-tego stopnia:

$$P(r) = r^n + \sum_{j=0}^{n-1} p_j r^j \,. \tag{A-14}$$

Rozwiązania odpowiadają zerom $P(r)$, $r_1, r_2, \ldots$, tj.:

$$y = e^{r_1 x}, e^{r_2 x}, \ldots$$

(A-15)

Jedyne komplikacje pojawiają się, gdy zera się powtarzają. Załóżmy, że pierwszy pierwiastek jest m-krotny, wtedy mamy rozwiązanie w postaci:

$$\mathcal{L}\, e^{rx} = e^{rx}(r - r_1)^m\, Q(r),$$

(A-16)

gdzie Q jest wielomianem stopnia $n - m$. Liniowa kombinacja wszystkich rozwiązań stanowi rozwiązanie ogólne.

Ogólne rozwiązanie niejednorodne

Rozważ równanie niejednorodne,

$$\mathcal{L}\, y(x) = f(x).$$

(A-17)

Jedną z technik znajdowania konkretnego rozwiązania jest tzw. wariacja parametrów, która działa najlepiej, jeśli mamy rozwiązanie niezależne (niezerowy Wronskian) (patrz [39]). Omówimy kilka przykładów z wykorzystaniem tej techniki. W tym krótkim streszczeniu przejdziemy do omówienia metod Greena do rozwiązywania równań niejednorodnych . W tym celu wykorzystamy funkcje delta. W poniższym przykładzie funkcję delta zdefiniujemy jako:

$$\delta(x - a) = \begin{Bmatrix} 0 & x \neq a \\ \infty & x = a \end{Bmatrix},$$

(A-18)

tak, że:

$$\int_{-\infty}^{\infty} \delta(x - a)dx = 1 \qquad and \qquad \int_{-\infty}^{\infty} \delta(x - a)f(a)dx = f(x)\,.$$

(A-19)

Jeżeli zintegrujemy częściowo, otrzymamy klasyczną funkcję kroku Heaviside'a (z krokiem dla x=a):

$$\int_{-\infty}^{\infty} \delta(x - a)dx = h(x - a).$$

(A-20)

Metoda funkcji Greena polega na uzyskaniu konkretnego rozwiązania

$$\mathcal{L}\, G(x, a) = \delta(x - a),$$

(A-21)

gdzie rozwiązanie ogólnego równania niejednorodnego wynika w sposób trywialny z:

$$y_p(x) = \int_{-\infty}^{\infty} da\, f(a)G(x,a).$$

(A-22)

W dalszej części zajmiemy się specjalizacją w równaniu różniczkowym drugiego rzędu (trywialnym równaniu Wrońskiego 2x2). W takim przypadku otrzymamy postać:

$$\frac{d^2}{dx^2}G(x,a) + p(x)\frac{d}{dx}G(x,a) + p_0(x)G = \delta(x-a).$$

(A-23)

Teraz L:HS musi odpowiadać osobliwości funkcji delta po prawej stronie. Zatem argument , że $d^2G/dx^2 \sim \delta(x-a)$(a zatem G musi być mniej osobliwe niż $\delta(x-a)$. Podobnie, nie możemy mieć dG/dxfunkcji osobliwej bardziej niż funkcja skokowa, np. $dG/dx \sim h(x-a)$. Zgodnie z tym, G nie może być bardziej zmienna niż funkcja rampy (zerowa, dopóki rampa nie zaczyna się od x=a), co będzie oznaczane jako „r": $G \sim r(x-a)$To wszystko, co musimy wiedzieć, aby dojść do ogólnej formuły rozwiązania. Teraz sztuczka polega na przeanalizowaniu równania różniczkowego zwyczajnego poprzez całkowanie z $a-\varepsilon$do $a+\varepsilon$i zapisanie $\varepsilon \to 0$:

$$\int_{a-\varepsilon}^{a+\varepsilon} \frac{d^2G}{dx^2}dx + \int_{a-\varepsilon}^{a+\varepsilon} p\frac{dG}{dx}dx + \int_{a-\varepsilon}^{a+\varepsilon} Gp_0 dx = \int_{a-\varepsilon}^{a+\varepsilon} \delta(x-a) = 1\,.$$

Zatem,

$$\left.\frac{dG}{dx}\right|_{a+\varepsilon} - \left.\frac{dG}{dx}\right|_{a-\varepsilon} = 1.$$

(A-24)

Pracując z dwoma (niezależnymi) rozwiązaniami jednorodnymi $y_1(x)$i $y_2(x)$, wiemy, że możemy zapisać rozwiązanie niejednorodne po obu stronach osobliwości w formie „jednorodnej" dla tej strony. Zapiszmy funkcję Greena w następujący sposób:

$$G(x,a) = \begin{Bmatrix} A_1y_1(x) + A_2y_2(x) & x < a \\ B_1y_1(x) + B_2y_2(x) & x \geq a \end{Bmatrix}$$

(A-25)

Ponieważ G jest ciągła w punkcie x=a, mamy:

$$A_1 y_1(a) + A_2 y_2(a) = B_1 y_1(a) + B_2 y_2(a)$$
$$B_1 y_1'(a) + B_2 y_2'(a) - A_1 y_1{}'(a) - A_2 y_2{}'(a) = 1$$

W notacji macierzowej:

$$\begin{bmatrix} y_1(a) & y_2(a) \\ y_1{}'(a) & y_2{}'(a) \end{bmatrix} \begin{bmatrix} B_1 - A_1 \\ B_2 - A_2 \end{bmatrix} = \begin{bmatrix} 0 \\ 1 \end{bmatrix},$$

który można rozwiązać przez

$$B_1 - A_1 = \frac{-y_2(a)}{W(y_1(a), y_2(a))}$$
$$B_2 - A_2 = \frac{y_1(a)}{W(y_1(a), y_2(a))}$$

gdzie W jest Wrońskim, który jest

$$W = det \begin{bmatrix} y_1(a) & y_2(a) \\ y_1{}'(a) & y_2{}'(a) \end{bmatrix}.$$

Korzystając z tego,

$$y(x) = \int_{-\infty}^{\infty} G(x, a) f(a) da$$

jest pełnym rozwiązaniem, jeśli $y(x)$spełnia $\mathcal{L}y(x) = f(x)$i $y(x)$spełnia określone wartości BC lub początkowe. Rozważmy prosty przykład:

$$y'' = f(x) \;\; with \;\; \begin{matrix} y(0) = 0 \\ y'(1) = 0 \end{matrix}$$

Dostajemy $W = \begin{bmatrix} 1 & x \\ 0 & 1 \end{bmatrix} = 1$i

$$B_1 - A_1 = -a$$
$$B_1 - A_1 = \;1$$

Zatem,

$$G(x, a) = \begin{Bmatrix} A_1 y_1(x) + A_2 y_2(x) & x < a \\ B_1 y_1(x) + B_2 y_2(x) & x \geq a \end{Bmatrix} = \begin{Bmatrix} A_1 + A_2 x & x < a \\ B_1 + B_2 x & x \geq a \end{Bmatrix}, \tag{A-26}$$

z czego ustalamy:

$$\begin{matrix} A_1 = 0 & B_1 = -a \\ B_2 = 0 & A_2 = -1 \end{matrix}.$$

Zatem,

$$G = \begin{Bmatrix} -x & x < a \\ -a & x \geq a \end{Bmatrix}.$$

Rozwiązanie dla $y(x)$:

$$y(x) = \int_0^1 da\, G(x,a)f(a) = \int_0^a da\,(-x)f(a) + \int_a^1 da\,(-a)f(a)$$

(A-27)

Nieliniowe równania różniczkowe zwyczajne (wiele przykładów w [65])

Jako nasze pierwsze nieliniowe równanie różniczkowe zwyczajne rozważmy równanie Bernoulliego:

$$y'(x) = a(x)y + b(x)y^p\,.$$

(A-28)

Spróbujmy rozwiązać to zadanie podstawiając $u(x) = y(x)^{1-p}$, gdzie:

$$\frac{du}{dx} = (1-p)y^{-p}\frac{dy}{dx}.$$

(A-29)

W ten sposób otrzymujemy:

$$\frac{du}{dx} = [a(x)y^{-p} + b(x)](1-p),$$

(A-30)

które jest równaniem różniczkowym zwyczajnym pierwszego rzędu i w związku z tym można je bezpośrednio rozwiązać.
Jeśli pracujemy z tą samą postacią pierwszego rzędu, ale teraz z funkcją kwadratową w y, otrzymujemy równanie Riccatiego. Proste przekształcenie pokazuje, że ogólne równanie Riccatiego jest powiązane z ogólnym (liniowym) równaniem różniczkowym drugiego rzędu. Zatem osiągnęliśmy już ograniczenie w uzyskiwaniu rozwiązań ogólnych nawet dla pozornie „prostego" równania Riccatiego. Dzieje się tak, ponieważ nie istnieje ogólne rozwiązanie liniowego równania różniczkowego drugiego rzędu (a zatem nie istnieje ogólne rozwiązanie równania Riccatiego). Spróbujmy zatem rozwiązać następujące równanie Riccatiego:

$$y' = y^2 + \frac{y}{x} + x^2.$$

(A-31)

Znajdujemy rozwiązanie z $y = x$, więc rozważmy rozwiązanie ogólne w postaci: $y = x + \mathrm{u(x)}$:

$$u' = \left(2x + {}^{1}/_{x}\right)u + u^2 \tag{A-32}$$

co jest równaniem pierwszego rzędu, a zatem rozwiązywalnym.

Warto wspomnieć o kilku innych technikach, zaczynając od operatora „faktoryzacji". Rozważmy

$$\frac{d^2y}{dx^2} + p(x)\frac{dy}{dx} + q(x)y = f(x). \tag{A-33}$$

Możemy to rozłożyć na czynniki jako

$$\left(\frac{d}{dx} + a(x)\right)\left(\frac{dy}{dx} + b(x)\right)y = f(x). \tag{A-34}$$

Obie formy są zgodne, jeśli $(b + a) =$ porаz $b' + ab = q$.

Rozważmy teraz możliwość „dokładnego" równania, np. takiego, w którym mamy postać

$$M(x,y) + N(x,y)\frac{dy}{dx} = 0, \tag{A-35}$$

tak, że

$$M(x,y)dx + N(x,y)dy = dF(x,y) = \left[\frac{\partial F}{\partial x}\right]dx + \left[\frac{\partial F}{\partial y}\right]dy = 0.$$

Tak więc testem na posiadanie dokładnej formy jest to, że

$$\frac{\partial M}{\partial y} = \frac{\partial N}{\partial x}. \tag{A-36}$$

Rozważmy teraz pojęcie „czynnika integrującego". Taka sytuacja ma miejsce, gdy

$$M(x,y)dx + N(x,y)dy \neq dF(x,y),$$

ale mnożąc przez czynnik (integrujący) odkrywamy, że:

$$\mu(x,y)M(x,y)dx + \mu(x,y)N(x,y)dy = dF(x,y).$$

To ostatnie wyrażenie jest zatem formą dokładną, jeśli

$$\frac{\partial(M\mu)}{\partial y} = \frac{\partial(N\mu)}{\partial x}.$$

(A-37)

W przypadku nieliniowych równań różniczkowych zwyczajnych wyższego rzędu możliwe jest istotne uproszczenie, jeśli istnieją określone formy. Rozważmy niektóre z nich:

(i) Autonomiczne – równanie różniczkowe zwyczajne jest autonomiczne, jeżeli nie posiada wyraźnej zależności od zmiennej zależnej.

(ii) Równowymiarowość – równanie różniczkowe zwyczajne jest równowymiarowe, jeśli podstawienie $x \to ax$pozostawia równanie niezmiennicze. Takie równanie można w trywialny sposób przekształcić do postaci autonomicznej za pomocą podstawienia $x = e^t$.

(iii) Niezmienniczość skali – równanie różniczkowe zwyczajne jest niezmiennicze skali, jeśli podstawienia $x \to ax$i $y \to a^p y$pozostawiają równanie. Takie równanie można w trywialny sposób przekształcić do postaci równowymiarowej (a stamtąd do postaci autonomicznej) za pomocą podstawienia $y = x^p u$. Przejdźmy teraz do zagadnienia punktów osobliwych w rozwiązywaniu równań różniczkowych zwyczajnych.

Powyższe metody rozwiązywania równań różniczkowych zwyczajnych są tak niezawodne, że nawet gdy nie można uzyskać rozwiązań dokładnych, rozwiązania przybliżone można zazwyczaj uzyskać lokalnie w pobliżu punktu zainteresowania. Często to i tak wszystko, czego potrzeba. Zatem jedynym błędem może być sytuacja, gdy punkt odniesienia nie jest „zwykły", tj. punkt jest „osobliwy". Przyjrzyjmy się teraz tej możliwości.

Punkty osobliwe równań liniowych jednorodnych

Przypomnijmy oznaczenie wprowadzone dla jednorodnego równania różniczkowego liniowego:

$$\mathcal{L}\, y(x) = f(x),$$

Gdzie

$$\mathcal{L} = p_o(x) + p_1(x)\frac{d}{dx} + \cdots + p_{n-1}(x)\frac{d^{n-1}}{dx^{n-1}} + \frac{d^n}{dx^n}.$$

(A-38)

Ogólna teoria analizy punktów osobliwych rozpoczyna się od powyższej formy przy rozważaniu złożonych argumentów, nie tylko rzeczywistych [39, 65, 66]. Uzyskane wyniki teoretyczne [67] klasyfikują następnie punkty osobliwe pod względem analityczności (złożonych właściwości) funkcji współczynników:

Zwykły punkt

Punkt $x_0$jest zwyczajny, jeśli wszystkie funkcje współczynników są analityczne w otoczeniu punktu zwyczajnego x_0. Fuchs wykazał w 1866 roku, że wszystkie n liniowo niezależnych rozwiązań dla liniowego równania różniczkowego zwyczajnego rzędu (uzyskanego z poprzednich metod analizy) będzie analityczne w otoczeniu punktu zwyczajnego.

Regularny punkt osobliwy

Punkt $x_0$jest regularnym punktem osobliwym, jeśli nie wszystkie funkcje współczynników są analityczne, ale jeśli wszystkie wyrazy w $\mathcal{L}\, y(x)$są lokalnie analityczne (wobec punktu odniesienia x_0), tj. gdy następujące funkcje są analityczne: $(x - x_0)^n p_o(x)$, $(x - x_0)^{n-1} p_1(x)$, … , $(x - x_0) p_{n-1}(x)$. Należy zauważyć, że rozwiązanie może być analityczne $x_0$nawet wtedy, gdy $x_0$jest regularnym punktem osobliwym. Jeśli nie jest analityczne w regularnym punkcie osobliwym, rozwiązanie musi obejmować biegun lub algebraiczny lub logarytmiczny punkt rozgałęzienia. W związku z tym Fuchs wykazał, że zawsze istnieje jedno rozwiązanie w postaci (zgodnie z notacją [39]):

$$y = (x - x_0)^\alpha A(x),$$

(A-39)

gdzie αjest znany jako wykładnik indeksowy i $A(x)$jest funkcją analityczną w regularnym punkcie osobliwym x_0. Jeśli rząd jest drugi lub większy, to drugie rozwiązanie istnieje w jednej z dwóch możliwych postaci:

$$y = (x - x_0)^\beta B(x),$$

(A-40)

Lub

$$y = (x - x_0)^\beta B(x) + (x - x_0)^\alpha A(x)\ln(x - x_0). \tag{A-41}$$

Przechodząc do wyższego rzędu niż drugi, dodatkowe rozwiązania mają w najgorszym przypadku zachowanie osobliwe w postaci:

$$y = (x - x_0)^\delta \sum_{i=0}^{n-1} [\ln(x - x_0)]^i A_i(x), \tag{A-42}$$

gdzie wszystkie funkcje A_isą analityczne. Zatem regularne punkty osobliwe można traktować w teorii kompleksowej podobnie jak punkty zwykłe.

Nieregularny punkt osobliwy

Punkt $x_0$jest nieregularnym punktem osobliwym, jeśli nie jest regularny ani zwyczajny. Nie istnieje żadna kompleksowa teoria, która pozwoliłaby na rozwiązanie problemu nieregularnego punktu osobliwego. Z teorii Fuchsa wiemy, że jeśli kompletny zbiór rozwiązań ma wszystkie formy wskazane w poprzedniej sekcji, to punkt musi być regularny. I odwrotnie, jeśli mamy nieregularny punkt osobliwy, to co najmniej jedno z rozwiązań nie będzie miało form wskazanych powyżej. Zazwyczaj w rzeczywistości wszystkie rozwiązania mają istotne osobliwości (nie analityczne) w punkcie odniesienia, x_0w którym znajduje się nieregularny punkt osobliwy (ISP).

Przykład A.1.

$$x^2y'' - x(x+1)y' + y = 0$$

widzimy, że $x_0 = 0$jest to nieregularne, spróbuj :

$$y(x) = \sum_{n=0}^{\infty} \frac{a_n}{x^{n+\alpha}}.$$

Następnie mamy:

$$y'(x) = -\sum_{n=0}^{\infty}(n+\alpha)\frac{a_n}{x^{n+\alpha+1}} \quad and \quad y''(x) = \sum_{n=0}^{\infty}(n+\alpha)(n+\alpha+1)\frac{a_n}{x^{n+\alpha+2}}.$$

Zatem

$$a_{n+1} = -(n+1)a_n \quad \to \quad y(x) = a_0\sum_{n=0}^{\infty}\frac{(-1)^n n!}{x^n}.$$

Jak dotąd nasze jedno rozwiązanie nie jest nawet dobre (rozbieżne), co wskazuje na pewne problemy, które mogą wystąpić w przypadku nieregularnych punktów osobliwych (ISP). Rozwiązanie sugeruje jednak rozwiązanie. Rozważmy

$$y(x) = x\int_0^{\infty}\frac{e^{-t}}{x+t}dt.$$

Następnie mamy:

$$x^2y'' - x(x+1)y' + y = \int_0^{\infty} e^{-t}\left[\frac{-2x^2}{(x+t)^2} + \frac{2x^2}{(x+1)^3} - \frac{x^2+x}{x+t} + \frac{x^3+x^2}{(x+t)^2} + \frac{x}{x+t}\right]dt = 0,$$

co działa. Korzystając ze wskazanego rozwiązania, rozszerzmy je dla $x \to \infty$:

$$y(x) = \int_0^{\infty}\frac{e^{-t}}{1+t/x}dt$$

pozwól $t = xS$uzyskać:

$$y(x) = \int_0^{\infty}\frac{e^{-xs}}{1+S}ds \approx \sum_{n=0}^{\infty}\frac{(-1)^n n!}{x^n}.$$

Rozważmy teraz zachowanie wykładnicze w pobliżu dostawcy usług internetowych dla następujących przypadków:

$$y'' - (x^2+1)y = 0$$

gdzie jest dostawca usług internetowych $x_0 = \infty$. Mamy rozwiązania

$$y_1(x) = e^{x^2/2} \quad and \quad y_2(x) = e^{x^2/2}\, erfc(x) \approx \frac{1}{\sqrt{\pi}}\frac{1}{x} e^{\frac{x^2}{2}} \; as \; x \to \infty.$$

Jeśli $x_0 \neq \infty$ tak, to typowe zachowanie może być $\exp(-\frac{1}{(x-x_0)^2})\ldots$

Aby określić wiodące zachowanie, napisz:

$$y(x) = e^{S(x)}, \quad y' = S'e^{S(x)}, \quad and \quad y'' = [(S')^2 + S'']e^S.$$

Zatem

$$S'' + (S') - (x^2 + 1) = 0 \quad as \quad x \to \infty.$$

<u>Stosując metodę ***równowagi dominującej*** :</u>

Zauważ, że x ^{2} staje się coraz większe. Co je równoważy?

(i) S''rośnie szybciej niż $(S')^2$i $S'' \gg (S')^2 \; as \; x \to \infty$.

(ii) $S'' \ll (S')^2 \quad as \; x \to \infty$(zawsze tak jest w przypadku ISP).

(iii) Wszystkie trzy terminy są w tej samej kolejności (złe, nie można użyć metody).

Rozważ przypadek (i): $S'' \approx x^2 \;\; as \;\; x \to \infty$, który daje $S' \approx x^3/3$, ale jest to sprzeczne z $S'' \gg (S')^2$Jak $x \to \infty$.

Rozważ przypadek (ii): $(S')^2 \approx x^2 \;\; as \;\; x \to \infty$, który daje $S' \approx \pm x$, zatem $S'' \approx \pm 1$. Ponieważ $S'' \ll (S')^2$jako $x \to \infty$To jest spójne. Widzimy, że to $S \approx \pm x^2/2$działa. W rzeczywistości + $x^2/2$jest rozwiązaniem dokładnym. Dla drugiego rozwiązania spróbujmy: $S(x) = -x^2/2 + C(x)$. To generuje osobną analizę równowagi dominującej i stwierdzamy, że jedynym słusznym wyborem jest $C(x) \sim -\ln(x)$, i

$$S \sim -x^2/2 - ln(x) + \cdots$$

Zatem,

$$y(x) \sim e^{-\frac{1}{2}x^2} \sum_{n=1}^{\infty} a_n x^{-n} = e^{-\frac{1}{2}x^2} F(x)$$

stąd możemy kontynuować klasyczną metodę Frobeniusa [65]:

$$y'' - (x^2 + 1)y = e^{-\frac{1}{2}x^2}[F'' - 2xF' - 2F] = 0$$

Użyj rozwinięcia szeregu standardowego dla F:

$$0 \cdot a_1 + 2 \cdot a_2 + \sum_{n=3}^{\infty} [(n-2)(n-1)a_{n-2} + 2(n-1)a_n]x^{-n} = 0$$

Zatem mamy, że: $a_1$jest dowolne, $a_2 = 0$, i $a_{n+2} = -\frac{n}{2}a_n$. Zatem,

$$a_{2n+1} = \frac{(-1)^n(2n-1)!!}{2^n}a_1$$

$$y(x) \sim e^{-\frac{1}{2}x^2} \sum_{n=0}^{\infty} \frac{(-1)^n(2n-1)!!}{2^n x^{2n+1}} a_1.$$

Rozważmy, że rozwinięcie systematyczne oznacza regularny punkt osobliwy, wyspecjalizowany do drugiego rzędu:

$$\mathcal{L}y = y'' + \frac{p(x)}{x}y' + \frac{q(x)}{x^2}y = 0$$

Załóżmy, że istnieje regularny punkt osobliwy w x=0 i że p(x), q(x) są analityczne względem x=0. Podstaw

$$y = \sum_{n=0}^{\infty} a_n x^{n+\alpha}.$$

Przykład A.2.
Rozwiązywać:

$$y'' + \frac{1}{xy'} - \left(1 + \frac{v^2}{x^2}\right)y = 0.$$

Mamy: $p(x) = 1, \quad p_0 = 1, \quad q(x) = -x^2 - v^2, \quad q_0 = -v^2$.Tak więc,

Na zamówienie $x^{\alpha-2}$; $\quad (\alpha(\alpha-1) + \alpha - v^2)a_0 = 0 \rightarrow \alpha^2 - v^2 = 0 \rightarrow \alpha = \pm v$. Jeśli $v$jest liczbą ułamkową ($v \neq 0$ and $2v \neq n$) otrzymujemy dwa rozwiązania, więc robimy to i mamy:
Na zamówienie $x^{\alpha-1}$: $x^{\alpha-1}[(\alpha+1)^2 - v^2]a_1 = 0 \rightarrow a_1 = 0$
Na zamówienie $x^{\alpha+n-2}$:$x^{\alpha+n-2}[(\alpha+n)^2 - v^2]a_n = a_{n-2} \rightarrow 0 = a_1 = a_3 = a_5$ ...
Rozwiązanie jest zatem następujące:

$$y(x) = a_0 \Gamma(v+1) x^v \sum_{n=0}^{\infty} \frac{(x/2)^{2n}}{n!\,\Gamma(n+v+1)}.$$

Zauważ, że $a_n = (a_n - 2)/[(-v+n)^2 - v^2]$. Zatem $\alpha = -v$mianownik znika, gdy $n = 2v$. Jeśli $v$jest połówkowe, tj. $1/2, 3/2, \ldots$, to $2v$jest liczbą całkowitą nieparzystą. Po wykonaniu $2v$kroków otrzymujemy nową dowolną stałą a_{2v}(co zdarza się na przykład w przypadku funkcji Bessela), a relacja rekurencyjna generuje wówczas dwa liniowo niezależne rozwiązania.

Przypadek podwójnego pierwiastka:$\alpha_1 = \alpha_2$

Rozważmy postać Frobeniusa dla pierwszego rozwiązania: $x^\alpha \sum_{n=0}^{\infty} a_n(\alpha) x^n = y(x,\alpha)$. Gdy istnieje podwójny pierwiastek, można pokazać, że drugie rozwiązanie wynika z zależności (wyprowadzonej w [39]):

$$\mathcal{L}\left[\frac{\partial}{\partial \alpha} y(x,\alpha)\bigg|_{\alpha=\alpha_1}\right] = 0\,.$$

Przykład A.3. Zmodyfikowana funkcja Bessela dla v = 0:

$$y'' + \frac{1}{x} y' - y = 0,$$

po podstawieniu z powyższą formą Frobeniusa występuje podwójny pierwiastek . Obliczanie dla różnych rzędów:$\alpha = 0$

Zacznijmy od tego, że a_0będziemy dowolną stałą.

W $O(x^{\alpha-1})$mamy $[(\alpha+1)^2 a_1] = 0 \to \ a_1 = 0$.

W ten sposób $O(x^{\alpha+n-2})$mamy $[(\alpha+n)^2 a_n - a_{n-2}\,] = 0$, ponieważ $n \geq 2$mamy

$a_2 = \frac{a_0}{(\alpha+2)^2}$

$a_4 = \frac{a_0}{(\alpha+4)^2(\alpha+2)^2}$

$a_4 = \frac{a_0}{(\alpha+6)^2(\alpha+4)^2(\alpha+2)^2}$

) mamy :$\alpha = 0$

$$I_0(x) = a_0\left[1 + \frac{({}^{x}/_{2})^2}{(1!)^2} + \frac{({}^{x}/_{2})^4}{(2!)^2} \cdots\right] = a_0 \sum_{n=0}^{\infty} \frac{(x/2)^{2n}}{(n!)^2}\ .$$

Innym rozwiązaniem jest $\frac{\partial}{\partial\alpha} x^{\alpha} \sum_{n=0}^{\infty} a_n(\alpha)x^n\Big|_{\alpha=0}$. Innym rozwiązaniem jest zatem:

$$y(x) = \ln x\, I_0(x) + \sum_{n=0}^{\infty} \frac{\partial}{\partial\alpha} a_n(\alpha)\Big|_{\alpha=0} x^n = \ln x\, I_0(x) + \sum_{n=0}^{\infty} b_n x^n$$
$$= K_0(x)\,.$$

Ogólnie rzecz biorąc, widzimy, że nieparzyste $b_n$znikają (jak w przypadku a_n), a dla parzystego n:

$$b_{2n} = \frac{-a_0}{2^{2n}n!}\left[1 + {}^{1}\!/_{2} + {}^{1}\!/_{3} + {}^{1}\!/_{4} + \cdots {}^{1}\!/_{n}\right].$$

Aby uzyskać dalszą dyskusję na temat zmodyfikowanych rozwiązań Bessela,ν = liczba całkowita, patrz [39] i podane dalej przykłady rozwiązań.

Wykorzystanie równowagi dominującej do rozwiązywania równań niejednorodnych

Przykład A.4.

$$y' + xy = 1/x^4$$

Rozważmy zachowanie asymptotyczne dla x→0:

(1) Balansować$y' +$
$xy \sim 0 \quad asymptotic\ to\ zero(authors\ don'tlike)$
Ma to $y$charakter asymptotyczny do zera, co jest niezgodne z $y{\sim}Aexp(-x^2/2) \to 0$.

(2) $xy{\sim}1/x^4 \to y{\sim}1/x^5$(co jest niespójne).

(3) $y'{\sim}\frac{1}{x^4} \to y = -\frac{1}{3}x^{-3}$, co jest zgodne z $xy{\sim}x^{-2}$.

Więc spróbuj: $y = -\frac{1}{3}x^{-3} + C(x)$, co jest zbilansowanym $C = -\frac{1}{3}x^{-1}$rozwiązaniem.

Przykład A.5. (Niejednorodne równanie Airy'ego)

$$y'' = xy - 1$$

gdzie rozważamy asymptotykę dla $y(x \to +\infty) \to 0$. Można to rozwiązać przez wariację parametrów. Ponieważ równanie drugiego rzędu ma dwa niezależne typy rozwiązań dla jednorodnego równania Airy'ego, oznaczmy je następująco:

$$y_1 = Ai(x), \qquad y_2 = Bi(x).$$

Rozwiązanie ogólne poprzez zmianę parametrów jest zatem następujące:

$$y(x) = \pi\left[Ai(x)\int_0^x Bi(t)dt + Bi(x)\int_x^\infty Ai(t)dt\right] + CAi(x)$$

Asymptotyczne zachowanie Ai, Bi jest następujące:

$$Ai(x) \sim \frac{1}{2\sqrt{\pi}} x^{-1/4} \exp(-\tfrac{2}{3}x^{\frac{3}{2}})$$

$$Bi(x) \sim \frac{1}{\sqrt{\pi}} x^{-1/4} \exp(-\tfrac{2}{3}x^{\frac{3}{2}})$$

Zatem,

$$\int_0^x Bi(t)dt \sim \int_0^x \frac{1}{\sqrt{\pi}} t^{-1/4} \exp\left(\frac{2}{3}t^{3/2}\right) dt$$

$$= \int_0^x \frac{1}{\sqrt{\pi}} t^{-\frac{1}{4}} t^{-\frac{1}{2}} \frac{d}{dt} \exp\left(\frac{2}{3}t^{3/2}\right) dt$$

$$\int_0^x Bi(t)dt \sim \frac{1}{\sqrt{\pi}} x^{-3/4} \exp\left({}^2/_3\, x^{3/2}\right) + \cdots$$

$$\int_x^\infty Ai(t)dt \sim \int_x^\infty \frac{1}{2\sqrt{\pi}} t^{-1/4} \exp\left(-\frac{2}{3}t^{3/2}\right) dt$$

$$= \frac{1}{2\sqrt{\pi}} x^{-3/4} \exp\left(-{}^2/_3\, x^{3/2}\right) + \cdots$$

Zatem,

$$y(x) = \pi \frac{1}{2\sqrt{\pi}} x^{-1/4}\, exp\left(-\frac{2}{3}x^{3/2}\right) \frac{1}{\sqrt{\pi}} x^{-3/4} exp\left(\frac{2}{3}x^{3/2}\right) + \pi \frac{1}{\sqrt{\pi}} x^{-1/4}\, exp\left(\frac{2}{3}x^{3/2}\right) \frac{1}{2\sqrt{\pi}} x^{-3/4} exp\left(-\frac{2}{3}x^{3/2}\right) + C\,Ai(x)$$

co można po prostu zapisać jako:

$$y(x) \sim \frac{1}{x}.$$

Powtórzmy analizę, wykorzystując metodę równowagi dominującej: Rozważmy $y'' \sim -1 \rightarrow y \sim -x^2/2$, które jest niespójne. Rozważmy $-xy \sim -1 \rightarrow y \sim \frac{1}{x}$, które jest spójne i zrobione.

Do tej pory uzyskaliśmy zachowanie pierwszego rzędu, rozważmy teraz składnik korekcyjny:
$y = {}^1\!/_x + C(x) \rightarrow \mathrm{y} = -{}^1\!/_{x^2} + C' \rightarrow y'' = {}^2\!/_{x^3} + C''$, więc po podstawieniu mamy:

$$\frac{2}{x^3} + C'' - 1 - xC(x) = -1 \rightarrow C'' - xC \sim -\frac{2}{x^3}$$

Odrębna, dominująca równowaga w ostatnim wyrażeniu ujawnia spójność z $C(x) \sim \frac{2}{x^4}$. Mamy zatem pierwsze dwa rzędy, zapiszmy rozwiązanie ogólne w postaci:

$$y(x) \sim \frac{1}{x}\sum_{n=0}^{\infty} a_n x^{-3n} \qquad as\ x \rightarrow \infty$$

Przypuszczać

$$y(x) = \frac{1}{x}\sum_{n=0}^{\infty} a_n x^{-3n}$$

Następnie
$y'(x) = -\frac{1}{x^2}\sum a_n x^{-3n} + \frac{1}{x}\sum(-3n)a_n x^{-3n-1}$
$y''(x) = \frac{2}{x^3}\sum a_n x^{-3n} - \frac{2}{x^2}\sum_{n=0}^{\infty} a_n(-3n)x^{-3n-1} + \frac{1}{x}\sum(-3n)a_n x^{-3n-2}$
Zatem $y'' - xy = -1$mamy:

$$\sum_{n=0}^{\infty}(2 + 6n + (3n)(3n+1))\, a_n x^{-3n-3} - \sum_{n=0}^{\infty} a_n x^{-3n} = -1$$

Relacje współczynników są zatem następujące:

$$a_0 = 1$$

I

$$a_{n+1} = (3n+1)(3n+2)a_n$$

Zatem,

$$y(x) = \frac{1}{x}\sum_{n=0}^{\infty}\frac{(3n)!}{3^n(n!)}\frac{1}{x^{3n}}$$

Przykład A.6.
Rozważmy teraz przykład, w którym nie uda się zrównoważyć tylko dwóch wyrazów:

$$y' - \frac{y}{x} = \frac{\cos x}{x^2} \quad want\ behaviour\ as\ x \to 0^+$$

Spróbuj zachować równowagę $y' - y/x \sim 0 \quad \to$ $y' \sim cx\ (inconsistent)$.
Spróbuj zachować równowagę $-\frac{y}{x} \sim \frac{\cos x}{x^2} \to$ $y \sim \frac{-\cos x}{x}\ (inconsistent)$.
Spróbuj zachować równowagę$y' \sim \frac{\cos x}{x^2} \to y \sim -\frac{1}{x}\ (also\ inconsistent, but\ close)$

Przechodzimy zatem do równowagi dominującej trzech członów $\cos x \to 1$:

$$y' - {}^{y}/_{x} \sim {}^{1}/_{x^2} \to y \sim \frac{C}{x} \to y \sim -\frac{C}{x^2}$$

co jest spójne dla $C = -1/2$.

Nieliniowe równania różniczkowe mają pozycje biegunów zależne od warunków początkowych (nie można ich znaleźć poprzez inspekcję). Ogólnie rzecz biorąc, nawet jeśli równanie jest regularne, a twierdzenie Picarda gwarantuje rozwiązanie lokalne, nadal trudno jest określić, gdzie znajduje się najbliższa osobliwość. Rozważmy na przykład:

$$y^1 = \frac{y^2}{1 - xy} \qquad y(0) = 1$$

Zastąp $y = \sum_{n=0}^{\infty} a_n x^n \to a_n = \frac{(n+1)^{n-1}}{n!}$. Teraz możemy obliczyć promień zbieżności R:

$$R = \lim_{n\to\infty}\left|\frac{a_n}{a_{n+1}}\right| = \lim_{n\to\infty}\left|\frac{n+1}{n+2}\frac{(n+1)^{n-2}}{(n+2)^{n-1}}\right| = \lim_{n\to\infty}\left|\left(1-\frac{1}{n+2}\right)^n\right| = \frac{1}{e}.$$

Rozważmy teraz równanie różniczkowe drugiego rzędu w postaci „Sturm-Liouville'a" (SL):

$$\frac{d}{dz}p\frac{d\Psi}{dz} + (q+\lambda R)\Psi = 0 \quad with \quad BC's \ \Psi(a) = \Psi(b) = 0 \qquad a < z < b.$$

(A-43)

Właściwości równania SL:

- Brak rozwiązań w ogólności, chyba że$\lambda = \lambda_m, \quad \Psi = \Psi_m$
- Są $\lambda_m$zaokrąglone od dołu i zawsze można coś dopasować, żeby$\lambda_0 = 0$
- Ten$\lambda_m{}'s \to +\infty \ as \, n \to \infty$
- $\int_a^b R(z)\,\Psi_n(z)\,\Psi_m(z)dz = E_n^2\delta_{nm}$
- Twierdzenie: Możemy użyć funkcji własnych, aby dopasować dowolną funkcję w sensie najmniejszych kwadratów:

$$f(z) = \sum_{n=0}^{\infty} A_n\,\Psi_n(z),$$

(A-44)

Gdzie

$$\int_a^b R(z)f(z)\,\Psi_m(z)dz = \sum_{n=0}^{\infty} A_n \int_a^b dz\,R\,\Psi_n\,\Psi_m = A_n E_n^2.$$

(A-45)

Zatem,

$$A_n = \frac{\int_a^b R(z)f(z)\,\Psi_m(z)dz}{E_n^2}.$$

(A-46)

Tak więc twierdzimy, że $\sum_{n=0}^{N} A_n \Psi_n(z)$jest rozwiązaniem problemu znalezienia dopasowania kwadratów prowadzących do $f(z)$. Aby to udowodnić, chcielibyśmy zminimalizować $I = \int_a^b R(z)dz[f(z) - \sum_{n=0}^{N} A_n \Psi_n(z)]^2$:

$$\frac{\partial I}{\partial A_m} = 0 = \int_a^b R(z)dz\left[f(z) - \sum_{n=0}^{N} A_n \Psi_n(z)\right]\left[-\sum_{n=0}^{N} \delta_{nm} \Psi_n(z)\right].$$

Chcemy pokazać, że gdy $N \to \infty$ błąd, w sensie najmniejszych kwadratów, dąży do zera, możemy pokazać, że rozwiązanie równania Sturma-Liouville'a jest równoważne minimalizacji:

$$'\Omega = \int_a^b \left[p(z)\left(\frac{d\Psi}{dz}\right)^2 - q(z)\Psi^2\right]dz$$

(A-47)

Z zastrzeżeniem $\int_a^b \Psi^2 R(z)dz = constant$. Załóżmy, że wybierzemy funkcję próbną $\Psi(z)$, która spełnia warunki BC $z = a, b$ i jest znormalizowana tak, że

$$\int_a^b R(z)dz\,\Psi^2(z) = 1$$

Obliczać:

$$'\Omega(\Psi_0) = \int_a^b \left[p\left(\frac{d\Psi_0}{dz}\right)^2 - q\Psi_0{}^2\right]dz$$

$$= \left[p\Psi_0\frac{d\Psi_0}{dz}\right]_a^b - \int_a^b \Psi_0\left[\frac{d}{dz}\left(p\frac{d\Psi_0}{dz} + q\Psi_0{}^2\right)\right]$$

Zatem

$$'\Omega(\Psi_0) = \int_a^b \Psi_0 R\lambda_0 \Psi_0 dz = \lambda_0$$

(gdzie $\lambda_0$zazwyczaj jest najniższą wartością własną). Podobnie, $\Psi = \sum_{n=0}^{N} A_n \Psi_n(z)$otrzymujemy:

$$\Omega(\Psi) = \int_a^b R dz \sum_{n=0}^{N} A_n \Psi_n \sum_{m=0}^{M} \lambda_m A_m \Psi_m = \sum_{n=0}^{N} A_n^2 \lambda_m E_N^2 . \tag{A-48}$$

Aby dokończyć dowód, korzystając z powyższego, musimy wykazać, że błąd najmniejszych kwadratów maleje wraz z N, ale to pozostawiamy do omówienia w literaturze [65].

Asymptomatyczne apropriacje dla funkcji własnych i wartości własnych SL

Przypomnij sobie równanie SL:

$$\frac{d}{dz} p \frac{d\Psi}{dz} + (q + \lambda R) \Psi = 0 \tag{A-49}$$

Dokonajmy „inspirowanej transformacji":

$$y = (pR)^{1/4} \Psi \tag{A-50}$$

i zdefiniuj nowe wartości:

$$\varepsilon = \frac{1}{J} \int_a^z \sqrt{\frac{R}{P}} dz \quad and \quad J = \frac{1}{\pi} \int_a^b \sqrt{\frac{R}{P}} dz . \tag{A-51}$$

Równanie SL staje się wówczas rozwiązywalne za pomocą równania całkowego Volterry:

$$\frac{d^2 y}{d\varepsilon^2} + \left(k^2 + \omega(\varepsilon)\right) y(\varepsilon) = 0, \tag{A-52}$$

Gdzie

$$k^2 = J^2 \lambda \quad and \quad \omega = \left[\frac{1}{(pR)^{1/4}} \frac{d^2}{d\varepsilon^2} (pR)^{1/4} - J^2 \frac{q}{R}\right], \tag{A-53}$$

i mamy $a < z < b$(jak poprzednio) i $0 < \varepsilon < \pi$. Rozwiązania można zapisać w następujący sposób:

$$y(\varepsilon) = Asin(k\varepsilon) + Bcos(k\varepsilon) + \frac{1}{k}\int_{\varepsilon_0}^{\varepsilon} \sin(k(\varepsilon - t))\, w(t)y(t)dt.$$

Załóżmy $\Psi(a) = \Psi(b) = 0$, że $k = ni$

$$\Psi_n \sim \frac{1}{(Rp)^{1/4}} \sin(n\varepsilon) \quad and \quad \lambda_n = \left(\frac{n}{J}\right)^2$$

Załóżmy, że mamy ogólne BC $\alpha\Psi + \beta\frac{d\Psi}{dz} = 0 \ at\ z = a, b$, wtedy mamy

$$k_n \sim \frac{J}{\pi n}\left[\frac{\alpha}{\beta}\sqrt{\frac{P}{R}}\right]_a^b \tag{A-54}$$

Przykład: osobliwa SL z $p(a) = 0\ or\ p(b) = 0\ or\ both$taką wartością, jaka występuje w równaniu Bessela:

$$\frac{d}{dz}\left(z\frac{d\Psi}{dz}\right) + \left(\lambda z - \frac{m^2}{z}\right)\Psi = 0,$$

(np. równanie SL z $p = z$; $R = z$; i $q = -m^2/z$). Tutaj punkt osobliwy jest taki $z = 0$i mamy:

$$\Psi = \frac{1}{\sqrt{z}}y, \quad J = \frac{1}{\pi}\int_0^b dz = \frac{b}{\pi}, \qquad \varepsilon = \frac{\pi z}{b}, \qquad k^2 = \frac{b^2\lambda}{\pi^2}$$

dać:

$$\frac{d^2y}{d\varepsilon^2} + \left[k^2 - \frac{(m^2 - 1/4)}{\varepsilon^2}\right]y = 0$$

z rozwiązaniami:

$$y(\varepsilon) = \cos(k\varepsilon + \theta) - \frac{1}{k}\int_{\varepsilon}^{\infty} sin(k(\varepsilon - t)y(t)\left(\frac{m^2 - 1/4}{t^2}\right)dt$$

Funkcje Bessela mają zachowanie lokalne w postaci $z^{\pm m}[\,Taylor\ series\ in\ z]\ \ and\ \ J_n \sim z^n[\sum A_n z^{2n}]$.

A.2 Równania różniczkowe zwyczajne w postaci Sturma-Liouville'a – przybliżenia asymptotyczne
(Część tego materiału została omówiona na kursie Ama101b wiosną 1986 r.)

Przykład A.7. Sprawdź wzór Abela dla Wrońskiego. To znaczy pokaż, że jeśli

$$\frac{d^n y}{dx^n} + p_{n-1}(x)\frac{d^{(n-1)}y}{dx^{(n-1)}} + \cdots p_0(x)y(x) = 0$$

wówczas Wronskian W(x) spełnia

$$\frac{dW}{dx} = -p_{n-1}(x)W(x).$$

Rozwiązanie
Gdy obliczamy pochodną równania Wrońskiego, rozprowadzamy pochodne wewnątrz wyznacznika wiersz po wierszu. To sprawia, że dwa wiersze są takie same pod każdym względem oprócz wyznacznika z pochodną w ostatnim wierszu. Jeśli następnie rozważymy, $\frac{dW}{dx} + p_{n-1}(x)W(x)$widzimy, że oba wyrazy wnoszą wyrażenia wielomianowe z udziałem y_n^ni $p_{n-1}y_n^{n-1}$, tak że możliwe jest przegrupowanie w nowy wyznacznik z tymi wyrazami zgrupowanymi w nowym ostatnim wierszu, takim jak $y_n^n + p_{n-1}y_n^{n-1}$na przykład ostatni element ostatniego wiersza. Ponieważ $(y_n^n + p_{n-1}y_n^{n-1}) + \cdots + p_0 y_0 = 0$, istnieje wyraźna zależność od grupowania pod względem elementów niższego rzędu (możliwych do uzyskania z grupowania innych wierszy), zatem ten wyznacznik będzie równy zero, a zatem mamy:

$$\frac{dW}{dx} + p_{n-1}(x)W(x) = 0$$

zgodnie z życzeniem.

Przykład A.8. Znajdź wzór funkcji Greena trzeciego rzędu w jednorodnym równaniu liniowym. Uogólnij ten wzór do n- tego rzędu.

Rozwiązanie
Istnieją trzy warunki:

(i) G jest ciągła w punkcie $x = a$.
(ii) dG jest ciągła w punkcie $x = a$.
(iii) $d^2G|_{a^+} - d^2G|_{a^-} = 1$
Zatem,

$$\begin{bmatrix} y_1(a) & y_2(a) & y_3(a) \\ y_1'(a) & y_2'(a) & y_3'(a) \\ y_1''(a) & y_2''(a) & y_3''(a) \end{bmatrix} \begin{bmatrix} B_1 - A_1 \\ B_2 - A_2 \\ B_3 - A_3 \end{bmatrix} = \begin{bmatrix} 0 \\ 0 \\ 1 \end{bmatrix}$$

Cramera :

$$B_1 - A_1 = \frac{y_2(a)y_3'(a) - y_3(a)y_2'(a)}{\det W[y_1(a), y_2(a), y_3(a)]}, \quad etc.$$

Można wybrać trzy dodatkowe warunki, aby określić warunki brzegowe. Dla n^{th} porządku niech W_j będzie to W, gdzie j^{th} kolumna zostanie zastąpiona wektorem kolumnowym ze wszystkimi zerami z wyjątkiem ostatniego wiersza:

$$B_j - A_j = \frac{W_j}{\det W}$$

Przykład A.9. Znajdź rozwiązanie w postaci zamkniętej następującego równania Riccatiego :

$$xy' - 2y + ay^2 = bx^4.$$

Rozwiązanie

Zgadnij $y = \sqrt{b/a}x^2$ (o czym świadczy dominująca równowaga w kilku ostatnich wyrazach), a następnie sprawdź, czy to działa, co jest prawdą. W ten sposób otrzymujemy równanie Bernoulliego, dokonując podstawienia.

$$y(x) = \sqrt{\frac{b}{a}}x^2 + u(x)\,.$$

Rozwiązując standardowe równanie Bernoulliego, otrzymujemy rozwiązanie ogólne:

$$y(x) = x^2\left(\sqrt{\frac{b}{a}} + \frac{2}{Ce^{\sqrt{ab}\,x^2} - \sqrt{\frac{a}{b}}}\right).$$

Przykład A.10. Wielomiany Legendre'a $P_n(z)$spełniają równanie różniczkowe

$$(n+1)P_{n+1}(z) - (2n+1)z\,P_n(z) + n\,P_{n-1}(z) = 0$$

$ZP_0(z) = 1,\ P_1\,(z) = z.$

a) Zdefiniuj funkcję generującą $f(x,y)$za pomocą

$$f(x,z) = \sum_{n=0}^{\infty} P_n(z)\,x^n$$

Pokaż, że $f(x,z) = (1 - 2xz + x^2)^{-1/2}$.

b) Jeżeli $g(x,z) = \sum_{n=0}^{\infty} \frac{P_n(z)x^n}{n!}$pokażemy, że $g(x,z) = e^{xz} J_0\left(x\sqrt{1-z^2}\right)$gdzie J_0jest funkcją Bessela spełniającą:$ty'' + y' + ty = 0\ with\ y(0) = 1\ and\ y'(0) = 0.$

Rozwiązanie

(a) $f(x,z) = \sum_{n=0}^{\infty} P_n(z)\,x^n = \sum_{n=0}^{\infty} P_{n+1}(z)\,x^{n+1} + P_0(z)$(gdzie $P_0(z) = 1$), podczas gdy $f'(x,z) = \sum_{n=0}^{\infty}(n+1)P_{n+1}(z)\,x^n$i $f''(x,z) = \sum_{n=0}^{\infty}(n+1)(n+2)P_{n+2}(z)\,x^n$. Zatem, jeśli przesuniemy indeksowanie równania różniczkowego ($n \to n+1$) i pomnożymy powyższe równanie rekurencji przez $(n+1)x^n$sumę n=0 do ∞:

$$\sum_{n=0}^{\infty}[(n+1)(n+2)P_{n+2}(z)x^n - \mathrm{z}(\mathrm{n}+1)(2\mathrm{n}+3)P_{n+1}(z)x^n + (n+1)^2 P_n(z)x^n] = 0$$

staje się:

$$f''(x,z) + \sum_{n=0}^{\infty}[-\mathrm{z}[3(\mathrm{n}+1) + 2\mathrm{n}(\mathrm{n}+1)]P_{n+1}(z)x^n + [n(n-1) + 3n + 1]P_n(z)x^n] = 0$$

co staje się:

$$f''(x,z) - z[3f'(x,z) + 2xf''(x,z)] + [x^2 f''(x,z) + 3xf'(x,z) + f(x,z)] = 0.$$

Zatem,

$$(1 - 2xz + x^2)f'' + (3x - 3z)f' + f = 0.$$

Bezpośrednie podstawienie $f(x,z) = (1-2xz+x^2)^{-1/2}$pokazuje, że spełnia ono równanie.

(b)Pomnóż równanie z przesuniętym indeksem (jak poprzednio) przez$x^{n+1}/(n+1)!$ z sumą n=0 do ∞:

$$\sum_{n=0}^{\infty} \frac{(n+2)P_{n+2}(z)x^{n+1}}{(n+1)!} - \sum_{n+0}^{\infty} \frac{(2n+3)P_{n+1}(z)x^{n+1}}{(n+1)!} + \sum_{n=0}^{\infty} \frac{(n+1)P_n(z)x^{n+1}}{(n+1)!} = 0$$

Wyciągamy „d/dx" na początku, a następnie powtarzamy to po raz drugi dla wielomianu indeksowanego (n+2), po czym mnożymy przez „x" i korzystamy z $g(x,z) = \sum_{n=0}^{\infty} \frac{P_n(z)x^n}{n!}$podstawienia:

$$xg'' + (1-2zx)g' + (x-z)g = 0\,.$$

Jeśli teraz podstawimy możliwe rozwiązanie $g(x,z) = e^{xz} J_0\left(x\sqrt{1-z^2}\right)$, gdzie J_0jest w tym punkcie po prostu funkcją (wkrótce zobaczymy, że jest to zerowa funkcja Bessela) i otrzymamy relację:

$$x\sqrt{1-z^2}J_0''\left(x\sqrt{1-z^2}\right) + J_0'\left(x\sqrt{1-z^2}\right) + x\sqrt{1-z^2}J_0\ \left(x\sqrt{1-z^2}\right).$$

Jeżeli podstawimy $t = x\sqrt{1-z^2}$, to mamy:

$$ty'' + y' + ty = 0,$$

gdzie jest to równanie Bessela zerowego rzędu z rozwiązaniem y zwykle oznaczanym J_0jako już wybrane.

Przykład A.11 .

(a) Funkcje Bessela $J_n(z)$spełniają równanie różniczkowe

$$J_{n+1}(z) - \frac{2n}{z}J_n(z) + J_{n-1}(z) = 0 \qquad (-\infty < n < \infty)$$

z $J_0(0) = 1$i $J_n(0) = 0$. Zdefiniuj funkcję generującą $f(x,z)$ za pomocą

$$f(x,z) = \sum_{n=-\infty}^{\infty} x^n J_n(z) .$$

Pokaż, że$f(x,z) = exp\left(\frac{z}{2}(x - 1/x)\right)$.

(b)Pokaż, że$J_{-n}(z) = J_n(-z) = (-1)^n J_n(z)$.

(c) Pokaż, że $1 = J_0(z) + 2\sum_{n=1}^{\infty} J_{2n}(z)$.

Rozwiązanie

(a) $J_{n+1}(z) - \frac{2n}{z}J_n(z) + J_{n-1}(z) = 0$jest przegrupowane przy użyciu $f(x,z) = \sum_{n=-\infty}^{\infty} x^n J_n(z)$:

$$\left(\frac{1}{x} + x\right)f = \frac{2x}{z}f' \rightarrow f(x,z) = exp(\frac{z}{2}\left(x - \frac{1}{x}\right))$$

(b) Będziemy używać $ex\,p\left(\frac{z}{2}\left(x - \frac{1}{x}\right)\right) = \sum_{n=-\infty}^{\infty} x^n J_n(z)$:

$$\sum_{n=-\infty}^{\infty} x^n J_{-n}(z) = \sum_{n=-\infty}^{\infty} x^{-n} J_n(z) = \sum_{n=-\infty}^{\infty} x^n (-1)^n J_n(z)$$

$$\rightarrow \quad J_{-n}(z) = (-1)^n J_n(z)$$

Podobnie,

$$\sum_{n=-\infty}^{\infty} x^n J_{-n}(z) = \sum_{n=-\infty}^{\infty} y^n J_n(z) = \exp\left(\frac{z}{2}\left(y - \frac{1}{y}\right)\right)$$

$$= \exp\left(\frac{z}{2}\left(\frac{1}{x} - x\right)\right) = \sum_{n=-\infty}^{\infty} x^n J_n(-z),$$

zatem $J_{-n}(z) = J_n(-z)$.

(C)

$$J_0(z) + 2\sum_{n=1}^{\infty} J_{2n}(z) = \sum_{n=-\infty}^{\infty} J_{2n}(z) = \sum_{n=-\infty}^{\infty} x^m J_m(z) \ (with\, m = 2n\ and\ x = 1).$$

Zatem,

$$J_0(z) + 2\sum_{n=1}^{\infty} J_{2n}(z) = \exp\left(\frac{z}{2}\left(\frac{1}{1} - 1\right)\right) = 1,$$

w ten sposób pokazano wynik.

Przykład A.12 . Sklasyfikuj wszystkie punkty osobliwe następujących równań (zbadaj również punkt osobliwy w nieskończoności):
(a) $x(1-x)y'' + [c-(a+b+1)x]y' - aby = 0$(równanie hipergeometryczne).
(b) $y'' + (h - 2\theta\cos 2x)y = 0$(równanie Mathieu).

Rozwiązanie
(A)

$$y'' + \left[\frac{c}{x(1-x)} - \frac{(a+b+1)}{1-x}\right] y' - \frac{ab}{x(1-x)} y = 0.$$

W otoczeniu początku układu współrzędnych widzimy, że x=1 jest punktem osobliwym regularnym, a x=0 jest punktem osobliwym nieregularnym. Aby zbadać zachowanie w nieskończoności, załóżmy $x = 1/t$:

$$y'' + \left(\frac{(2-c)t + (a+b-1)}{t(t-1)}\right) y' - \frac{ab}{(t^2(t-1)} y = 0.$$

W otoczeniu początku układu współrzędnych t widzimy, że t=1 jest regularnym punktem osobliwym (zatem x=1 jest regularnym punktem osobliwym), a t=0 jest nieregularnym punktem osobliwym (zatem x= ∞jest nieregularnym punktem osobliwym).

(b) $y'' + (h - 2\theta\cos 2x)y = 0$nie ma osobliwości w otoczeniu początku układu współrzędnych. Jeśli podstawimy $x = 1/t$, otrzymamy:

$$y'' + \frac{2}{t}y' + \frac{(h - 2\theta\cos 2/t)}{t^4} y = 0$$

W tym równaniu widzimy, że t = 0 jest nieregularnym punktem osobliwym (oscyluje podczas eksplozji), a zatem $x = \infty$ jest nieregularnym punktem osobliwym.

Przykład A.13 . Wykorzystując metodę Frobeniusa, określ rozwinięcie szeregowe dla dwóch rozwiązań zmodyfikowanego równania Bessela:

$$y'' + \frac{1}{x}y' - \left(a + \frac{\nu^2}{x^2}\right)y = 0, \qquad with \;\; \nu = 1.$$

Rozwiązanie: Pozostawione jako ćwiczenie.

Przykład A.14 . Znajdź wiodące zachowania asymptotyczne dla $x \to +\infty$ następującego równania

a) $y'' = \sqrt{x}\, y$
b) $y'' = cosh\, xy'$

Rozwiązanie

(a) Zacznijmy od podstawienia: $y = e^s \;\to\; y' = s'e^s \;\to\; y'' = s''e^s + (s')^2 e^s$. Zatem,

$$s'' + (s')^2 = \sqrt{x}$$

Pierwszy przypadek: $s'' \ll (s')^2 \;\to\; s' = \pm x^{1/4}$. Ponieważ $s'' = \pm(1/4)x^{-3/4}$widzimy, że jest to zgodne $s'' \ll (s')^2$z $x \to +\infty$.

Drugi przypadek: $s'' \gg (s')^2 \;\to\; s'' = \sqrt{x} \;\to\; s' = (\frac{2}{3})x^{3/2}$, który NIE jest zgodny $s'' \gg (s')^2$z $x \to +\infty$.

Wiodącym zachowaniem asymptotycznym jest zatem $s' = \pm x^{1/4} \;\to\; s(x) = \pm\frac{4}{5}x^{5/4} + c(x)$. Pełne rozwiązanie można uzyskać po rozwiązaniu równania dla c(x):

$$\pm\frac{1}{4}x^{-3/4} + c'' + c'\left(2x^{1/4} + c'\right) = 0.$$

Ponownie stosując metodę równowagi dominującej, spróbujmy $c'' \ll c' \to \;\; c = -(1/8)\ln x$, która jest spójna. Jeśli spróbujemy, $c' \ll c''$okaże się, że nie jest spójna. Nasze rozwiązanie wygląda następująco:

$$y(x) = cx^{-1/8}\exp(\pm\frac{4}{5}x^{5/4}).$$

(b) Zastosuj podstawienie: $y = e^s \rightarrow y' = s'e^s \rightarrow y'' = s''e^s + (s')^2e^s$jak poprzednio. W ten sposób,

$$s'' + (s')^2 = \cosh x\, s' .$$

Załóżmy $(s')^2 \gg s''$zatem, że $s = \sinh x + c$, a ponieważ $x \rightarrow \infty$mamy $(\cosh x)^2 \gg \sinh x$, jest to spójne. Jeśli spróbujemy $(s')^2 \ll s''$, wynik będzie niespójny. Spróbujmy więc

$$s = \sinh x + c(x)$$

co po podstawieniu daje:

$$\sinh x + c'' + (\cosh x + 1)c' = 0.$$

Próbując ponownie dominującej równowagi, otrzymujemy $c(x) \sim -\ln(\cosh x)$, zatem $s = \sinh x - \ln(\cosh x)$, i:

$$y(x) \sim c\frac{e^{\sinh x}}{\cosh x}.$$

Przykład A.15 . (Problem Bendera i Orszaga 3.45). Jednym ze sposobów sprawdzenia asymptotycznego zachowania pewnych całek jest znalezienie równań różniczkowych, które spełniają te całe, a następnie przeprowadzenie lokalnej analizy równania różniczkowego. Użyj tej techniki do zbadania zachowania następujących całek.

a) $y(x) = \int_0^x exp(l^2)\, dt\ \ as\ \ x \rightarrow +1$

b) $y(x) = \int_0^\infty exp\,(-xt - 1/t)\, dt\ \ as\ x \rightarrow 0^+\ and\ as\ x \rightarrow +\infty$

Rozwiązanie

Pozostawione czytelnikowi.

Przykład A.16 . Znajdź pierwsze trzy wyrazy w lokalnym zachowaniu $x \rightarrow \infty$konkretnego rozwiązania

$$x^3\, y'' + y = x^{-4}$$

Rozwiązanie

Spróbuj $y \gg x^3\, y''$, więc $y \sim x^{-4}$, co jest spójne. Podstaw więc $y(x) = x^{-4} + c(x)$, aby uzyskać:

$$c''x^3 + c = -20x^{-3}.$$

Spróbuj $c \gg c''x^3$zatem $c = -20x^{-3}$, co jest spójne. Podstaw więc $y(x) = x^{-4} - 20x^{-3} + d(x)$:

$$x^3d'' + d = 240x^{-2}.$$

Spróbuj $d \gg x^3d''$zatem $d = 240x^{-2}$, co jest spójne. Więc miej

$$y(x) = x^{-4} - 20x^{-3} + 240x^{-2} + e(x).$$

Przykład A.17 **.** (Bender i Orszag 3.55). Znajdź położenie możliwej linii Stokesa dla $z \to \infty$następującego równania różniczkowego.

$$y'' = z^{1/3}y$$

Rozwiązanie:

Zachowania lokalne:

$$y(z){\sim}cz^{-1/12}\exp(\pm(6/7)\ z^{7/6}.$$

Zachowanie wiodące:

$$e^{\left(\frac{6}{7}\right)z^{7/6}} \quad and \quad e^{-\left(\frac{6}{7}\right)z^{7/6}}.$$

Linie Stokesa są asymptotami $z \to \infty$ krzywych

$$Re\left\{e^{\left(\frac{6}{7}\right)z^{\frac{7}{6}}} - \left(-e^{-\left(\frac{6}{7}\right)z^{\frac{7}{6}}}\right)\right\} = 0 \to \frac{12}{7}Re\left\{z^{\frac{7}{6}}\right\} = 0 \to\ e^{i\frac{7}{6}\theta} = 0.$$

Zatem linie Stokesa pojawiają się, $z = re^{i\theta}$gdy $\theta = \pm\frac{3}{7}(2n+1)\pi$.

Przykład A.18 **.** Rozważ problem wartości początkowej

$$y' = \frac{y^2}{1 - xy} \quad with \quad y(0) = 1.$$

(a) Wykaż, że $x = 0$istnieje rozwiązanie w postaci szeregu Taylora:

$$y = \sum_{n=0}^{\infty} A_n x^n$$

Gdzie$A_n = \frac{(n+1)^{n-1}}{n!}$.

(b) Wykaż, że rozwiązanie spełnia

$$\mathrm{y(x)} = \exp(xy)$$

i że to równanie można rozwiązać iteracyjnie dla y jako granicy zagnieżdżonych wykładników

$$y(x) = \lim_{n\to\infty} y_n(x)$$

gdzie $y_{n+1}(x) = \exp(xy_n(x))$. Zatem wybierz $y_0 = 1$, $y_1 = \exp(x)$, $y_2 = \exp(x\exp(x))$, … . Wykaż, że granica istnieje, gdy $-e \le x \le 1/e$.

Rozwiązanie

(a) pozostawiono jako ćwiczenie.

(b) pozostawiono jako ćwiczenie.

Przykład A.19 . Operator różniczkowy $y' = \cos(\pi xy)$jest zbyt trudny do rozwiązania analitycznego. Jeśli rozwiązania są wykreślane dla różnych wartości y(0), widać, że zbierają się one w grupy wraz ze wzrostem x. Czy można to przewidzieć za pomocą asymptotyki? Znajdź możliwe wiodące zachowania rozwiązań jako $x \to \infty$. Jakie są korekty tych wiodących zachowań?

Rozwiązanie (częściowe):

$y' = \cos(\pi xy)$

Niech $y(x) = \frac{1}{\pi x}u(x)$więc $u' = \frac{u}{x} + \pi x cosu$. Teraz, jako$x \to \infty$ mamy $u/x \ll \pi x cosu$. Tak więc:

$$u' \sim \pi x \ cosu \quad or \quad \frac{du}{cosu} \sim \pi x dx$$

Ponieważ $\ln(\mathrm{secu} + \mathrm{tanu}) \sim \frac{\pi x^2}{2} + c$mamy

$$\left|1 + \frac{sinu}{cosu}\right| \sim e^{\frac{\pi x^2}{2}+c} .$$

Po pewnym przegrupowaniu widzimy:

$$u{\sim}sin^{-1}\left\{\frac{-1 \pm \exp(\pi x^2 + 2c)}{1 + \exp(\pi x^2 + 2c)}\right\}$$

Zatem:

$$u \sim \begin{Bmatrix} sin^{-1}(-1) \\ sin^{-1}(1) \end{Bmatrix} \to \quad u \sim \begin{Bmatrix} \frac{-\pi}{2} + 2k\pi \\ \frac{\pi}{2} + 2k\pi \end{Bmatrix} \quad for \quad k = 0,1,2 \ldots$$

Resztę pozostawiono jako ćwiczenie.

Przykład A.20 . W równaniu $y'' = y^2 + e^x$wykonaj podstawienia $y = e^{x/2}\,u(x)$i $s = e^{x/4}$uzyskaj równanie, którego rozwiązania dla asymptotycznie dużego x zachowują się jak funkcje eliptyczne s. Wywnioskuj, że osobliwości y(x) są oddzielone odległością proporcjonalną $e^{-x/4}$do $x \to \infty$.

Rozwiązanie

Mamy: $y'' = y^2 + e^x \quad ; \quad y = e^{x/2}u(x) \quad ; \quad s = e^{x/4}$. Z czego otrzymujemy

$$y' = e^{x/2}u'(x) + u(x) + \frac{1}{2}e^{x/2}$$

I

$$y'' = e^{x/2}u''(x) + e^{x/2}u'(x) + \frac{1}{4}e^{x/2}u(x)$$

Podstawiając otrzymujemy:

$$\frac{d^2u}{ds^2} + \frac{5}{s}\frac{du}{ds} + \frac{4}{s^2}u = 16(u^2 + 1)$$

Dla $x \to \infty,\ s \to \infty$i w przybliżeniu mamy:

$$\frac{d^2u}{ds^2} = (u^2 + 1)16.$$

To ostatnie jest równaniem autonomicznym, które rozwiązujemy w następujący sposób:

$$\left(\frac{d^2u}{ds^2}\right)\frac{du}{ds} = 16[1 + u^2]\frac{du}{ds}$$

I

$$\frac{1}{2}\left[\frac{du}{ds}\right]^2 = 16[u + u^3/3 + c].$$

Staje się to: $\pm 4s = \int \frac{du}{\sqrt{2u^3/_3 + 2u + 2c}}$, co jest funkcją eliptyczną s.

Bieguny tej funkcji są rozdzielone okresem T:$s(x + \Delta) - s(x) \approx T$ → $e^{(x+\Delta)/4} - e^{x/4} \approx T$ → $e^{\Delta/4} \sim Te^{-x/4}$. W ten sposób osobliwości są rozdzielone odległością proporcjonalną $e^{-x/4}$ do $x \to \infty$.

Przykład A.21 . Wykaż, że wiodące zachowanie osobliwości wybuchowej równania Thomasa-Fermiego $y'' = y^{3/2}x^{-1/2}$jest dane wzorem:

$$y(x) \sim \frac{400a}{(x-a)^4} \quad as\; x \to a.$$

Rozwiązanie

Pracując z , $y'' = y^{3/2}x^{-1/2}$spróbujmy $y = A(x-a)^b$, w którym przypadku mamy $y' = Ab(x-a)^{b-1}$i $y'' = Ab(b-1)(x-a)^{b-2}$. Podstawiając je, otrzymujemy:

$$b(b-1)(x-a)^{-\frac{1}{2}b-2} = A^{\frac{1}{2}}x^{-\frac{1}{2}}.$$

Aby to równanie bilansowało się asymptotycznie, $(x-a)^{-\frac{1}{2}b-2}$musi być stałe, zatem

$$-\frac{1}{2}b - 2 = 0 \quad \to \quad b = -4.$$

Po zbilansowaniu stałych otrzymujemy A=400a, stąd rozwiązanie rzędu wiodącego:

$$y(x) \sim \frac{400a}{(x-a)^4} \quad as\; x \to a.$$

B. Personel LIGO około 1988 r. (kiedy byłem w zespole jako absolwent) liczył zaledwie ok. 30 osób.

LIGO STAFF, CALTECH
Bridge Lab

	Room	Phone		Room	Phone
Alex Abramovici	358W	4895 446-4169	Pat Lyon	130A	4597
Cynthia Akutagawa	357W	4098 714/594-6948	Bonde Moore	31A	4438 792-6406
Bill Althouse	30A	4481 449-6716	Fred Raab	354W	4053 249-6242
Midge Althouse	36A	2975 449-6716	Martin Regehr	360W	2190 568-1910
Fred Asiri	32A	2971 957-5058	Bob Spero	361W	4437 796-0682
Betty Behnke	102E	2129 446-4828	Kip Thorne	128A	4598
Andrej Čadež	359W	4219 446-2668	Bert Tinker	365W	4610 805/492-5917
Ron Drever	355W	4291 796-0403	Massimo Tinto	358W	4018 449-2007
Ernie Fransgrote	102E	2131 449-5228	Steve Vass	365W	4610 355-9780
Yekta Gürsel	358W	2136 449-9238	Robbie Vogt	101E	3800 794-7823
Jeff Harman	365W	2160 805/495-2354	Steve Winters	354W	- 584-1931
Greg Hiscott	35A	2974 362-7306	Mike Zucker	356W	4017 789-4345
Larry Jones	32A	2970 805/265-9602			

MISC. PHONE NUMBERS

Bridge Lab	365W	4610	Tony Riewe, JPL 144-201	41864
Roof Machine Shop		4894	Rai Weiss, MIT	617/253-3527
Citgrav Computer		449-6081	Susan Merullo, MIT	617/253-4894
CES Lab Control Room		3980	MIT Lab	617/253-4824
CES Lab Computer		3977		
CES Lab, Louie (North End)		3978		
CES Lab, Huey (East End)		3978		
CES Lab, Dewey (South End)		3979	FAX—MIT LIGO Project	617/258-7839
Conference Room	28A	2965	FAX—Caltech LIGO Project	818/304-9834

10/20/88

C. Podstawy analizy danych

C.1 Błędy dodają się w kwadraturze

Istnieje stara eksperymentalna/statystyczna maksyma, że *„błędy sumują się w kwadraturze"* , która obecnie okazuje się prawdziwa (w większości przypadków) i wynika z propagacji niepewności. Ten opis wskaże nam również alternatywną drogę do wyprowadzenia sigmy średniej z powyższego wyniku. Rozważmy zatem sytuację, w której mierzymy interesującą nas wielkość pośrednio, tj. chcemy zmierzyć „z", ale mamy x, y ,… gdzie z = f(x, y ,…). W ten sposób otrzymujemy ogólną zależność:

$$\Delta z = \frac{\partial f}{\partial x}\Delta x + \frac{\partial f}{\partial y}\Delta y + \cdots, \tag{C-1}$$

z czego możemy podnieść kwadrat i uśrednić, aby uzyskać:

$$\overline{(\Delta z)^2} = \left(\frac{\partial f}{\partial x}\right)^2 \overline{(\Delta x)^2} + \left(\frac{\partial f}{\partial y}\right)^2 \overline{(\Delta y)^2} + 2\left(\frac{\partial f}{\partial x}\right)\left(\frac{\partial f}{\partial y}\right)\overline{(\Delta x \Delta y)} + \cdots, \tag{C-2}$$

Po uśrednieniu, wyrazy krzyżowe, będąc liniowymi, będą miały zniesione znaki. Zatem, zapisanie średniej kwadratów wyrazów jako ich wariancji (lub odchylenia standardowego kwadratu) wyjaśnia:

$$\sigma_z{}^2 = \left(\frac{\partial f}{\partial x}\right)^2 \sigma_x{}^2 + \left(\frac{\partial f}{\partial y}\right)^2 \sigma_y{}^2 + \cdots. \tag{C-3}$$

Wracając do przypadku wielokrotnego pomiaru na iid kamper , mamy $f = \overline{\mathrm{x}}_N$ i to jest po prostu:

$$\sigma_z{}^2 = (\sigma_x{}^2 + \sigma_y{}^2 + \cdots)/N^2. \tag{C-4}$$

a dodawanie składników błędu jest kwadraturowe. Jeśli użyjemy relacji dodawania błędów w kwadraturze, możemy bezpośrednio wyznaczyć sigmę średniej jako:

$$\sigma_z = \frac{\sigma}{\sqrt{N}}. \tag{C-5}$$

C.2 Dystrybucje

Przyjrzyjmy się teraz niektórym kluczowym rozkładom, które mogą z tego wynikać. Wszystkie główne interesujące rozkłady można uzyskać z oceny maksymalnej entropii [24]. Przenosi to proponowaną przez Maxwella unifikację mechaniki statystycznej opartej na rozkładzie na nowy poziom (Jaynes [68]) i oferuje lepsze zrozumienie dystrybucyjnych podstaw układów fizycznych. Rozumie się, że rodziny rozkładów definiują rozmaitość (neurorozmaitość), co omówiono w [41] i [4 4]. Niektóre rozkłady są szczególne w inny sposób, co ujawnia ich wszechobecność. Rozkład Gaussa w szczególności wyróżnia się pod tym względem. Wcześniejsza własność, że błędy dodają się w kwadraturze, jest wyjaśnieniem tego, ponieważ ta własność leży u podstaw tego, jak dodanie źródeł szumu Gaussa (lub powtarzanych pomiarów) spowoduje nowy całkowity rozkład Gaussa (z szumem Gaussa). Z kolei stwierdzono, że można to uogólnić do tego, że powtarzany pomiar w przypadku dowolnego rozkładu tła, nawet takiego, który się zmienia, spowoduje, że całkowity pomiar będzie miał tendencję do bycia rozkładem Gaussa.

Dystrybucja geometryczna (wyłaniająca się poprzez maxent)

Mówimy tu o prawdopodobieństwie zobaczenia czegoś po k próbach, gdy prawdopodobieństwo zobaczenia tego zdarzenia w każdej próbie wynosi „p". Załóżmy, że widzimy zdarzenie po raz pierwszy po k próbach, co oznacza, że pierwsze (k-1) prób było nie-zdarzeniami (z prawdopodobieństwem (1-p) dla każdej próby), a ostateczna obserwacja występuje z prawdopodobieństwem p, dając początek klasycznemu wzorowi rozkładu geometrycznego:

$$P(X=k) = (1-p)^{(k-1)}\, p \tag{C-6}$$

Jeśli chodzi o normalizację, tzn. czy wszystkie wyniki sumują się do jednego, mamy:

Całkowite prawdopodobieństwo $= \Sigma_{k=1} (1-p)^{(k-1)} p = p[1+(1-p)+(1-p)^2+(1-p)^3+\ldots] = p[1/(1-(1-p))]=1.$

Zatem całkowite prawdopodobieństwo sumuje się do jedności i nie wymaga dalszej normalizacji. Na rysunku C.1 przedstawiono rozkład geometryczny dla przypadku p = 0,8:

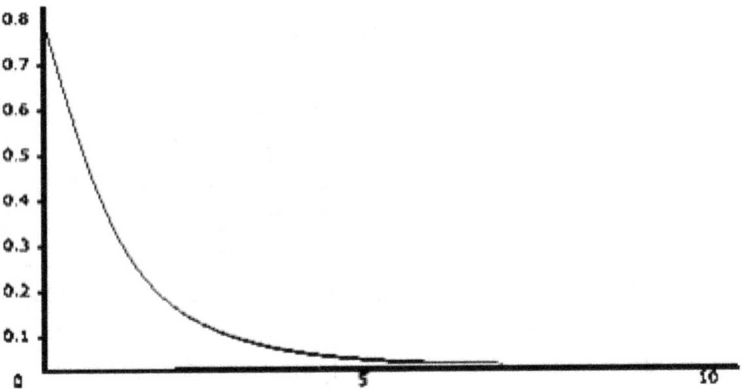

Rysunek C.1 Rozkład geometryczny , $P(X=k) = (1-p)^{(k-1)} p$, przy p=0,8 .

Rozkład Gaussa (znany również jako rozkład normalny) (wyłaniający się poprzez relację LLN i maks.)

$$N_x(\mu, \sigma^2) = exp(-(x-\mu)^2/(2\sigma^2))/(2\pi\sigma^2)^{(1/2)}$$

W przypadku rozkładu normalnego normalizację najłatwiej uzyskać poprzez całkowanie zespolone (więc pominiemy to). Przy średniej zero i wariancji równej jeden (rysunek C.2) otrzymujemy:

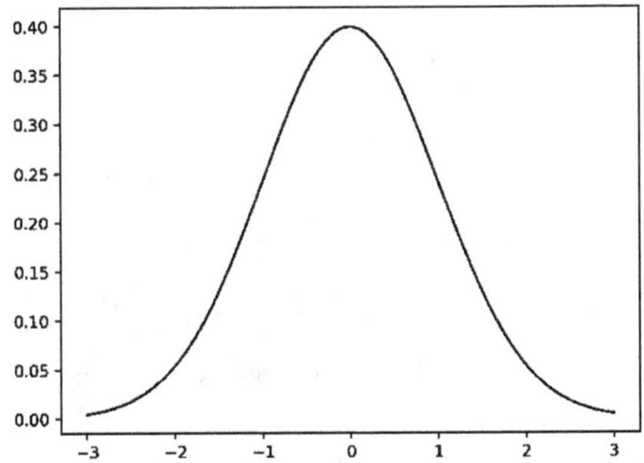

Rysunek C.2 Rozkład Gaussa , znany również jako rozkład normalny, przedstawiony ze średnią równą zero i wariancją równą jeden: $N_x(\mu, \sigma^2) = N_x(0,1)$.

C.3. Martingale

W tej sekcji przedstawiono definicję procesów martyngałowych i pokazano, jak wiele znanych procesów jest martyngałowych. Mówiąc o równowadze, ergodyczności lub stacjonarności, zazwyczaj mamy na myśli obiekty matematyczne, które są martyngałami. Właściwości równowagi, czyli zbieżność czasowa ustalonego zbioru wartości, np. konwergencja, są fundamentalną własnością martyngałów, stąd ich częste występowanie w reprezentacjach procesów, które osiągają równowagę. Procesy zbieżne są fundamentalne dla opisów w mechanice statystycznej ([4 4]), a także dla sytuacji (z podobną matematyką) w obszarach uczenia statystycznego i sztucznej inteligencji [24].

Definicja Martingale'a[69]

Proces stochastyczny $\{X_n; n=0,1, \ldots\}$ jest procesem martyngałowym, jeżeli dla n=0,1, …,

1. $E[|X_n|] < \infty$
2. $E[X_{n+1} | X_0, \ldots, X_n] = X_n$

Definicja: Niech $\{X_n; n=0,1, \ldots\}$ i $\{Y_n; n=0,1, \ldots\}$ będą procesami stochastycznymi. Mówimy, że $\{X_n\}$ jest procesem martyngałowym względem (względem) $\{Y_n\}$, jeśli dla n=0,1, …:

1. $E[|X_n|] < \infty$
2. $E[X_{n+1} | Y_0, \ldots, Y_n] = X_n$

Przykłady Martingałów:

(a) Sumy niezależnych zmiennych losowych: $X_n = Y_1 + \ldots + Y_n$.
(b) Wariancja sumy $X_n = (\sum_{k=1}^{n} Y_k)^2 - n\sigma^2$
(c) Wywołano Martingalesa za pomocą łańcuchów Markowa! ….
(d) W przypadku uczenia się HMM ciągi stosunków wiarygodności są ciągami martyngałowymi….

Twierdzenie o asymptotycznej ekwipartycji (AEP) i nierówności Hoeffdinga (istotne w uczeniu się statystyki [24]) zostały uogólnione na Martingale.

Indukowane martyngale z łańcuchami Markowa[69]

Niech $\{Y_n; n=0,1, \ldots\}$ będzie procesem łańcucha Markowa (MC) z macierzą prawdopodobieństwa przejścia $P=||P_{ij}||$. Niech f będzie ograniczonym, prawostronnym ciągiem regularnym dla P:

$f(i)$ jest nieujemna i $f(i) = \sum_{k=1}^{n} P_{ij}f(j)$. Niech $X_n = f(Y_n)$ →$E[|X_n|] < \infty$(ponieważ f jest ograniczona). Teraz mamy:

$E[X_{n+1} | Y_0, \ldots, Y_n]$

$= mi[f(Y_{n+1}) | Y_0, \ldots, Y_n]$

$= E[f(Y_{n+1}) | Y_n]$ (ze względu na MC)

$= \sum_{k=1}^{n} P_{Y_n, j} f(j)$ (definicja P_{ij} i f)

$= f(Y_n)$

$= X_n$

W uczeniu się HMM mamy ciągi stosunków wiarygodności, co jest dowodem martyngału:

Niech $Y_0, Y_1, \ldots$ będzie iid rv.s i niech f_0 i f_1 będą funkcjami gęstości prawdopodobieństwa. Procesem stochastycznym o fundamentalnym znaczeniu w teorii testowania hipotez statystycznych jest sekwencja ilorazów wiarygodności:

$$X_n = \frac{f_1(Y_0)f_1(Y_1)\ldots f_1(Yn)}{f_0(Y_0)f_0(Y_1)\ldots f_0(Yn)}, \; n = 0,1, \ldots$$

Załóżmy, że $f_0(y) > 0$ dla wszystkich y:

$$E[X_{n+1} | Y_0, \ldots, Y_n] = E[X_n \left(\frac{f_1(Y_{n+1})}{f_0(Y_{n+1})}\right) | Y_0, \ldots, Y_n] = X_n \, mi \left[\frac{f_1(Y_{n+1})}{f_0(Y_{n+1})}\right]$$

Gdy wspólny rozkład Y_k (używany w funkcji „E") ma gęstość prawdopodobieństwa f_{0}, mamy:

$$E\left[\frac{f_1(Y_{n+1})}{f_0(Y_{n+1})}\right] = 1$$

Zatem $E[X_{n+1} | Y_0, ..., Y_n] = X_n$

Zatem iloraz wiarygodności jest martyngałowy, gdy rozkład wspólny wynosi f_0.

Błąd losowy to Martingale [69, str. 238]

Posiadam dowód składowych losowego spaceru dla T_Em , zarówno teoretyczny, jak i obliczeniowy dla różnych emanatorów w analizie przejścia przez zero na składowej rzeczywistej w [70]. Ponieważ losowy spacer jest procesem martyngałowym (zbieżność do średniej=sqrt(N)), to proces emanacji jest procesem martyngałowym. W [45] zobaczymy, że może istnieć zunifikowana pochodna teorii propagatorów teorii wyboru emanatora, gdzie wszystkie takie teorie są martyngałowe. Zatem przedstawiono argument, dlaczego projekcja QFT procesu emanacji powinna mieć procesy, które są również martyngałowe. Martyngały kwantowe odnosiłyby się wówczas do bardziej znanych klasycznych martyngałów, w tym ich roli w klasycznej mechanice statystycznej ([44]).

Nadmartyngały i podmartyngały [69]

Niech $\{X_n ; n = 0,1, ...\}$ i $\{Y_n ; n = 0,1, ...\}$ będą procesami stochastycznymi. Wówczas $\{X_n\}$ nazywamy ***supermartyngałem*** względem $\{Y_n\}$, jeżeli dla każdego n:

(i) $E[X_n^-] > -\infty$, gdzie $x^- = \min\{x,0\}$

(ii) $E[X_{n+1} |Y_0, ..., Y_n] \leq X_n$

(iii) X_n jest funkcją $(Y_0, ..., Y_n)$ (jawną ze względu na nierówność w (ii))

Proces stochastyczny $\{X_n ; n=0,1, ...\}$ nazywa się ***submartyngałem*** względem $\{Y_n\}$, jeżeli dla każdego n:

(i) $E[X_n^+] > -\infty$, gdzie $x^+ = \max\{x,0\}$

(ii) $E[X_{n+1} |Y_0, ..., Y_n] \geq X_n$

(iii) X_n jest funkcją $(Y_0, ..., Y_n)$

Zgodnie z nierównością Jensena dla funkcji wypukłej φi oczekiwaniami warunkowymi mamy:

$$E[\varphi(X)|Y_0, \ldots, Y_n] \geq \varphi(E[X|Y_0, \ldots, Y_n])$$

Istnieją zatem sposoby na zbudowanie podmartyngałów z martyngałów (z tymi samymi supermartyngałami, z tą różnicą, że trzeba odwrócić znak).

Twierdzenia o zbieżności martyngałowej[69]

W bardzo ogólnych warunkach martyngał X_n będzie zbiegał do granicznej zmiennej losowej X w miarę wzrostu n.

Twierdzenie

(a) Niech $\{X_n\}$ będzie podmartyngałem spełniającym

$$\sup_{n\geq 0} E[|X_n|] < \infty$$

Wówczas istnieje rv X_∞ do którego $\{X_n\}$ zbiega się z prawdopodobieństwem jednym:

$$Prob\left(\lim_{n\to\infty} X_n = X_\infty\right) = 1$$

(b) Jeżeli $\{X_n\}$ jest martyngałem i jest jednostajnie całkowalny, to oprócz powyższego $\{X_n\}$ jest zbieżny w średniej:

$$\lim_{n\to\infty} E[|X_n - X_\infty|] = 0$$

I $E[X_\infty] = E[X_n]$, dla wszystkich n.

Ciąg jest jednostajnie całkowity, jeżeli:

$$\lim_{c\to\infty} \sup_{n\geq 0} E[|X_n| I\{|X_n| > c\}] = 0$$

Gdzie I jest funkcją wskaźnikową: 1, jeśli $|X_n|>c$, i 0 w przeciwnym wypadku.

„Maksymalne" nierówności dla Martingales [69]

Nierówność Czebyszewa zastosowaną do ciągu można „zacieśnić" do drobniejszej nierówności, znanej jako nierówność Kołmogorowa, w odniesieniu do maksimum ciągu. Przenosi się to na martyngały:

Niech $\{X_n; n=0,1, \ldots\}$ będzie iid rvs z $E[X_i]=0 \forall$ i oraz $E[(X_i)^2]= \sigma^2 < \infty$. Zdefiniuj $S_0 = 0$, $S_n = X_1 + \ldots + X_n$, dla $n \geq 1$. Z nierówności Czebyszewa:

$$\varepsilon^2 Prob(|S_n| > \varepsilon) \leq n\sigma^2, \ \varepsilon > 0$$

Możliwa jest drobniejsza nierówność:

$$\varepsilon^2 Prob\left(\max_{0 \leq k \leq n} |S_n| > \varepsilon\right) \leq n\sigma^2, \ \varepsilon > 0$$

Znana jako nierówność Kołmogorowa, może być uogólniona w celu uzyskania maksymalnej nierówności na podmartyngałach :

Lemat 1 : Niech $\{X_n\}$ będzie podmartyngałem, dla którego $X_n \geq 0$ dla wszystkich n. Następnie dla każdej liczby dodatniej λ:

$$\lambda Prob\left(\max_{0 \leq k \leq n} |X_k| > l\right) \leq E[X_n]$$

Lemat 2 : Niech $\{X_n\}$ będzie nieujemnym supermartyngałem dla dowolnego dodatniego λ:

$$\lambda Prob\left(\max_{0 \leq k \leq n} |X_k| > l\right) \leq E[X_0]$$

Twierdzenie o zbieżności średniokwadratowej dla martyngałów[69]

Niech $\{X_n\}$ będzie podmartyngałem względem $\{Y_n\}$ spełniającym dla pewnej stałej k, $E[(X_n)^2] \leq k < \infty$, dla każdego n. Wówczas $\{X_n\}$ zbiega się jako $n \rightarrow \infty$ do granicy rv X_∞ zarówno z prawdopodobieństwem jeden, jak i w średnim kwadracie:

$$Prob\left(\lim_{n\to\infty} X_n = X_\infty\right) = 1, \text{ I } \lim_{n\to\infty} E[|Xn - X_\infty|^2] = 0,$$

Gdzie $E[X_\infty] = E[X_n] = E[X_0]$, dla wszystkich n.

Martingale w odniesieniu σdo formalizmu pola

Przegląd teorii prawdopodobieństwa aksjomatycznego, składa się z trzech podstawowych elementów:

(1) Przestrzeń próby – zbiór, **Ω**którego elementy ωodpowiadają możliwym wynikom eksperymentu;

(2) Rodzina elementów, zbiór *F* podzbiorów *A* (**Ω**pól sigma). Mówimy, że zdarzenie A zachodzi, jeśli wynik ωeksperymentu jest elementem A;

(3) Miara prawdopodobieństwa, funkcja P zdefiniowana na *F* i spełniająca:

(i) $0 = P[\emptyset] \leq P[A] \leq P[\Omega] = 1$ dla $A \in F$

(ii) $P[A_1 \cup A_2] = P[A_1] + P[A_2] - P[A_1 \cap A_2]$ dla $A_i \in F$

(iii) $P[\bigcup_{n=1}^{\infty} A_n] = \sum_{n=1}^{\infty} P[An]$ jeśli $A_i \in F$ są wzajemnie rozłączne.

Następnie trójkę (**Ω**, *F*, P) nazywamy przestrzenią probabilistyczną.

Definicja Martingale'a odwrotnego (w odniesieniu do podpól sigma)

Niech $\{Z_n\}$ będzie rv na przestrzeni prawdopodobieństwa (**Ω**, *F*, P) i niech $\{G_n; n=0,1, \ldots\}$ będzie malejącym ciągiem subsigma-pól *F*, tj.

$$F \supset F_n \supset F_{n+1}, \text{ dla wszystkich n.}$$

Wówczas $\{Z_n\}$ nazywa się martyngałem odwrotnym względem $\{G_n\}$, jeżeli dla n=0,1, ...:

(i) Zn jest Gn - mierzalny

(ii) $E[|Z_n|] < \infty$, i

(iii) $E[Z_n | G_{n+1}] < Z_{n+1}$

$\{Z_n\}$ jest martyngałem odwrotnym, jeżeli $X_n = Z_{-n}$, n=0,-1,-2,... tworzy martyngał względem $F_n = G_{-n}$, n=0,-1,-2,...

Twierdzenie o zbieżności wstecznej martyngału

Niech $\{Z_n\}$ będzie martyngałem odwrotnym względem malejącego ciągu pól podsigma $\{G_n\}$. Wówczas:

$$Prob\left(\lim_{n\to\infty} Z_n = Z\right) = 1, \text{I} \lim_{n\to\infty} E[|Z - Z_n|] = 0,$$

i $E[Z_n] = E[Z]$, dla wszystkich n.

Mocny dowód prawa wielkich liczb

Niech $\{X_n; n=1,2, \ldots\}$ będzie iid rvs z $E[|X_1|] < \infty$. Niech $\mu= E[X_1]$, $S_0 = 0$ i $S_n = X_1 +\ldots+X_n$, dla $n \geq 1$. Niech G_n będzie polem sigma generowanym przez $\{S_n, S_{n+1}, \ldots\}$. Możemy wyprowadzić silne prawo wielkich liczb z obserwacji, że $Z_n = S_n/n$ ($Z_0 = \mu$), tworzy martyngał wsteczny względem G_n. Niech $E[|Z_n|]< \infty$ i Z_n jest G_n - mierzalny przez konstrukcję, więc potrzebujemy tylko relacji (iii):

$S_n \equiv E[S_n|S_n] = E[S_n|S_n, S_{n+1}, \ldots] = E[S_n|G_n] =$

$\sum_{k=1}^{n} E[X_k|G_n]= n\, E[X_k|G_n]$,

z ostatnią równością dla $1 \leq k \leq n$, zatem:

$$Z_n = S_n/n = E[X_k|G_n]$$

Zatem $E[Z_{n-1}|G_n]= (n-1)^{-1} E[S_{n-1}|G_n] = (n-1)^{-1} \sum_{k=1}^{n-1} E[X_k|G_n]=$ Z_n!!!

Teraz zastosuj twierdzenie o zbieżności martyngałowej wstecznej, aby wykazać silne prawo:

$$Prob\left(\lim_{n\to\infty} \frac{S_n}{n} = \mu\right) = 1$$

C.4. Procesy stacjonarne

Proces ***stacjonarny*** to proces stochastyczny $\{X(t), t \in T\}$ mający tę własność, że dla dowolnej dodatniej liczby całkowitej „k" i dowolnych punktów $t_1, \ldots, t_k$ i h w T, łączny rozkład $\{X(t_1),\ldots X(t_k)\}$ jest taki sam, jak łączny rozkład $\{X(t_1+h),\ldots X(t_k+h)\}$.

Twierdzenie ergodyczne podaje warunki, w których średnia w czasie

$$\overline{x_n} = \frac{1}{n}(x_1 + \cdots + xn)$$

Proces stochastyczny będzie zbiegał się, gdy liczba n obserwowanych okresów będzie rosła. Jednym z takich twierdzeń ergodycznych jest silne prawo wielkich liczb.

Procesy stacjonarne stanowią naturalne środowisko dla uogólnienia prawa wielkich liczb, ponieważ dla takich procesów wartość średnia jest stałą $m=E[X_n]$, niezależną od czasu. Tak jak istnieją silne i słabe prawa wielkich liczb, tak samo istnieje wiele twierdzeń ergodycznych…

Silne twierdzenie ergodyczne [69]

Niech {X $_n$; n=0,1, …} będzie procesem ściśle stacjonarnym o skończonej średniej m=E[X $_n$]. Niech

$$\overline{X_n} = \frac{1}{n}(X_0 + \cdots + X_{n-1})$$

Niech będzie średnią czasu próby. Następnie, z prawdopodobieństwem równym jeden, ciąg { $\overline{X_n}$} zbiega do pewnej granicy rv oznaczonej jako $\bar{X}$:

$$Prob\left(\lim_{n\to\infty} \overline{X_n} = \bar{X}\right) = 1, \text{I} \lim_{n\to\infty} E[|\bar{X} - \overline{X_n}|] = 0,$$

i E[$\overline{X_n}$] = E[$\bar{X}$] = m.

Asymptotyczna własność ekwipartycji (AEP)

$$\lim_{n\to\infty}\left[-\frac{1}{n}\log p(X_0, \dots, X_{n-1})\right] = H(\{X_n\})$$

Z prawdopodobieństwem jednym, pod warunkiem, że {X $_n$} jest ergodyczne.

<u>**Dowód:**</u> Dla {X $_n$} stacjonarnego ergodicznego skończonego łańcucha Markowa stosuje się relację, która:

$H(\{X_n\})= \lim_{k\to\infty} H(Xk|X_1, \dots, X_{k-1})$Lub $H(\{X_n\})=\lim_{l\to\infty}\frac{1}{l}H(X_1, \dots, X_l)$

$H(X_n|X_0, \dots, X_{n-1})= -\sum_{i,j}\pi(i)P_{ij}\ \log P_{ij}$, gdzie $\pi(i)$jest prawdopodobieństwem wcześniejszym na X $_i$ i P_{ij}jest prawdopodobieństwem przejścia z X $_i$ do X $_j$. Zatem

$H(\{X_n\})= -\sum_{i,j}\pi(i)P_{ij}\ \log P_{ij}$, podczas gdy,

$-\frac{1}{n}\log p(X_0, \dots, X_{n-1}) = \frac{1}{n}\ \sum_{i=0}^{n-2} W_i - \frac{1}{n}\log\pi(X_0)$, Gdzie$W_i = -\log P_{i,i+1}$

Twierdzenie ergodyczne ma zastosowanie:

$$\lim_{n\to\infty}\left[-\frac{1}{n}\log p(X_0,\dots,X_{n-1})\right] = E[W_0] = -\sum_{i,j}\pi(i)P_{ij}\ \log P_{ij}$$
$$= H(\{X_n\})$$

Ogólny dowód AEP wykorzystuje twierdzenie o zbieżności martyngałowej wstecznej zamiast twierdzenia ergodowego.

C.5. Sumy zmiennych losowych

Nierówność Hoeffdinga

Hoeffdinga wyznacza górną granicę prawdopodobieństwa, że suma zmiennych losowych odbiega od swojej wartości oczekiwanej (Wassily Hoeffding , 1963 [71]). Azuma [72] uogólnia ją na różnice martyngałowe, a także na funkcje zmiennych losowych $\{X_n\}$ z różnicami ograniczonymi (gdzie funkcją jest średnia empiryczna ciągu zmiennych: $\bar{X}=\frac{1}{n}(X_1+\ldots+X_n)$ odtwarza szczególny przypadek Hoeffdinga).

Przypomnienie sobie czegoś:
Niech $X_1,\ldots,X_n$ będą niezależnymi zmiennymi losowymi. Załóżmy, że zmienne X_i są niemal na pewno ograniczone: $P(X_i \epsilon [a_i, b_i])=1$.
Zdefiniuj średnią empiryczną ciągu zmiennych jako:

$$\bar{X}=\frac{1}{n}(X_1+\ldots+X_n)$$

Hoeffding (1963) udowadnia, że:

$$P(\bar{X}-E[\bar{X}] \geq k) \leq \exp\left(-\frac{2n^2k^2}{\sum_{i=1}^{n}(b_i-ai)^2}\right)$$
$$P(|\bar{X}-E[\bar{X}]| \geq k) \leq 2\exp\left(-\frac{2n^2k^2}{\sum_{i=1}^{n}(b_i-ai)^2}\right)$$

Dla każdego X, które jest prawie na pewno ograniczone, istnieje inna relacja, jeżeli E(X)=0, znana jako lemat Hoeffdinga :

$$E[e^{\lambda X}] \leq \exp\left(\frac{\lambda^2(b-a)^2}{8}\right)$$

Dowód zaczyna się od pokazania lematu jako trudnej części.......

Dowód lematu Hoeffdinga

Ponieważ $e^{\lambda X}$ jest to funkcja wypukła, mamy

$$e^{\lambda X} \leq \frac{b-X}{b-a} e^{\lambda a} + \frac{X-a}{b-a} e^{\lambda b}, \forall a \leq x \leq b$$

Więc,

E[$e^{\lambda X}$] ≤E $\left[\frac{b-X}{b-a} e^{\lambda a} + \frac{X-a}{b-a} e^{\lambda b}\right] = \frac{b}{b-a} e^{\lambda a} + \frac{-a}{b-a} e^{\lambda b}$(ostatni jest od E[X]=0)

Metoda wypukłości obejmuje interpolację liniową, przejdźmy do tych parametrów z

p = -a/(ba) i wprowadź hp = -a λ(aby uzyskać h = λ(ba)):

$$\frac{b}{b-a} e^{\lambda a} + \frac{-a}{b-a} e^{\lambda b} = e^{\lambda a}[1\text{-p} + \text{p } e^{\lambda(b-a)}] = e^{-hp}[1\text{-p} + \text{p } e^{h}]$$

E[$e^{\lambda X}$]≤ $e^{L(h)}$, gdzie L(h) = -hp + ln(1-p+p e^h) →L(0) = 0.

L '(h) = -p + p e^h/(1-p+p e^h) →L '(0) = 0.

L ''(h) = p(1-p)e^h →L ''(0) = p(1-p).

$L^{(n)}$(h) = p(1-p) e^h> 0

Używając szeregu Taylora dla L(h):

L(h) = L(0) + hL '(0) + $\frac{1}{2}h^2$ L ''(0) + (bardziej dodatnie wyrazy wyższego rzędu w h)

L(h)≤ $\frac{1}{2}h^2$ p(1-p)

Ponieważ mamy E[X]=0, mamy p=-a/(ba) równe ∈[0,1], czyli klasyczną funkcję logistyczną, gdzie maksymalna wartość p(1-p) w przedziale [0,1] wynosi ¼ (gdy p=1/2), więc:

L(h)≤ $\frac{1}{8}h^2$ i E [$e^{\lambda X}$]≤ $e^{\frac{1}{8}\lambda^2 (b-a)^2}$

Dowód nierówności Hoeffdinga (więcej szczegółów można znaleźć w [71])

Rozważ sumę na iid X_i, gdzie S_m = m, $\bar{X}$gdzie $\bar{X}$ma m wyrazów w swojej średniej empirycznej:

P(S_m-E[S_m] ≥k)≤ e^{-tk}E[$e^{t(S_m - E[S_m])}$] (Technika ograniczeń Chernoffa)

= $\prod_{i=1}^{m} e^{-tk}$ E[$e^{t(X_i - E[X_i])}$]({X_n} są identyczne)

$$\leq \prod_{i=1}^{m} e^{-tk} e^{\frac{1}{8}t^2 (b_i - a_i)^2} \text{(Lemat Hoeffdinga)}$$

$=e^{-tk} e^{\frac{1}{8}t^2 \sum_{i=1}^{m}(b_i-a_i)^2}$

Załóżmy, że f(t) = - tk + $\frac{1}{8}t^2 \sum_{i=1}^{m}(b_i - a_i)^2$; Wybierz t=4k/, $\sum_{i=1}^{m}(b_i - a_i)^2$aby zminimalizować górną granicę i uzyskać:

$$\mathbf{P(\ S_m\text{-}E[\ S_m]\ \geq k) \leq} e^{-2k^2 / \sum_{i=1}^{m}(b_i-a_i)^2}$$

$$\mathbf{P(\ \bar{X}\text{-}E[\ \bar{X}]\ \geq k) \leq} e^{-2m^2k^2 / \sum_{i=1}^{m}(b_i-a_i)^2}$$

(C-8)

Technika ograniczenia Chernoffa:

P[X ≥k] = P[e^{tX} ≥ e^{tk}]≤ e^{-tk}E[e^{tX}] (Chernoff na końcu stosuje nierówność Markowa).

(C-9)

Odniesienia

[1] Newton, Isaac. „ Philosophiæ Naturalis Principia Mathematica". 5 lipca 1687 (trzy tomy po łacinie). Wersja angielska: „Matematyczne zasady filozofii przyrody", Encyclopædia Britannica, Londyn. (1687).
[2] Leibniz, Gottfried Wilhelm Freiherr von; Gerhardt, Carl Immanuel (tłum.) (1920). Wczesne rękopisy matematyczne Leibniza. Open Court Publishing. s. 93. Pobrano 10 listopada 2013 r.
[3] Dirk Jan Struik, Księga źródeł matematycznych (1969) s. 282–28.
[4] Leibniz, Gottfried Wilhelm. Dodatek geometriae dimensoriae , seu generalissima omnium tetragonismorum Effectio per motum : podobna konstrukcja multipleksowa lineae ex data tangentium Conditione , Acta Euriditorum (wrzesień 1693), s. 385–392.
[5] Euler, Leonhard. Mechanika sive motus scientia analityczny wystawa ; 1736.
[6] Laplace, PS (1774), „ Mémoires de Mathématique et de Physique, Tome Sixième " [Pamiętnik o prawdopodobieństwie przyczyn zdarzeń.], Statistical Science, 1 (3): 366–367.
[7] D'Alembert, Jean Le Rond (1743). Traité de dynamice .
[8] Lagrange, JL , Mécanique analytique , tom 1 (1788), tom 2 (1789). Rozszerzone wznowienie tomu 1 w 1811 r. i tomu 2 w 1815 r.
[9] Lagrange, JL (1997). Mechanika analityczna. Tom 1 (wydanie 2). Angielskie tłumaczenie wydania z 1811 r.
[10] William R. Hamilton. O ogólnej metodzie dynamiki, zgodnie z którą badanie ruchów wszystkich swobodnych układów punktów przyciągających lub odpychających sprowadza się do poszukiwania i różniczkowania jednego centralnego związku lub charakterystycznej funkcji. Philosophical Transactions of the Royal Society (część II z 1834 r., s. 247–308).
[11] William R. Hamilton. Drugi esej o metodzie ogólnej w dynamice. Opublikowano go w Philosophical Transactions of the Royal Society (część I z 1835 r., s. 95–144).
[12] Hamilton, W. (1833). „O ogólnej metodzie wyrażania trajektorii światła i planet za pomocą współczynników funkcji charakterystycznej" (PDF). Dublin University Review: 795–826.

[13] Hamilton, W. (1834). „O zastosowaniu do dynamiki ogólnej metody matematycznej stosowanej wcześniej do optyki" (PDF). Raport Brytyjskiego Stowarzyszenia: 513–518.
[14] WR Hamilton (1844–1850) O kwaternionach, czyli nowym systemie liczb urojonych w algebrze, Philosophical Magazine,
[15] Simon L. Altmann (1989). „Hamilton, Rodrigues i skandal kwaternionów". Mathematics Magazine. Tom 62, nr 5. s. 291–308.
[16] Werner Heisenberg (1925). „ Uber kwantowo-teoretyczny Umdeutung kinematischer i mechanischer Beziehungen ". Zeitschrift für Physik (w języku niemieckim). 33 (1): 879–893. („Kwantowa teoretyczna reinterpretacja zależności kinematycznych i mechanicznych")
[17] Schrödinger, E. (1926). „Fundacyjna teoria mechaniki atomów i cząsteczek" (PDF). Physical Review. 28 (6): 1049–1070.
[18] Dirac, Paul Adrien Maurice (1930). Zasady mechaniki kwantowej. Oxford: Clarendon Press.
[19] Feigenbaum, MJ (1976). „Uniwersalność w złożonej dynamice dyskretnej" (PDF). Sprawozdanie roczne Wydziału Teoretycznego Los Alamos 1975–1976.
[20] Morse, Marston (1934). Rachunek wariacyjny w dużych liczbach. Publikacja American Mathematical Society Colloquium. Tom 18. Nowy Jork.
[21] Milnor, John (1963). Teoria Morse'a. Princeton University Press. ISBN 0-691-08008-9.
[22] Fizeau, H. (1851). „Sur les hipotezy krewni à l'éther lumineux ". Comptes Rendus . 33: 349–355.
[23] Shankland, RS (1963). „Rozmowy z Albertem Einsteinem". American Journal of Physics. 31 (1): 47–57.
[24] Winters-Hilt, S. Informatyka i uczenie maszynowe: od martyngałów do metaheurystyk. (2021) Wiley.
[25] Goldstein, Herbert (1980). Mechanika klasyczna (wyd. 2). Addison-Wesley.
[26] Neother , E. (1918). „ Niezmienny Problem z różnicami ". Nachrichten von der Gesellschaft der Wissenschaften zu Göttingen.Mathematisch-Physikalische Klasse.1918: 235-257.
[27] Landau, Lev D.; Lifshitz, Evgeny M. (1969). Mechanika. Tom 1 (wyd. 2). Pergamon Press.

[28] Percival, IC i D. Richards. Wprowadzenie do dynamiki. (1983) Cambridge University Press.
[29] Fetter, AL i JD Walecka, Mechanika teoretyczna cząstek i ośrodków ciągłych, Dover (2003).
[30] Kapitza , PL „Dynamiczna stabilność wahadła z drgającym punktem zawieszenia", Sov. Phys. JETP 21 (5), 588–597 (1951) (w języku rosyjskim).
[31] Lyapunov, AM Ogólny problem stabilności ruchu. 1892. Charkowskie Towarzystwo Matematyczne, Charków, 251 s. (w języku rosyjskim).
[32] Arnold, VI Równania różniczkowe zwyczajne. MIT Press. (1978).
[33] Longair , MS Koncepcje teoretyczne w fizyce: alternatywny pogląd na rozumowanie teoretyczne w fizyce. Cambridge University Press. Wydanie 2: 2003.
[34] Baker, GL i J. Gollub. Dynamika chaotyczna : wprowadzenie. Cambridge University Press. 1990.
[35] Mandelbrot, Benoît (1982). Geometria fraktalna natury. WH Freeman & Co.
[36] PJ Myrberga. Powtórz powtórzenie Wielomian dwa stopnie. III, Annales Acad. Sci Fenn A, U 336 (1963) nr 3, 1-18, MR 27.
[37] Arnold, Vladimir I. (1989). Metody matematyczne mechaniki klasycznej (wyd. 2). Nowy Jork: Springer.
[38] Woodhouse, NMJ Wprowadzenie do dynamiki analitycznej. Springer, wydanie 2. 2009 .
[39] Bender, CM i SA Orszag. Zaawansowane metody matematyczne dla naukowców i inżynierów: metody asymptotyczne i teoria zaburzeń. Springer. 1999.
[40] Winters-Hilt, S. Dynamika pól, płynów i wskaźników. (Seria fizyczna: „ Fizyka z maksymalnej emanacji informacji", tom 2.)
[41] Winters-Hilt, S. Dynamika rozmaitości. (Seria fizyczna: „ Fizyka z maksymalnej emanacji informacji", tom 3.)
[42] Winters-Hilt, S. Mechanika kwantowa, całki ścieżkowe i rzeczywistość algebraiczna. (Seria fizyczna: „ Fizyka z maksymalnej emanacji informacji", tom 4.)

[43] Winters-Hilt, S. Teoria pola kwantowego i Model Standardowy. (Seria Fizyka: „ Fizyka z maksymalnej emanacji informacji", Księga 5.)
[44] Winters-Hilt, S. Mechanika cieplna i statystyczna oraz termodynamika czarnych dziur. (Seria fizyczna: „ Fizyka z maksymalnej emanacji informacji", tom 6.)
[45] Winters-Hilt, S. Emanacja, powstanie i eukatastrofa. (Seria fizyczna: „ Fizyka z maksymalnej emanacji informacyjnej", tom 7.)
[46] Winters-Hilt, S. Mechanika klasyczna i chaos. (Seria fizyczna: „ Fizyka z maksymalnej emanacji informacji", Księga 1.)
[47] Winters-Hilt, S. Analiza danych, bioinformatyka i uczenie maszynowe. 2019.
[48] Feynman, RP i AR Hibbs. Mechanika kwantowa i całki ścieżkowe. McGraw-Hill College. 1965.
[49] Landau, LD; Lifshitz, EM (1935). „Teoria dyspersji przenikalności magnetycznej w ciałach ferromagnetycznych". Phys. Z. Sowjetunion . 8, 153.
[50] Landau, Lev D.; Lifshitz, Evgeny M. (1980). Fizyka statystyczna. Tom 5 (wyd. 3). Butterworth-Heinemann.
[51] Braginskii , VB Pomiary oddziaływań słabych w eksperymentach fizycznych. (1977). University of Chicago Press.
[52] Drever, RWP; Hall, JL; Kowalski, FV; Hough, J.; Ford, GM; Munley, AJ; Ward, H. (czerwiec 1983). „Stabilizacja fazy i częstotliwości lasera za pomocą rezonatora optycznego" (PDF). Applied Physics B. 31 (2): 97–105.
[53] Bunimovich , VI Procesy fluktuacyjne w odbiornikach radiowych . Gostekhizdat, ZSRR. 1950.
[54] Stratonovich , RL Wybrane problemy teorii fluktuacji w radiotechnice. Radio radzieckie, ZSRR.
[55] Papoulis, Athanasios; Pillai, S. Unnikrishna (2002). Rachunek prawdopodobieństwa, zmienne losowe i procesy stochastyczne (wyd. 4). Boston: McGraw Hill.
[56] Reed, M i Simon, B. Metody współczesnej fizyki matematycznej. III. Teoria rozpraszania. Elsevier, 1979.
[57] Rutherford, E. (1911). „LXXIX. Rozpraszanie cząstek α i β przez materię i struktura atomu". The London, Edinburgh, and Dublin Philosophical Magazine and Journal of Science. 21 (125): 669–688.

[58] Sommerfeld, Arnold (1916). „Zur Quantentheorie der Spektrallinien ". Annalen der Physik . 4 (51): 51–52.
[59] Hibbeler, R. Mechanika inżynierska: dynamika. Wydanie 14. 2015.
[60] Hibbeler, R. Mechanika inżynierska: statyka i dynamika. Wydanie 14. 2015.
[61] Layek, GC Wprowadzenie do systemów dynamicznych i chaosu, wyd. 1. 2015. Springer.
[62] Lemons, DS. Podręcznik studenta do analizy wymiarowej. Cambridge University Press. Wydanie 1: 2017.
[63] Langhaar , HL Analiza wymiarowa i teoria modeli, Wiley 1951.
[64] Feynman, RP (1948). Charakter prawa fizyki. MIT Press (1967).
[65] Ince, EL Równania różniczkowe zwyczajne. Dover 1956.
[66] Abromowitz, M. i IA Stegun . Podręcznik funkcji matematycznych. Dover 1965.
[67] Fuchs, LI O teorii równań różniczkowych liniowych o zmiennych współczynnikach. 1866.
[68] Jaynes, ET Teoria prawdopodobieństwa: logika nauki . Cambridge University Press, (2003).
[69] Karlin, S. i HM Taylor. Pierwszy kurs procesów stochastycznych, wyd. [2.] Academic Press. 1975.
[70] Winters-Hilt, S. Zunifikowana teoria propagatora i nieeksperymentalne wyprowadzenie stałej struktury subtelnej. Advanced Studies in Theoretical Physics, tom 12, 2018, nr 5, 243-255.
[71] Wassily Hoeffding (1963) Nierówności prawdopodobieństwa dla sum zmiennych losowych ograniczonych, *Journal of the American Statistical Association* , 58 (301), 13–30.
[72] Azuma, K. (1967). „Ważone sumy niektórych zależnych zmiennych losowych" (PDF). *Tôhoku Mathematical Journal* . **19** (3): 357–367.
[73] Compton, Arthur H. (maj 1923). „Kwantowa teoria rozpraszania promieni rentgenowskich przez pierwiastki lekkie". Physical Review . 21 (5): 483–502.
[74] Mason i Woodhouse. „Relatywność i elektromagnetyzm" (PDF). Pobrano 20 lutego 2021 r.

[75] Merzbach, Uta C. ; Boyer, Carl B. (2011), *Historia matematyki* (wyd. 3), John Wiley & Sons.
[76] Robinson, Abraham (1963), Wprowadzenie do teorii modeli i metamatematyki algebry, Amsterdam: Holandia Północna, ISBN 978-0-7204-2222-1, MR 0153570
[77] Robinson, Abraham (1966), Analiza niestandardowa, Princeton Landmarks in Mathematics (wyd. 2), Princeton University Press, ISBN 978-0-691-04490-3, MR 0205854
[78] RD Richtmyer (1978), *Zasady zaawansowanej fizyki matematycznej* , tom 1 i 2, Springer-Verlag, Nowy Jork.
[79] Tufillaro , N., T. Abbott i D. Griffiths. Huśtająca się maszyna Atwooda. American Journal of Physics, 52, 895–903, 1984.
[80] https://en.wikipedia.org/wiki/Logistic_map
[81] Winters-Hilt S. Tematy z zakresu grawitacji kwantowej i teorii pola kwantowego w zakrzywionej czasoprzestrzeni. Rozprawa doktorska UWM, 1997.
[82] Winters-Hilt S, IH Redmount i L. Parker, „Fizyczne rozróżnienie alternatywnych stanów próżni w płaskich geometriach czasoprzestrzeni", Phys. Rev. D 60, 124017 (1999).
[83] Friedman JL, J. Louko i S. Winters-Hilt, „Zredukowany formalizm przestrzeni fazowej dla geometrii sferycznie symetrycznej z masywną powłoką pyłową", Phys. Rev. D 56, 7674-7691 (1997).
[84] Louko J i S. Winters-Hilt, „Termodynamika hamiltonowska czarnej dziury Reissnera-Nordstroma-anty-de Sittera", Phys. Rev. D 54, 2647-2663 (1996).
[85] Louko J, JZ Simon i S. Winters-Hilt, „Termodynamika hamiltonowska czarnej dziury Lovelocka", Phys. Rev. D 55, 3525-3535 (1997).
[86] Amari, S. i H. Nagaoka. Metody geometrii informacji. Oxford University Press. 2000.
[87] Winters-Hilt, S. Całki ścieżkowe Feynmana-Cayleya wybierają chiralne bi- sedeniony z 10-wymiarową propagacją czasoprzestrzenną. Advanced Studies in Theoretical Physics, Vol. 9, 2015, nr 14, 667-683.
[88] Winters-Hilt, S. 22 litery rzeczywistości: chiralne właściwości bisedenionów dla maksymalnej propagacji informacji. Advanced Studies in Theoretical Physics, tom 12, 2018, nr 7, 301-318.

[89] Winters-Hilt, S. Fiat Numero : Teoria emanacji trigintaduonionu i jej związek ze stałą struktury subtelnej α, stałą Feigenbauma C_{∞} i π. Advanced Studies in Theoretical Physics, Vol. 15, 2021, nr 2, 71-98.
[90] Winters-Hilt, S. Chiralna emanacja trigintaduonionów prowadzi do standardowego modelu fizyki cząstek elementarnych i do materii kwantowej. Advanced Studies in Theoretical Physics, tom 16, 2022, nr 3, 83-113.
[91] Robert L. Devaney. Wprowadzenie do chaotycznych układów dynamicznych. Addison-Wesley.
[92] Landau, Lev D. ; Lifshitz, Evgeny M. (1971). *Klasyczna teoria pól* . Tom 2 (wyd. 3). Pergamon Press .
[93] Penrose, Roger (1965), „Kolaps grawitacyjny i osobliwości czasoprzestrzenne", Phys. Rev. Lett., 14 (3): 57.
[94] Hawking, Stephen i Ellis, GFR (1973). Wielkoskalowa struktura czasoprzestrzeni. Cambridge: Cambridge University Press.
[95] Peebles, PJE (1980). Wielkoskalowa struktura wszechświata. Princeton University Press.
[96] B. Abi i in. Pomiar anomalnego momentu magnetycznego mionu dodatniego do 0,46 ppm
Phys. Rev. Lett. 126, 141801 (2021).
[97] Einstein, A. „O heurystycznym punkcie widzenia dotyczącym produkcji i transformacji światła" (Ann. Phys., Lpz 17 132-148)
[98] Balmer, JJ (1885). „ Notatka über die Spectrallinien des Wasserstoffs " [Uwaga o liniach widmowych wodoru]. Annalen der Physik und Chemie. Seria 3 (w języku niemieckim). 25: 80–87.
[99] Bohr, N. (lipiec 1913). „I. O budowie atomów i cząsteczek". The London, Edinburgh, and Dublin Philosophical Magazine and Journal of Science. 26 (151): 1–25. doi:10.1080/14786441308634955.
[100] Bohr, N. (wrzesień 1913). „XXXVII. O budowie atomów i cząsteczek". The London, Edinburgh, and Dublin Philosophical Magazine and Journal of Science. 26 (153): 476–502. Bibcode:1913PMag...26..476B. doi:10.1080/14786441308634993.
[101] Bohr, N. (1 listopada 1913). „LXXIII. O budowie atomów i cząsteczek". The London, Edinburgh, and Dublin Philosophical Magazine and Journal of Science. 26 (155): 857–875. doi:10.1080/14786441308635031.

[102] Bohr, N. (październik 1913). „Widma helu i wodoru". Nature. 92 (2295): 231–232.
[103] Max Planck. O prawie rozkładu energii w widmie normalnym. Annalen der Physik , tom 4, s. 553 i następne (1901)
[104] Arthur H. Compton. Promieniowanie wtórne wytwarzane przez promienie rentgenowskie. Biuletyn Rady ds. Badań Naukowych, nr 20 (t. 4, cz. 2), październik 1922 r.
[105] Davisson, CJ; Germer, LH (1928). „Odbicie elektronów przez kryształ niklu". Proceedings of the National Academy of Sciences of the United States of America. 14 (4): 317–322.
[106] Michael Eckert. Jak Sommerfeld rozszerzył model atomu Bohra (1913–1916). The European Physical Journal H.
[107] Maks Born; J. Roberta Oppenheimera (1927). „Zur Quantentheorie der Molekeln " [O kwantowej teorii cząsteczek]. Annalen der Physik (w języku niemieckim). 389 (20): 457–484.
[108] Dirac, PAM (1928). „Teoria kwantowa elektronu" (PDF). Proceedings of the Royal Society A: Mathematical, Physical and Engineering Sciences. 117 (778): 610–624.
[109] Dirac, Paul AM (1933). „Lagrangian w mechanice kwantowej" (PDF). Physikalische Zeitschrift der Sowjetunion . 3: 64–72.
[110] Feynman, Richard P. (1942). Zasada najmniejszego działania w mechanice kwantowej (PDF) (doktorat). Uniwersytet Princeton.
[111] Feynman, Richard P. (1948). „Podejście czasoprzestrzenne do nierelatywistycznej mechaniki kwantowej". Reviews of Modern Physics. 20 (2): 367–387.
[112] Erdeyli , A. Rozszerzenia asymptotyczne. 1956 Dover.
[113] Erdeyli , A. Asymptotyczne rozwinięcia równań różniczkowych z punktami zwrotnymi. Przegląd literatury. Raport techniczny 1, kontrakt Nonr-220(11). Numer referencyjny NR 043-121. Wydział Matematyki, California Institute of Technology, 1953.
[114] Carrier, GF, M. Crook i CE Pearson. Funkcje zmiennej zespolonej. 1983 Hod Books.
[115] Van Vleck, JH (1928). „Zasada korespondencji w statystycznej interpretacji mechaniki kwantowej". Proceedings of the National Academy of Sciences of the United States of America. 14 (2): 178–188.

[116] Chaichian , M.; Demichev, AP (2001). „Wprowadzenie". Całki ścieżkowe w fizyce. Tom 1: Proces stochastyczny i mechanika kwantowa. Taylor i Francis. s. 1 i następne. ISBN 978-0-7503-0801-4.
[117] Vinokur, VM (27.02.2015). „Dynamiczne przejście wirowe Motta"
[118] Hawking, SW (1974-03-01). Eksplozje czarnych dziur? Natura. 248 (5443): 30–31.
[119] Birrell, ND i Davies, PCW (1982) Pola kwantowe w przestrzeni zakrzywionej. Monografie Cambridge dotyczące fizyki matematycznej. Cambridge University Press, Cambridge.
[120] Maldacena, Juan (1998). „Duży limit N teorii pola superkonforemnego i supergrawitacji". Postępy fizyki teoretycznej i matematycznej. 2 (4): 231–252.
[121] Witten, Edward (1998). „Przestrzeń anty-de Sittera i holografia". Postępy fizyki teoretycznej i matematycznej. 2 (2): 253–291.
[122] Caves, Carlton M.; Fuchs, Christopher A.; Schack, Ruediger (20.08.2002). „Nieznane stany kwantowe: kwantowa reprezentacja de Finettiego ". Journal of Mathematical Physics. 43 (9): 4537–4559.
[123] Jackson, JD Elektrodynamika klasyczna, wydanie 2. Wiley 1975.
[124] Lorentz, Hendrik Antoon (1899), „Uproszczona teoria zjawisk elektrycznych i optycznych w układach ruchomych" , *Proceedings of the Royal Netherlands Academy of Arts and Sciences* , **1** : 427–442.
[125] Misner, Charles W., Thorne, KS i Wheeler, JA Grawitacja. Princeton University Press, 2017. ISBN: 9780691177793.
[126] Penrose, R., W. Rindler (1984) Tom 1: Rachunek dwuspinorowy i pola relatywistyczne, Cambridge University Press, Wielka Brytania.
[127] Tolkien, JRR (1990). *Potwory i krytycy oraz inne eseje* . Londyn: HarperCollinsPublishers .

Indeks

A

B

C

D

mi

F

G

H

I

J

K

L

M

N

O

P

Q

R

S

T

U

V

W

X

Y

Z